U0310496

高等学校物联网专业系列教材
编委会名单

高等学校物联网专业系列教材

物联网组网技术

乔平安 主 编

朱广华 夏 虹 张 弛 廖银花 副主编

中国铁道出版社有限公司

CHINA RAILWAY PUBLISHING HOUSE CO., LTD.

内 容 简 介

本书详细地介绍了物联网的基础知识及物联网组网的相关技术。

全书共分10章，主要内容包括：绪论、物联网网络协议、IPv6技术、物联网数据链路层互联技术、物联网规划与综合布线、路由器与交换机配置技术、物联网的网络管理、物联网对象名称解析服务、物联网实体标记语言、物联网设计。每章都配有小结和习题。

本书在内容选材上，注重理论与实践并重，突出实践应用；在内容编排上，注重各知识点的合理安排，层次清楚；在写作方法上，由浅入深，循序渐进。

本书适合作为高等学校物联网专业及信息、通信、电子、计算机、工程管理等专业本科生的教材，也可作为从事物联网研究的专业技术人员、管理人员的参考用书。

图书在版编目（CIP）数据

物联网组网技术／乔平安主编．—北京：中国铁道出版社，2013.2（2024.1重印）

高等学校物联网专业系列教材

ISBN 978-7-113-13362-7

Ⅰ．①物… Ⅱ．①乔… Ⅲ．①互联网络－应用－高等学校－教材②智能技术－应用－高等学校－教材 Ⅳ．①TP393.4②TP18

中国版本图书馆CIP数据核字（2013）第031939号

书　　名： 物联网组网技术
作　　者： 乔平安

策　　划： 巨　凤　　　**编辑部电话：**（010）51873202
责任编辑： 王占清　徐盼欣
封面设计： 一克米工作室
责任印制： 樊启鹏

出版发行： 中国铁道出版社有限公司（100054，北京市西城区右安门西街8号）
网　　址： http://www.tdpress.com/51eds/
印　　刷： 北京铭成印刷有限公司
版　　次： 2013年2月第1版　　2024年1月第8次印刷
开　　本： 787mm×1092mm　1/16　**印张：** 16　**字数：** 351千
书　　号： ISBN 978-7-113-13362-7
定　　价： 40.00元

总　序

物联网是继计算机、互联网和移动通信之后的又一次信息产业的革命性发展。目前物联网已被正式列为国家重点发展的战略性新兴产业之一。其涉及面广，从感知层、网络层，到应用层均有核心技术及产品支撑，以及众多技术、产品、系统、网络及应用间的融合和协同工作；物联网产业链长、应用面极广，可谓无处不在。

近年来，中国的互联网产业发展迅速，网民数量全球第一，这为物联网产业的发展奠定基础。当前，物联网行业的应用需求领域非常广泛，潜在市场规模巨大。物联网产业在发展的同时还将带动传感器、微电子、新一代通信、模式识别、视频处理、地理空间信息等一系列技术产业的同步发展，带来巨大的产业集群效应。因此，物联网产业是当前最具发展潜力的产业之一，是国家经济发展的又一新增长点，它将有力带动传统产业转型升级，引领战略性新兴产业发展，实现经济结构的战略性调整，引发社会生产和经济发展方式的深度变革，具有巨大的战略增长潜能，目前已经成为世界各国构建社会经济发展新模式和重塑国家长期竞争力的先导性技术。

物联网技术的发展和应用，不但缩短了地理空间的距离，也将国家与国家、民族与民族更紧密地联系起来，将人类与社会环境更紧密地联系起来，使人们更具全球意识，更具开阔眼界，更具环境感知能力。同时，带动了一些新行业的诞生和提高社会的就业率，使劳动就业结构向知识化、高技术化发展，进而提高社会的生产效益。显然，加快物联网的发展已经成为很多国家乃至中国的一项重要战略，这对中国培养高素质的创新型物联网人才提出了迫切的要求。

2010 年 5 月，国家教育部已经批准了 42 余所本科院校开设物联网工程专业，在校学生人数已经达到万人以上。按照教育部关于物联网工程专业的培养方案，确定了培养目标和培养要求。其培养目标为：能够系统地掌握物联网的相关理论、方法和技能，具备通信技术、网络技术、传感技术等信息领域宽广的专业知识的高级工程技术人才；其培养要求为：学生要具有较好的数学和物理基础，掌握物联网的相关理论和应用设计方法，具有较强的计算机技术和电子信息技术的能力，掌握文献检索、资料查询的基本方法，能顺利地阅读本专业的外文资料，具有听、说、读、写的能力。

物联网工程专业是以工学多种技术融合形成的综合性、复合型学科，它培养的是适应现代社会需要的复合型技术人才，但是我国物联网的建设和发展任务绝不仅仅是物联网工程技术所能解决的，物联网产业发展更多的需要是规划、组织、决策、管理、集成和实施的人才，因此物联网学科建设必须要得到经济学、管理学和法学等学科的合力支撑，因此我们也期待着诸如物联网管理之类的专业面世。物联网工程专业的主干学科与课程包括：信息与通信工程、电子科学技术、计算机科学与技术、物联网概论、电路分析基础、信号与系统、模拟电子技术、数字电路与逻辑设计、微机原理与接口技术、工程电磁场、通信原理、计算机网络、现代通信网、传感器原理、嵌入式系统设计、无线通信原理、无线传感器网络、近距无线传输技术、二维条码技术、数据采集与处理、物联网安全技术、物联网组网技术等。

物联网专业教育和相应技术内容最直接地体现在相应教材上，科学性、前瞻性、实用性、综合性、开放性应该是物联网专业教材的五大特点。为此，我们与相关高校物联网专业教学单位的专家、学者联合组织了本系列教材"高等学校物联网专业系列教材"，为急需物联网相关知识的学生提供一整套体系完整、层次清晰、技术先进、数据充分、通俗易懂的物联网教学用书，出版一批符合国家物联网发展方向和有利于提高国民信息技术应用能力，造就信息化人才队伍的创新教材。

本系列教材在内容编排上努力将理论与实际相结合，尽可能反映物联网的最新发展，以及国际上对物联网的最新释义；在内容表达上力求由浅入深、通俗易懂；在知识体系上参照教育部物联网教学指导机构最新知识体系，按主干课程设置，其对应教材主要包括物联网概论、物联网经济学、物联网产业、物联网管理、物联网通信技术、物联网组网技术、物联网传感技术、物联网识别技术、物联网智能技术、物联网实验、物联网安全、物联网应用、物联网标准、物联网法学等相应分册。

本系列教材突出了"理论联系实际、基础推动创新、现在放眼未来、科学结合人文"的特色，对基本概念、基本知识、基本理论给予准确的表述，树立严谨求是的学术作风，注意与国内外的对应及对相关概念、术语的正确理解和表达；从实践到理论，再从理论到实践，把抽象的理论与生动的实践有机地结合起来，使读者在理论与实践的交融中对物联网有全面和深入的理解和掌握；对物联网的理论、研究、技术、实践等多方面的发展状况给出发展前沿和趋势介绍，拓展读者的视野；在内容逻辑和形式体例上力求科学、合理，严密和完整，使之系统化和实用化。

自物联网专业系列教材编写工作启动以来，在该领域众多领导、专家、学者的关心和支持下，在中国铁道出版社的帮助下，在本系列教材各位主编、副主编和全体参编人员的参与和辛勤劳动下，在各位高校教师和研究生的帮助下，即将陆续面世。在此，我们向他们表示衷心的感谢并表示深切的敬意！

虽然我们对本系列教材的组织和编写竭尽全力，但鉴于时间、知识和能力的局限，书中难免会存在各种问题，离国家物联网教育的要求和我们的目标仍然有距离，因此恳请各位专家、学者以及全体读者不吝赐教，及时反映本套教材存在的不足，以使我们能不断改进出新，使之真正满足社会对物联网人才的需求。

高等学校物联网专业系列教材编委会

2011 年 10 月 1 日

前　言

2005 年，国际电联发表了一份题为《物联网》的报告。在这份报告中，劳拉·斯里瓦斯塔瓦说："我们现在站在一个新的通信时代的入口处，在这个时代中，我们所知道的因特网将会发生根本性的变化。因特网是人们之间通信的一种前所未有的手段，现在因特网又能把人与所有的物体连接起来，还能把物体与物体连接起来。"

物联网并不是一项全新的技术，它是以成熟的传感技术、发达的网络与通信技术、高速的信息处理技术为基础发展起来的技术。物联网通过传感器、射频识别技术、全球定位系统等技术，实时采集任何需要监控、连接、互动的物体或过程，通过各类可能的网络接入，实现物与物、物与人的泛在连接，实现对物品和过程的智能化感知、识别和管理。物联网是通过智能感知、识别技术与普适计算、泛在网络的融合应用，被称为继计算机、互联网之后世界信息产业发展的第三次浪潮。

本书在对物联网基础知识介绍的基础上，通过讲述物联网组网的相关技术，旨在培养学生的物联网意识，提高学生物联网设计的能力。

本书在内容组织上注重理论与实践并重，突出实践能力的提高；在讲述方法上注重由浅入深，突出重点内容。

本书共分 10 章。第 1 章介绍了物联网的概念及物联网的体系结构，以及物联网的软、硬件平台的组成；第 2 章介绍了物联网网络协议；第 3 章介绍了 IPv6 技术原理及 IPv6 的配置；第 4 章介绍了以太网、无线局域网、无线传感网及其他的物联网数据链路层互联技术；第 5 章介绍了物联网规划基础、物联网综合布线标准及安装；第 6 章介绍了路由器及交换机配置技术；第 7 章介绍了常见的物联网管理协议；第 8 章介绍了物联网对象名称解析服务的原理及解析实现框架；第 9 章介绍了物联网实体标记语言（PML）的关键技术及 PML 服务器设计与实现；第 10 章介绍了物联网系统设计的相关内容。

本书由乔平安任主编，由朱广华、夏虹、张弛、廖银花任副主编。乔平安负责全书的组织、审核，并编写了第 1 章、第 10 章，朱广华编写了第 5 章、第 8 章、第 9 章，夏虹编写了第 2 章、第 3 章、第 7 章，张弛编写了第 4 章、第 6 章，廖银花提供了一些相关资料。

本书适合作为高等学校物联网专业及信息、通信、电子、计算机、工程管理等专业本科生的教材，也可作为从事物联网研究的专业技术人员、管理人员的参考用书。

本书的编写得到了很多老师、同仁和亲友的帮助与支持，秦承德老师对本书的编写提供了极大的帮助。本书的编写和出版得到了中国铁道出版社的大力支持。邵凯、李莹莹、段立军参与了本书的校对工作。在此对以上人士和单位表示衷心的感谢。

由于时间较为仓促，以及编者水平有限，而物联网又是一个多学科交叉融合、发展迅速的新兴技术领域，书中难免存在不妥、疏漏之处，殷切希望广大同行、读者批评指正。

编者

2013 年 1 月

目　　录

第 1 章　绪论……1

1.1　网络改变世界……2
1.2　物联网网络工程概述……3
1.2.1　从一则童话故事说起……3
1.2.2　物联网的概念与本质……4
1.2.3　物联网与互联网的区别与联系……12
1.3　物联网的体系结构……13
1.3.1　计算机网络体系结构……13
1.3.2　物联网体系结构……17
1.4　物联网组成……19
1.4.1　物联网硬件平台……19
1.4.2　物联网软件平台……27
小结……31
习题……31

第 2 章　物联网网络协议……33

2.1　物联网网络协议概述……34
2.2　TCP/IP 协议基础……35
2.2.1　分类的 IP 地址……35
2.2.2　IP 地址与硬件地址……38
2.2.3　地址解析协议（ARP）与反向地址解析协议（RARP）……39
2.2.4　划分子网与构造超网……41
2.3　路由技术……43
2.3.1　路由和数据包转发……43
2.3.2　静态路由……45
2.3.3　动态路由……45
2.3.4　OSPF 路由协议……45
小结……48
习题……48

第 3 章　IPv6 技术……49

3.1　IPv6 技术概述……50

3.2 IPv6 技术原理……51
3.2.1 IPv6 地址……51
3.2.2 IPv6 报文……54
3.2.3 ICMPv6……58
3.2.4 IPv6 邻居发现协议……59
3.3 IPv6 配置……63
3.3.1 Windows 系统下 IPv6 配置命令……63
3.3.2 Linux 系统下 IPv6 配置命令……67
3.3.3 IPv6 静态路由配置……68
3.3.4 IPv6 DHCP 服务……69
3.4 IPv6 与物联网……70
小结……73
习题……73
第 4 章 物联网数据链路层互联技术……75
4.1 以太网……76
4.1.1 以太网工作原理……76
4.1.2 以太网的 MAC 层……78
4.1.3 虚拟以太局域网……80
4.1.4 典型的以太网举例……83
4.2 无线局域网……84
4.2.1 IEEE 802.11 标准系列……84
4.2.2 IEEE 802.11 组成结构……88
4.2.3 一个典型的无线局域网构建……89
4.3 无线传感网……92
4.3.1 传感网概述……92
4.3.2 传感网部署……93
4.3.3 传感网系统设计……96
4.3.4 传感网广域互联……98
4.4 其他链路层技术……99
4.4.1 蓝牙技术……99
4.4.2 ZigBee 技术……103
4.4.3 UWB 技术……105
小结……109
习题……109
第 5 章 物联网规划与综合布线……111
5.1 物联网规划基础……112
5.1.1 物联网规划设计原则……112
5.1.2 物联网应用系统设计……114

5.1.3 物联网系统集成……117
5.1.4 智能家居物联网系统示例……119
5.2 物联网综合布线标准……121
5.2.1 EIA/TIA-568A 标准……121
5.2.2 综合布线设计规范……124
5.3 物联网布线与安装……126
5.3.1 设计原则……126
5.3.2 各子系统……128
5.3.3 综合布线安装……130
5.3.4 综合布线系统测试……132
小结……136
习题……136
第 6 章 路由器与交换机配置技术……137
6.1 路由器内部构造……138
6.1.1 路由器简介……138
6.1.2 路由器操作系统及启动……141
6.2 路由器 CLI 及基本配置技术……143
6.2.1 基本路由器配置……143
6.2.2 构造路由表……146
6.2.3 路径选择和交换……149
6.3 交换机基本概念……152
6.3.1 交换机的特性……152
6.3.2 第二层与第三层交换……153
6.3.3 使用交换机转发帧……155
6.4 交换机基本配置……156
6.4.1 常见交换机配置方式……156
6.4.2 交换机管理命令行……156
6.4.3 验证交换机配置……160
小结……161
习题……161
第 7 章 物联网的网络管理……163
7.1 物联网管理功能……164
7.2 常见网络管理协议……165
7.2.1 网络管理协议的发展……165
7.2.2 SNMP……166
7.2.3 CMIS/CMIP……167
7.3 网络管理系统举例……168
7.3.1 SolarWinds……168

7.3.2 MRTG……170
7.3.3 SunNet Manager……170
7.4 一个典型的网络管理实例……172
7.4.1 故障管理……172
7.4.2 配置管理……174
7.4.3 性能管理……178
小结……183
习题……183
第 8 章 物联网对象名称解析服务……185
8.1 名称解析服务系统概述……186
8.2 名称解析服务原理……188
8.2.1 因特网名称服务原理……188
8.2.2 物联网名称服务原理……189
8.2.3 名称解析服务层次结构……190
8.3 名称解析实现框架……191
8.3.1 因特网域名系统工作流程……191
8.3.2 物联网名称解析服务工作流程……193
8.3.3 物联网名称解析服务实现框架……194
8.4 名称解析实现实例……196
8.4.1 域名配置文件……196
8.4.2 根记录……196
8.4.3 正向地址解析……197
8.4.4 反向地址解析……198
8.5 IPv6 中的名称解析扩展……200
小结……201
习题……201
第 9 章 物联网实体标记语言……203
9.1 PML 概述……204
9.2 PML 的目标、范围和组成……205
9.3 PML 设计方法与策略……206
9.4 PML 关键技术……207
9.4.1 XML 语法规则……207
9.4.2 XML 数据岛……209
9.4.3 XML 的 DOM 对象……211
9.5 PML 服务器设计与实现……211
9.5.1 PML 服务器工作原理……212
9.5.2 PML 服务器实现……213
9.6 PML 实例分析……215

小结……216
习题……217
第 10 章　物联网设计……219
10.1　物联网系统设计……220
10.1.1　物联网系统分析……220
10.1.2　物联网系统设计流程……222
10.2　物联网工程设计……223
10.2.1　需求分析……223
10.2.2　总体方案设计……225
10.2.3　系统功能设计……227
10.3　物联网系统设备选择……230
10.3.1　传感器选择……231
10.3.2　电子标签选择……231
10.3.3　读写器选择……232
10.3.4　中间件选择……233
10.3.5　无线传感器网络及拓扑结构选择……233
10.4　物联网系统集成……234
10.5　系统测试……235
10.6　物联网典型应用：智慧农业系统 ITS-WSNCE/A……236
10.6.1　项目背景……236
10.6.2　需求分析……237
10.6.3　系统设计……237
10.6.4　主要系统设备选择……240
10.6.5　系统测试……240
小结……241
习题……241
参考文献……242

第1章 绪论

学习重点

物联网是把任何物品通过信息传感设备，按约定的协议与互联网连接起来，进行信息交换和共享，以实现智能化识别、定位、跟踪、监控和管理的一种无所不在的网络。本章在介绍物联网概念的基础上，重点讲述物联网的体系结构、物联网的系统组成等内容。通过本章学习，应理解物联网的概念与本质，掌握物联网的体系结构及物联网系统的软、硬件平台组成。

2005年，国际电联发表了一份题为《物联网》的报告，在这份报告中，劳拉·斯里瓦斯塔瓦说："我们现在站在一个新的通信时代的入口处，在这个时代中，我们所知道的因特网将会发生根本性的变化。因特网是人们之间通信的一种前所未有的手段，现在因特网又能把人与所有的物体连接起来，还能把物体与物体连接起来。"

目前，物联网技术随着网络技术、无线通信技术、嵌入式技术、传感器技术等前沿技术的快速发展，已经成为新经济模式的引擎，带动多个传统行业进入一个崭新的时代。

1.1　网络改变世界

作为20世纪最伟大的发明之一，互联网以及以互联网为代表的信息技术革命，对社会政治、经济、文化和生活产生了极大影响，促进了社会的变革和进步，推动了社会快速进入信息化时代。今天，互联网已经渗透到政治、经济、文化、生活的方方面面，成为人们生活不可或缺的一部分。目前，全球约有50亿台设备接入互联网，以及10亿名移动工作者。全球互联网的信息平均每月超过280亿GB，并且正在以34%的复合年增长率增长。

在互联网发展史上，通常把1969年9月2日视为互联网的"诞生日"。这一天，由美国军方研发的"阿帕网（Arpanet）"首次在加州大学洛杉矶分校实现了两台计算机间的数据交换测试。从此以后，一个接一个的里程碑见证了互联网成长：第一封电子邮件发出，TCP/IP协议诞生，网络域名出现，万维网（即真正意义上的全球互联网）启用，等等。

1987年9月20日，钱天白先生通过国际互联网向前西德卡尔斯鲁厄大学发出了我国第一封电子邮件——《穿越长城，走向世界》，揭开了中国人使用Internet的序幕。1989年，中国科学技术网建成，成为我国第一个互联网络。1994年4月，中国科学技术网第一次实现了与国际互联网的全连接。网络技术的不断进步，令互联网在展现平台和使用方式方面迎来一场场"革命"。互联网应用也才从最初的电子邮件服务，发展到网络新闻、BBS论坛、博客、搜索引擎、网络交友、即时通信、视频分享、电子商务、网络游戏、远程医疗等，各种网络应用日渐丰富，互联网不断改变着人们生活、工作、娱乐的方式。中国网民的数量也从1995年的不到6千人，发展到如今的3亿多人，据中国互联网络信息中心（CNNIC）发布《第30次中国互联网络发展状况统计报告》显示，截至2012年6月底，中国网民数量达到5.38亿人，互联网普及率为39.9%。其中手机网民规模达到3.88亿。我国网民规模、宽带网民数、顶级域名注册量3项指标稳居世界第一，中国已真正成为互联网大国。

互联网已经渗透到社会生活的方方面面，成为信息社会中重要的基础设施。在中国，互联网已经初步显示了其作为学习、娱乐、公共服务的平台的作用，也正在以其开放性、参与性、交互性、创新性改变着社会经济模式甚至生产方式，改变着人们的习惯和观念，改变着人们生活的方式和内容。以前需要在大堆的书本里去查找资料，现在，只要在搜索引擎里输入几个字，所需要的资料只要几秒就能找到；以前要从电视、报刊、收音机这些传播媒体上得知国家大事、新闻动态等，现在，只要在网上搜索就可以得知最新的新闻；以前，相隔两地的朋友们要通过写信的方式来保持联系，现在，朋友们都用E-mail

保持联系，还可以用QQ、MSN等进行即时聊天；以前，想知道最新推出了什么新款的衣服，需要牺牲一天的时间去逛街，现在，想看有什么时尚新款的品牌衣服，只要动动鼠标就有自己想知道的答案；以前，看电影需到电影院里去看，现在，只要登录视频分享网站，就可以看到想看的电影；以前，喜欢外地的某些东西，需要托那里的朋友帮买了寄来，现在，在网上就可以购物，在网上直接支付，就可以马上买到所喜欢的……

随着移动互联网技术的发展，可实现“随时、随地、随意”联上互联网，达到沟通无所不在、信息无处不在的境地。正如思科首席未来畅想家Dave Evans称：网络联通性正在影响着人类的发展。“数百年前，如果想沟通或分享知识，可能需要花上几周或数月时间。如今，我们在数秒之内就可以与全球任何地方的数百万乃至数亿人分享信息。正因为如此，人们的学习、沟通和发展速度正在呈指数级增长。”

1.2　物联网网络工程概述

物联网是继计算机、互联网和移动通信之后的又一次信息产业的革命性发展。目前物联网被正式列为国家重点发展的战略性新兴产业之一，其涉及面广，从感知层、网络层到应用层均涉及标准、核心技术及产品，以及众多技术、产品、系统、网络及应用间的融合和协同工作；物联网产业链长、应用面极广，可谓无处不在。

1.2.1　从一则童话故事说起

这是一则关于人类梦想的童话。

民以食为天，天就浓缩在我的方寸间。晚上吃什么？我（厨房）会检测到哪些食材接近保鲜期限，并善意地提示你，不妨就用它烹饪菜肴。兴冲冲构思好菜谱却发现冰箱里空空如也的尴尬不复存在，只要事先设定好，一旦食材短缺，我会提醒你记得下班到菜市场转一圈。

洗好的菜蔬鲜肉放在盘子上，我会显示出它们的产地和质量：郊区村子今早宰杀的走地鸡、东北黑土地的优质土豆块、隔壁大妈亲自种的水葱儿，有没有残留的农药、污染，新不新鲜，一目了然。我同时还会告诉你这盘菜的营养总和，你完全可以按照家人的实际健康膳食需求进行增添或删减。

还记得品尝一碗盐加多了的汤，或者一碟夹生的排骨时那扭曲的面容吗?盘子兄弟能帮你精确计算这盘菜所需的调味料用量。别忘记了铲子兄弟，翻炒烹煮过程中如果方式不当，营养物质被破坏或者生成有害物质，它都会及时发出警告。

天然气如果发生泄漏，我会立刻关闭阀门。上边是默默的油烟机兄弟，随时根据油烟的浓度不断变换转速，让厨房保持清爽舒畅。

履带从厨房传送出热腾腾的饮食，墙壁伸出机械臂为你舒筋活络，旁边的机器人管家正忙着清扫积尘……

这一切只需要安坐在未来的家里，轻轻按下桌上的按钮。像这样的场景已无数次出现在书本里、漫画中乃至银幕上，是人类都曾拥有过的梦想。

这样的智能机器人时代需要极高的科技支持，大众化似乎还遥不可及。古语云：临渊羡鱼，不如退而结网。如果说智能机器人所代表的梦想是梦寐以求的“鱼”，那么目前炙手可热的物联网概念，正是我们默默退而结之的“网”。在这张即将覆盖全球的物联网下，我们的生活和社会，将和梦想里的“鱼”一样享受着类似的便利，先行者 IBM 公司将之概括为“智慧地球”。

正像彼得·罗素在《全球大脑与万维网的进化》中所言：“我们将不再感到我们本身是孤立的个人，我们将发现我们自己是迅速整合的全球网络的一部分，是一个觉醒的全球大脑的精神细胞。”

解释智慧地球的概念看起来颇费踌躇。前工信部部长李毅中一语道破天机：“把物联网用互联网组合起来，就是智能地球。”互联网我们已经耳熟能详，物联网则是把任何物品通过信息传感设备，按约定的协议与互联网连接起来，进行信息交换和共享，以实现智能化识别、定位、跟踪、监控和管理的一种无所不在的网络。

1.2.2　物联网的概念与本质

1. 物联网概念的起源

物联网作为一个模糊的意识或理念而出现，可以追溯到 20 世纪末。比尔·盖茨于 1995 年出版了《未来之路》一书，他在这本 276 页的书中预测了微软乃至整个科技产业未来的走势，其中多次提到了“物－物互联”的设想。比尔·盖茨想象用一根别在衣服上的“电子别针”与家庭中的电子服务设施相连，通过“电子别针”感知来访者的位置，控制室内的照明和温度，控制电话和音响、电视等家用电器。但是，受到当时的无线技术、硬件技术及传感设备技术水平的限制，比尔·盖茨的“物－物互联”的想法没有引起业界的重视，但盖茨在书中写道：“虽然现在看来这些预测不太可能实现，甚至有些荒谬，但是我保证这是本严肃的书，而决不是戏言。10 年后我的观点将会得到证实。”

1998 年，美国麻省理工学院 Auto-ID 研究中心的研究人员成功完成了产品电子代码（Electronic Product Code，EPC）的研究。其中，该研究中心的创始人之一 Kevin Ashton 教授在他的研究报告中第一次使用了“物联网”（The Internet of Things，IOT）的概念，提出了在 Internet 的基础上构造一个网络，利用射频识别（Radio Frequency Identification，RFID）技术、无线网络与互联网，实现计算机与“物”之间的互联。

1999—2003 年，有关物联网方面的工作仅局限于实验室，主要研究内容是如何对物品的身份进行自动识别，以及如何减少识别错误和提高识别效率。2003 年，“EPC 决策研讨会”在美国芝加哥举行，作为物联网方面的第一个国际会议，该会议得到了全球 90 多个公司的大力支持，从此以后，Sun（现已被 Oracle 收购）、IBM 等 IT 界巨头纷纷加入到物联网研究开发队伍中，物联网相关工作走出了实验。

2005 年 11 月 17 日，国际电信联盟（International Telecommunication Union，ITU）在突尼斯举行的信息社会世界峰会（World Summit on the Information Society，WSIS）上，发布了《ITU 互联网报告 2005：物联网》（ITU Internet Report 2005：The Internet of Things）。在这份报告中，ITU 指出无所不在的物联网通信时代即将来临，泛在通信（Ubiquitous Communication）的形式已经从短距离的移动收发设备扩展到长距离的设备和日常用品，从而促成了人和人、物和物之间的新的通信形式的诞生。信息技术和通信技术的世界中加入了新的维度：由过去的任何人（Anyone）之间在任何时间（Anytime）、任何地点（Anyplace）的信息交换，发展成了任何物体（Anything）之间、任何人之间在任何时间、任何地点的信息交换，如图1-1所示。

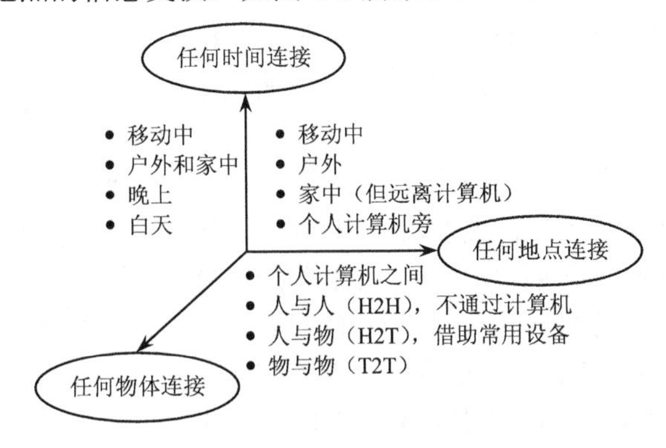

图1-1 物联网的维度

2．物联网的概念

自1998年提出物联网这个词汇以来，物联网的概念一直在不断地发展和扩充。最早的物联网概念来自于RFID领域，认为将所有的物品打上电子标签，然后通过射频识别技术和通信技术构成信息网络，实现物品的智能识别、定位和控制。但是，这是一个狭隘的定义，物联网的快速发展很快就突破了这个定义，引进了包括传感网、互联网在内的IT领域。物联网所蕴含的内容不断丰富，人们对物联网的认识也不断深入，物联网被称为继计算机、互联网之后，世界信息产业的第三次浪潮。国际电信联盟曾预测：未来世界是无所不在的物联网世界，到2017年将有70 000亿个传感器为地球上的70亿人口提供服务。那么，到底什么是物联网呢？到目前为止还没有一个统一的定义，并且随着物联网的发展，出现了许多新的解释。以下是几种常见的物联网的定义：

（1）物联网指的是将各种信息传感设备，如射频识别装置、红外感应器、全球定位系统、激光扫描器等种种装置与互联网结合起来而形成的一个巨大网络，按约定的协议，进行信息交换和通信，以实现智能化识别、定位、跟踪、监控和管理的一种网络。

（2）物联网是由具有自我标识、感知和智能的物理实体基于通信技术相互连接形成的网络，这些物理设备可以在无须人工干预的条件下实现协同和互动，为人们提供智慧和集约的服务，物联网具有全面感知、可靠传递、智能处理的特点。

（3）ITU在*The Internet of Things*报告中，把物联网定义为任何时刻、任何地点、任意物体之间的互联，无所不在的网络和无所不在的计算。

（4）物联网是未来互联网的一个组成部分，可以定义为基于标准的和可互操作的通信协议，且具有自配置能力的、动态的全球网络基础架构。物联网中的“物”都具有标识、物理属性和实质上的个性，使用智能接口实现与信息网络的无缝整合。

由以上概念可以看出，物联网的内涵是起源于由RFID对客观物体进行标识并利用网络进行数据交换这一概念，并不断扩充、延伸、完善而逐步形成的。

物联网是由多学科高度交叉的新兴前沿研究热点领域，它综合了传感器技术、嵌入式计算技术、现代网络及无线通信技术、分布式信息处理技术等，能够通过各类集成化的微型传感器协作地实时监测、感知和采集各种环境或监测对象的信息，通过嵌入式系统对信息进行处理，并通过随机自组织无线通信网络以多跳中继方式将所感知的信息传送到用户终端，如图 1-2 所示。

图 1-2　物联网

对于物联网概念的理解，应该注意以下几点：

（1）物联网不能等同于传感器网或 RFID 网。事实上，无论是传感器技术还是 RFID 技术，它们都是信息采集技术之一。除了传感器技术和 RFID 技术之外，GPS、视频识别、红外、激光、扫描等所有能够实现自动识别与物物通信的技术都可以成为物联网的信息采集技术。传感器网络或者 RFID 网只是物联网的一种应用，不是物联网的全部。

（2）不能把物联网看作互联网的无限延伸，错误地认为物联网是所有物品的完全开放、全部互联、全部共享的互联网平台。事实上，物联网不是简单的全球共享互联网的无限延伸。物联网可以是平常意义上的互联网向“物”的延伸，也可以根据现实需要及产业应用组成局域网、专业网。在现实中没有必要、也不可能使全部物品联网，也没有必要使专业网、局域网都连接到全球互联网共享平台。

（3）不能认为物联网是物－物互联的无所不在的网络，也不能认为在现实中认为它是虚的、不可实现的技术。事实上，在现实中已经存在许多简单的物联网应用为人们提供服务。物联网是在很多现实应用基础上加以集成和创新，是对已经存在的具有物－物互联的网络化、智能化、自动化系统的概括与提升。

（4）不能把仅仅能够互动、通信的产品都看作是物联网的应用。比如，把装有传感器的家电当成物联网家电，把在产品上贴了 RFID 标签当作物联网应用等。

事实上，物联网是在计算机互联网的基础上，利用 RFID、无线数据通信等技术，构造一个覆盖世界上万事万物的 Internet of Things。在这个网络中，物品能够彼此进行“交流”，无须人的干预。其实质是利用射频自动识别技术，通过计算机互联网实现物品的自动识别和信息的互联与共享。

物联网中非常重要的技术是 RFID 技术，它是 20 世纪 90 年代开始兴起的一种自动识别技术，是目前比较先进的一种非接触识别技术。以简单 RFID 系统为基础，结合已有的网络技术、数据库技术、中间件技术等，构筑一个由大量联网的阅读器和无数移动的标签组成的、比 Internet 更为庞大的物联网成为 RFID 技术发展的趋势。而 RFID 正是能够让物品“开口说话”的一种技术。在“物联网”的构想中，RFID 标签中存储着规范且具有互用性的信息，通过无线数据通信网络把它们自动采集到中央信息系统，实现物品的识别，进而通过开放性的计算机网络实现信息交换和共享，实现对物品的“透明”管理。

3．物联网行业的发展状况

物联网应用还处于起步阶段，目前全球物联网应用主要以 RFID、传感器、M2M（机器对机器）等应用项目体现，大部分是试验性或小规模部署的，处于探索和尝试阶段，覆盖国家或区域性大规模应用较少。发达国家在物联网应用整体上领先。美、欧、日、韩等信息技术能力和信息化程度较高的国家或地区在应用深度、广度以及智能化水平等方面处于领先地位。美国成为物联网应用最广泛的国家，物联网已在其军事、电力、工业、农业、环境监测、建筑、医疗、空间和海洋探索等领域投入应用，其 RFID 应用案例占全球 59%。

（1）美国的“智慧地球”。美国 IBM 公司 2008 年 11 月对外公布了“智慧地球”战略，其中提到，在信息文明的下一个发展阶段，人类将实现智能基础设施与物理基础设施的全面融合，实现 IT 与各行各业的深度融合，从而以科学和智慧的方式对社会系统和自然系统实施管理。“智慧地球”提出“把感应器嵌入和装备到电网、铁路、桥梁、隧道、公路、建筑、供水系统、大坝、油气管道等各种物体中，并且被普遍连接，形成所谓物联网，并通过超级计算机和云计算将物联网整合起来，实现人类社会与物理系统的整合”。

“智慧地球”其本质是以一种更智慧的方法，利用新一代信息通信技术来改变政府、公司和人们相互交互的方式，以便提高交互的明确性、效率、灵活性。该战略预言：“智慧地球”战略能够带来长短兼顾的良好效益，尤其是在当前的局势下，对于美国经济甚至世界经济走出困境具有重大意义。在短期经济刺激方面，该战略要求政府投资于诸如智能铁路、智能高速公路、智能电网等基础设施，能够刺激短期经济增长，创造大量的就业岗位；其次，新一代的智能基础设施将为未来的科技创新开拓巨大的空间，有利于增强国家的长期竞争力，提高对于有限的资源与环境的利用率，有助于资源和环境保护。

2008 年 12 月，奥巴马向 IBM 咨询了“智慧地球”的有关细节，并共同就投资智能基础设施对于经济的促进效果进行了研究。2009 年 1 月 7 日，IBM 与美国智库机构信息技术与创新基金会（ITF）共同向奥巴马政府提交了 *The Digital Road to Recover a Stimulus Plan to Create Jobs, Boost Productivity and Revitalize America*，提出通过信息通信技术（ICT）投资可在短期内创造就业机会。并且同时带动美国长期发展，其中鼓励物联网技术发展政策主要体现在推动能源、宽带与医疗三大领域开展物联网技术的应用。

2009 年 1 月 28 日，奥巴马总统在和工商领袖举行的圆桌会议上，对 IBM 提出的“智慧地球”概念给予积极回应。其中，要形成智慧型基础设施物联网，已被美国人认为是振兴经济、确立竞争优势的关键战略。

目前，美国已在多个领域应用物联网，例如得克萨斯州的电网公司建立了智慧的数字电网。这种数字电网可以在发生故障时自动感知和汇报故障位置，并且自动路由，10 s 之内就恢复供电。该电网还可以接入风能、太阳能等新能源，大大有利于新能源产业的成长。相配套的智能电表可以让用户通过手机控制家电，给居民提供便捷的服务。

（2）欧盟的物联网行动计划。欧盟围绕物联网技术和应用做了不少创新性工作。在 2009 年 11 月的全球物联网会议上，欧盟专家介绍了《欧盟物联网行动计划》，意在引领世界物联网发展。在欧盟较为活跃的是各大运营商和设备制造商，他们推动了 M2M 技术和服务的发展。

从目前的发展看，欧盟已推出的物联网应用：为了确保药品在到达病人之前均可得到认证，减少制假、赔偿、欺诈和分发中的错误，欧盟各成员国在药品中已开始使用专用序列码以便于追踪到用户的产品来源，从而提高欧洲在对抗不安全药品和打击制假方面的措施力度。

此外，一些能源领域的公共性公司已开始部署智能电子材料系统，为用户提供实时的消费信息。同时，电力供应商可对电力的使用情况进行远程监控。在一些传统领域，比如物流、制造、零售等行业，智能目标推动了信息交换，提高了生产周期的效率。

（3）日本的 U-Japan 计划和韩国的 U-Korea 计划。日本和韩国在 2004 年都推出了基于物联网的国家信息化战略，分别称作 U-Japan 和 U-Korea。U 代指英文单词 ubiquitous，意为“普遍存在的，无所不在的”。该战略是希望催生新一代信息科技革命，实现无所不在的便利社会。

U-Japan 由日本信息通信产业的主管机关总务省提出，即物联网战略。其目的是把日本建成一个充满朝气的国家，使所有的日本人，包括儿童和残疾人，都能积极地参与日本社会的活动。通过无所不在的物联网，创建一个新的信息社会。

物联网在日本已渗透到人们衣食住中：松下公司推出的家电网络系统可供用户通过手机下载菜谱，通过冰箱的内设镜头查看存储的食品以确定需要买什么菜，甚至可以通过网络让电饭煲自动下米做饭。日本还提倡数字化住宅，通过有线通信网、卫星电视台的数字电视网和移动通信网，人们不管在屋里、屋外或是在车里，都可以自由自在地接受信息服务。

U-Japan 战略的理念是以人为本，实现所有人与人、物与物、人与物之间的连接。为了实现 U-Japan 战略，日本进一步加强官、产、学、研的有机联合，在具体政策实施上，以民、产、学为主，政府的主要职责是统筹和整合。

通过实施 U-Japan 战略，日本希望开创前所未有的网络社会，并成为未来全世界信息社会发展的楷模和标准，在解决其高龄化等社会问题的同时，确保在国际竞争中的领先地位。

同样，韩国信息通信产业部在 2004 年成立了 U-Korea 策略规划小组，并在 2006 年确立了相关政策方针。2009 年 10 月，韩国通过了物联网基础设施构建基本规划，将物联网市场确定为新增长动力，据估算至 2013 年物联网产业规模将达 500 000 亿韩元。韩国通信委员会相关人士表示，委员会已经树立了到 2012 年“通过构建世界最先进的物联网基础实施，打造未来广播通信融合领域超一流 ICT 强国”的目标，并为实现这一目标，确定了构建物联网基础设施、发展物联网服务、研发物联网技术、营造物联网扩散环境等四大领域、12 项详细课题。

韩国 SK 电信将物联网确定为其未来事业战略“产业生产力提升（IPE）战略”的中心。在 2009 年 11 月 18 日韩国通信委员会主办的“物联网论坛成立纪念研讨会”上，SK 电信的金禹荣部长表示：SK 电信可通过基于 CDMA、WCDMA 的传感器网络，提供包括远程抄表和车辆管制等在内的各类 M2M 应用，并表示将重点扶植 M2M 以开拓 IPE 市场。

（4）我国物联网发展状况。自 2009 年 8 月温家宝总理提出“感知中国”以来，物联网被正式列为国家五大新兴战略性产业之一而写入“政府工作报告”，物联网在中国受到了全社会极大的关注，其受关注程度是美国、欧盟及其他各国或地区不可比拟的。

我国政府高度重视物联网的研发和应用工作，国家自然科学基金、“863”、“973”等都对物联网产业给予了较多的支持。《国家中长期科技发展规划纲要（2006—2020）》在重大专项、优先主题、前沿技术3个层面均列入传感网的内容。正在实施的国家科技重大专项也将无线传感网作为主要方向之一，对若干关键技术领域与重要应用领域给予支持。国内先后有近百家单位开展了传感研究和应用，并建立起了中科院上海微系统所、电子十三所、北京大学等研发和生产基地，取得了一定的成果。

2008年11月，中科院无锡微纳传感网工程技术研发中心（国内研究物联网的核心机构）成立。2009年8月，温家宝总理视察时指出："在传感网发展中，要早一点谋划未来，早一点攻破核心技术。"江苏省委省政府立即制定了"感知中国"中心建设的总体方案和产业规划，力争建成引领中国传感网技术发展和标准制定的中国物联网产业研究院。随后，江苏省委把传感网列为全省重点培育和发展的六大新兴产业之一。

浙江省尤其杭州物联网研发与应用近年来发展很快。2005年，杭州市电子信息产业发展"十一五"规划已经将传感网技术列为重点发展方向。2008年、2009年杭州市连续两年承办了无线传感网国际高峰论坛。目前，杭州从事物联网技术研发和应用的企业已经达到100多家。

福建省也在加快这一新兴产业的发展。2009年底省政府一连出台两份物联网相关报告，提出3年内建立物联网产业集群和重点示范区，力争在全国率先实现突破。据悉，福建省目前拥有传感器、网络传输、数据处理等基本完善的产业链，2009年全省物联网产值将达20亿元以上。

山东省RFID技术研发的突飞猛进已经为其发展物联网产业打下了深厚的基础，2008年1月和6月，山东和济南RFID产业联盟相继成立。目前，全省RFID产业从芯片设计、制造、封装，到读写机具、软件开发、系统集成等各方面已经具备了相当的基础，其中济南市是全省RFID产业发展的重点城市。

在应用发展方面，物联网已在我国公共安全、民航、交通、环境监测、智能电网、农业等行业得到初步规模性应用，部分产品已打入国际市场。如智能交通中的磁敏传感节点已布设在美国旧金山的公路上；中高速图像传感网设备销往欧洲，并已安装于警用直升机；周界防入侵系统水平处于国际领先地位。智能家居、智能医疗等面向个人用户的应用已初步展开，如中科院与中移动集团已率先开展紧密合作，围绕物联网与3G的TD蜂窝系统两网融合的三步走路线，积极推动物—物互联的新业务，寻求3G业务的全新突破。

总体看来，中国物联网研究没有盲目跟从国外，而是面向国家重大战略和应用需求，开展物联网基础标准体系、关键技术、应用开发、系统集成和测试评估技术等方面的研究，形成了以应用为牵引的特色发展路线，在技术、标准、产业及应用与服务等方面，接近国际水平，使中国在该领域占领价值链高端成为可能。

4．物联网的特征

通过物联网的概念可知，物联网是通过各种感知设备和互联网连接物体与物体的，全自动、智能化采集、传输与处理信息的，实现随时随地和科学管理的一种网络。所以，一般认为，物联网具有"网络化""物联化""互联化""自动化""感知化""智能化"等基本特征。

（1）"网络化"。网络化是物联网的基础。无论是M2M、专网还是无线、有线传输信息，感知物体，都必须形成网络状态；不管是什么形态的网络，最终都必须与互联网相连接，这样才能形成真正意义上的物联网（泛在性的）。目前所谓的物联网，从网络形态来看，多数是专网、局域网，只能算是物联网的雏形。

（2）“物联化”。人物相联、物物相联是物联网的基本要求之一。计算机和计算机连接成互联网，可以帮助人与人之间交流。而“物联网”就是在物体上安装传感器、植入微型感应芯片，然后借助无线或有线网络，让人们和物体“对话”，让物体和物体之间进行“交流”。可以说，互联网完成了人与人的远程交流，而物联网则完成人与物、物与物的即时交流，进而实现由虚拟网络世界向现实世界的连接转变。

（3）“互联化”。物联网是一个多种网络、接入、应用技术的集成，也是一个让人与自然界、人与物、物与物进行交流的平台，因此，在一定的协议关系下，实行多种网络融合，分布式与协同式并存，是物联网的显著特征。与互联网相比，物联网具有很强的开放性，具备随时接纳新器件、提供新的服务的能力，即自组织、自适应能力。

（4）“自动化”。通过数字传感设备自动采集数据；根据事先设定的运算逻辑，利用软件自动处理采集到的信息，一般不需人为干预；按照设定的逻辑条件，如时间、地点、压力、温度、湿度、光照等，可以在系统的各个设备之间，自动地进行数据交换或通信；对物体的监控和管理实现自动指令执行。

（5）“感知化”。物联网离不开传感设备，射频识别、红外感应器、全球定位系统、激光扫描器等信息传感设备，就像视觉、听觉和嗅觉器官对于人的重要性一样，它们是物联网不可或缺的关键元器件。

（6）“智能化”。所谓“智能”，是指个体对客观事物进行合理分析、判断及有目的地行动和有效地处理周围环境事宜的综合能力。物联网的产生是微处理技术、传感器技术、计算机网络技术、无线通信技术不断发展融合的结果，从其“自动化”“感知化”要求来看，它已能代表人、代替人“对客观事物进行合理分析、判断及有目的地行动和有效地处理周围环境事宜”，智能化是其综合能力的表现。

5．物联网的本质

物联网作为新兴的物品信息网络，其应用领域很广，其中一个应用领域就是为实现供应链中物品自动化的跟踪和追溯提供基础平台。物联网可以在全球范围内对每个物品实施跟踪监控，从根本上提高对物品生产、配送、仓储、销售等环节的监控水平，成为继条码技术之后，再次变革商品零售、物流配送及物品跟踪管理模式的一项新技术。它从根本上改变供应链流程和管理手段，对于实现高效的物流管理和商业运作具有重要的意义；对物品相关历史信息的分析有助于库存管理、销售计划及生产控制的有效决策；通过分布于世界各地的销售商可以实时获取其商品的销售和使用情况，生产商则可及时调整其生产量和供应量。由此，所有商品的生产、仓储、采购、运输、销售及消费的全过程将发生根本性的变化，全球供应链的性能将获得极大的提高。

物联网的关键不在“物”，而在“网”。实际上，早在物联网这个概念被正式提出之前，网络就已经将触角伸到了“物”的层面，如交通警察通过摄像头对车辆进行监控，通过雷达对行驶中的车辆进行车速的测量等。然而，这些都是互联网范畴之内的一些具体应用。此外，人们在多年前就已经实现了对物的局域性联网处理，如自动化生产线等。

物联网实际上指的是在网络的范围之内，可以实现人对人、人对物及物对物的互联互通，在方式上可以是点对点，也可以是点对面或面对点，它们经由互联网，通过适当的平台，可以获取相应的信息或指令，或者传递相应的信息或指令。比如，通过搜索引擎来获取信息或指令，当某一数字化的物体需要补充电能时，它可以通过网络搜索到自己的供应商，并发出需求信号，当收到供应商的回应时，能够从中寻找到一个优选方案来满足自我需求。而这个供应商，既可以由人控制，也可以由物控制。这样的情形类似于人们现在利用搜索引擎进行查询，得到结果后再进行处理一样。具备了数据处理能力的传感器，可以根据当前的状况作出判断，从而发出供给或需求信号，而在网络上对这些信号的处理，成为物联网的关键所在。仅仅将物连接到网络，还远远没有发挥出它最大的威力。网的意义不仅是连接，更重要的是交互，以及通过互动衍生出来的种种可利用的特性。

物联网的精髓不仅是对物实现连接和操控，它通过技术手段的扩张，赋予网络新的含义，实现人与物、物与物之间的相融与互动，甚至是交流与沟通。物联网并不是互联网的翻版，也不是互联网的一个接口，而是互联网的一种延伸。作为互联网的扩展，物联网具备互联网的特性，但也具有互联网当前所不具有的特征。物联网不仅能够实现由人找物，而且能够实现以物找人，通过对人的规范性回复进行识别，还能够作出方案性的选择。

另一方面，合作性与开放性以及长尾理论的适用性，是互联网在应用中的重要特征，引发了互联网经济的蓬勃发展。对物联网来说，通过人物一体化，就能够在性能上对人和物的能力都进行进一步的扩展，犹如一把宝剑能够极大地增加人类的攻击能力与防御能力；在网络上可以增加人与人之间的接触，从中获得更多的商机，就好像通信工具的出现，可以增加人们之间的交流与互动，而伴随着这些交流与互动的增加，产生出了更多的商业机会；如同在人物交汇处建立起新的节点平台，使得长尾在节点处显示出最高的效用，如在互联网时代，各式各样的大型网站由于汇聚了大量的人气，从而形成了一个个的节点，通过对这些节点进行利用，使得长尾理论的效应得到大幅提高，就好像亚马逊作为一个节点在图书销售中所起到的作用一样。

合作性与开放性指的不仅仅是物与物之间，而且发生在人与物之间。互联网之所以有现在的繁荣，是与它的合作性与开放性这两大特征分不开的，开放性使得无数人通过互联网得以实现了他们的梦想，可以说没有开放性所带来的创新激励机制，就不可能有互联网今天的多姿多彩；合作性使得互联网的效用得到了倍增，使得其运作更加符合经济原则，从而给它带来竞争上的先天优势。没有合作性，互联网就不可能大面积地取代传统行业成为主流。这样一来，在“物联”之后，不仅能够产生出新的需求，而且还能够产生新的供给，更可以让整个网络在理论上获得进一步的扩展和提高，从而创造出更多的机会。正是由于这些特性，将使物联网在功能上得到更大的扩展，而并不仅仅局限于传感功能。

这里需要强调的是，如果认为物联网是传感网，则会使得物联网的外延缩小。如1999年时所提出的物联网的概念，是把所有物品通过RFID等信息传感设备与互联网连接起来，实现智能化识别和管理，其中没有人、物之间的相联、沟通与互动。如果仅仅作为传感网，物在联网之后，只需服从控制中心的指令，而各系统的控制中心则是互相分离的。如果是作为互联网的延伸，则可以将所有在网络内的系统与点有机地连成一个整体，起到互帮互助的作用。换句话说，传感网完全可以将其包容在作为互联网的扩展形式的物联网的概念之内。

1.2.3　物联网与互联网的区别与联系

随着互联网的不断发展，互联网的泛在化成为其新的发展趋势。RFID 技术为互联网的泛在化提供了必要条件，反过来互联网将促成 RFID 技术应用发展的又一次飞跃。如同互联网可以把世界上不同角落的人紧密地联系在一起一样，采用 RFID 技术的 Internet 也可以把世界上所有物品联系在一起，而且彼此之间可以互相“交流”，从而组成一个全球性实物相互联系的“物联网”。

互联网的出现改变了世界，形成一个庞大的虚拟世界。物联网并不是互联网的翻版，也不是互联网的扩展，而是互联网的一种延伸，是虚拟世界向现实世界的进一步延伸。物联网作为互联网的扩展，具备了互联网的特性，但是又进一步增强了互联网的能力。

物联网是射频识别技术与互联网结合而产生的新型网络，它把人人通信扩展到人人、物物、人物通信。其中，人物通信是指人利用通用装置与物品之间的连接，人人通信是指人之间不依赖于个人计算机而进行的互联。物联网具有与互联网类同的资源寻址需求，以确保其中联网物品的相关信息能够被高效、准确和安全地寻址、定位和查询，其用户端是对互联网的延伸和扩展，即任何物物之间可以通过物联网进行信息交换和通信。因此，物联网又在以下几个方面有别于互联网。

（1）不同应用领域的专用性。互联网的主要目的是构建一个全球性的信息通信计算机网络，通过 TCP/IP 技术互联全球所有的数据传输网络，在较短时间实现了全球信息互联、互通，但是也带来了互联网上难以克服的安全性、移动性和服务质量等一系列问题。而物联网则主要从应用出发，利用互联网、无线通信网络资源进行业务信息的传送，是互联网、移动通信网络应用的延伸，也是自动化控制、遥控遥测及信息应用技术的综合展现。不同应用领域的物联网均具有各自不同的属性。例如，汽车电子领域的物联网不同于医疗卫生领域的物联网，医疗卫生领域的物联网不同于环境监测领域的物联网，环境监测领域的物联网不同于仓储物流领域的物联网，仓储物流领域的物联网不同于楼宇监控领域的物联网，等等。由于不同应用领域具有完全不同的网络应用需求和服务质量要求，物联网节点大部分都是资源受限的节点，只有通过专用联网技术才能满足物联网的应用需求。物联网的应用特殊性以及其他特征，使得它无法再复制互联网成功的技术模式。

（2）高度的稳定性和可靠性。物联网是与许多关键领域物理设备相关的网络，必须至少保证该网络是稳定的。例如，在仓储物流应用领域，物联网必须是稳定的，不能像现在的互联网一样，时常网络不通，时常电子邮件丢失等，仓储的物联网必须稳定地检测进库和出库的物品，不能有任何差错。有些物联网需要高可靠性，例如医疗卫生的物联网，必须要求具有很高的可靠性，保证不会因为由于物联网的误操作而威胁病人的生命。

（3）严密的安全性和可控性。物联网的绝大多数应用都涉及个人隐私或机构内部秘密，因而物联网必须提供严密的安全性和可控性：物联网系统具有保护个人隐私、防御网络攻击的能力，物联网的个人用户或机构用户可以严密控制物联网中信息采集、传递和查询操作，不会由于个人隐私或机构秘密的泄露而造成对个人或机构的伤害。

尽管物联网与互联网有很大的区别，但是从信息化发展的角度看，物联网的发展与互联网的发展密不可分，而且和移动电信网络的发展、下一代网络以及网络化物理系统、无线传感网络等都有千丝万缕的联系。

1.3 物联网的体系结构

物联网并不是一个全新的网，它是在互联网的基础之上产生的，是互联网的一部分。互联网是可包容一切的网络，将会有更多的物品加入到这个网中，物联网包含于互联网之内。

1.3.1 计算机网络体系结构

计算机网络体系结构是指计算机网络层次结构模型和各层协议的集合。

1974 年，美国的 IBM 公司宣布了系统网络体系结构 SNA（System Network Architecture），之后许多公司也相继推出各自的体系结构。不同的网络体系结构导致不同公司的设备很难实现互联。国际标准化组织（International Standards Organization，ISO）于 1977 年成立了专门的组织研究该问题，并提出一个试图使各种计算机在世界范围内互联成网的标准框架，即著名的开放系统互连参考模型（Open Systems Interconnection Reference Model，OSI/RM），简称 OSI。在 1983 年形成了开放系统互连参考模型的正式文件，即著名的国际标准 ISO 7498，也就是所谓的七层协议的体系结构。

OSI 试图达到一种理想境界，即全世界的计算机网络都遵循这个统一的标准，就可以很方便地进行互联和交换数据。然而到 20 世纪 90 年代初期，虽然整套的 OSI 国际标准都已经制定出来了，但由于因特网已推行在覆盖了相当大的范围，与此同时却几乎找不到有什么厂家生产出符合 OSI 标准的商用产品，得到广泛应用的不是法律上的国际标准 OSI，而是非国际标准 TCP/IP，这样 TCP/IP 就被称为事实上的国际标准。

1. OSI 参考模型

OSI 参考模型定义了网络互联的七层框架。在 OSI 框架下，ISO 进一步规定了各层的功能以实现开放系统环境中的互联性、互操作性与应用的可移植性。OSI 参考模型的 7 个层次，自底向上依次为：物理层、数据链路层、网络层、传输层、会话层、表示层和应用层，如图 1-3 所示。当接收数据时，数据是自下而上传输的；当发送数据时，数据是自上而下传输的。

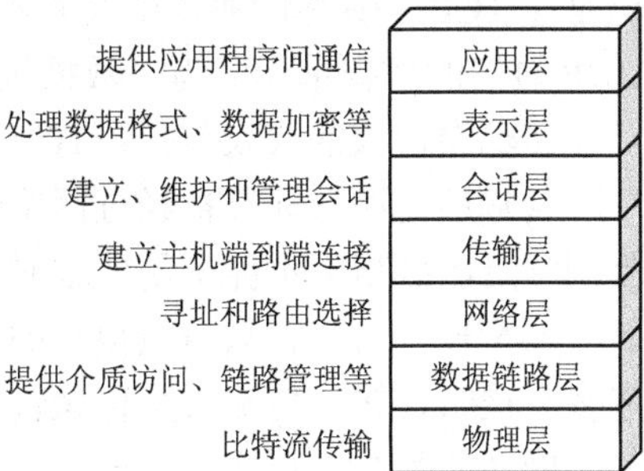

图 1-3 OSI 参考模型

（1）物理层（Physical Layer）。物理层主要定义规定通信设备的机械的、电气的、功能的和过程的特性，用以建立、维护和拆除物理链路连接。该层数据的单位称为比特（bit）。

物理层定义的典型规范代表包括 EIA/TIA RS-232、EIA/TIA RS-449、V.35、RJ-45 等。

物理层的主要功能：

① 为数据端设备提供传送数据的通路。数据通路可以是一个物理媒体，也可以是多个物理媒体连接而成。一次完整的数据传输，包括激活物理连接、传送数据、终止物理连接。所谓激活，是指不管有多少物理媒体参与，都要在通信的两个数据终端设备间连接起来，形成一条通路。

② 传输数据。物理层要形成适合数据传输需要的实体，为数据传送服务。一是要保证数据能在其上正确通过，二是要提供足够的带宽以减少信道上的拥塞。传输数据的方式能满足点到点、一点到多点、串行或并行、半双工或全双工、同步或异步传输的需要。

物理层的主要设备：中继器、集线器。

（2）数据链路层（DataLink Layer）。在物理层提供比特流服务的基础上，建立相邻节点之间的数据链路，通过差错控制提供数据帧（Frame）在信道上无差错地传输，并进行各电路上的动作系列。

数据链路层在不可靠的物理介质上提供可靠的传输。该层的作用包括：物理地址寻址、数据的成帧、流量控制、数据的检错、重发等。该层数据的单位称为帧（Frame）。

数据链路层协议的代表包括：SDLC、HDLC、PPP、STP、帧中继等。

链路层的主要功能：链路连接的建立、拆除、分离；帧定界和帧同步，链路层的数据传输单元是帧，协议不同，帧的长短和定界也有差别；顺序控制，即对帧的收发顺序的控制；差错检测和恢复；链路标识；流量控制；等等。

数据链路层主要设备：二层交换机、网桥。

（3）网络层（Network Layer）。在计算机网络中进行通信的两个计算机之间可能会经过多个数据链路，也可能还要经过多个通信子网。网络层的任务就是选择合适的网间路由和交换节点，确保数据及时传送。网络层将数据链路层提供的帧组成数据包（Packet），包中封装有网络层包头，其中含有逻辑地址信息（源站点和目的站点地址的网络地址）。

网络层协议的代表包括：IP、IPX、RIP、OSPF 等。

网络层主要功能：路由选择和中继，激活、终止网络连接；在一条数据链路上复用多条网络连接，多采取分时复用技术；差错检测与恢复；流量控制；服务选择；网络管理。

网络层主要设备：路由器。

（4）传输层（Transport Layer）。传输层负责获取全部信息，为上层提供端到端（最终用户到最终用户）的透明的、可靠的数据传输服务。该层数据单元又称数据包（Packets），但是在 TCP 等具体的协议中又有不同的名称，TCP 的数据单元称为“段”（Segments），UDP 协议的数据单元称为“数据报（Datagram）”。

传输层协议的代表包括：TCP、UDP、SPX 等。

传输层是两台计算机经过网络进行数据通信时第一个端到端的层次，具有缓冲作用。当网络层服务质量不能满足要求时，它将服务加以提高，以满足高层的要求；当网络层服务质量较好时，它只需做很少的工作。传输层还可进行复用，即在一个网络连接上创建多个逻辑连接。传输层又称运输层。传输层只存在于端开放系统中，是介于低 3 层通信子网系统和高 3 层之间的一层，是源端到目的端对数据传送进行控制从低到高的最后一层，是很重要的一层。此外，传输层还要具备差错恢复、流量控制等功能。

传输层主要设备：交换机。

（5）会话层（Session Layer）。会话层又称会晤层或对话层。在会话层及以上的高层次中，数据传送的单位不再另外命名，统称为报文。会话层不参与具体的传输，它提供包括访问验证和会话管理在内的建立和维护应用之间通信的机制。会话层提供的服务可使应用建立和维持会话，并能使会话获得同步。会话层使用校验点可使通信会话在通信失效时从校验点继续恢复通信。这种能力对于传送大的文件极为重要。

会话层、表示层、应用层构成开放系统的高3层，面向应用进程提供分布处理、对话管理、信息表示、恢复最后的差错等。

会话层协议的代表包括：NetBIOS、ZIP（AppleTalk 区域信息协议）等。

会话层主要功能：将会话地址映射为运输地址、选择需要的运输服务质量参数（QOS）、对会话参数进行协商、识别各个会话连接、传送有限的透明用户数据等。

（6）表示层（Presentation Layer）。表示层主要解决用户信息的语法表示问题。它将欲交换的数据从适合于某一用户的抽象语法，转换为适合于OSI系统内部使用的传送语法，即提供格式化的表示和转换数据服务。数据的压缩和解压缩、加密和解密等工作都由表示层负责。

表示层协议的代表包括：ASCII、ASN.1、JPEG、MPEG等。

（7）应用层（Application Layer）。应用层为操作系统或网络应用程序提供访问网络服务的接口。应用层协议的代表包括：Telnet、FTP、HTTP、SNMP等。

2. TCP/IP参考模型

TCP/IP参考模型是最早的计算机网络Arpanet及其后继的Internet使用的参考模型。Arpanet是由美国国防部赞助的研究网络，它逐渐地通过租用的电话线连接了数百所大学和政府部门。当无线网络和卫星出现以后，现有的协议在和它们相连时出现了问题，所以需要一种新的参考体系结构。这个体系结构在它的两个主要协议出现以后，被称为TCP/IP参考模型。

TCP/IP是一组用于实现网络互联的通信协议。Internet网络体系结构以TCP/IP为核心。基于TCP/IP的参考模型将协议分成4个层次，分别是：网络访问层、网际层、传输层（主机到主机）和应用层，如图1-4所示。

（1）网络接口层。网络接口层与OSI参考模型中的物理层和数据链路层相对应。实际上TCP/IP参考模型没有真正描述这一层的实现，只是要求能够提供给其上层——网际层一个访问接口，以便在其上传递IP分组。由于这一层次未被定义，所以其具体的实现方法将随着网络类型的不同而不同。

<table>
<tr><td>应用层</td><td colspan="3">FTP、Telnet、HTTP</td><td>SNMP、TFTP、NTP</td></tr>
<tr><td>传输层</td><td colspan="3">TCP</td><td>UDP</td></tr>
<tr><td>网际层</td><td colspan="4">IP</td></tr>
<tr><td rowspan="2">网络接口层</td><td rowspan="2">以太网</td><td rowspan="2">令牌网</td><td>802.2</td><td>HDLC、PPP、Frame-Relay</td></tr>
<tr><td>802.3</td><td>EIA/TIA-232、449、V.35、V.21</td></tr>
</table>

图1-4　TCP/IP参考模型

（2）网际层。网际层对应于 OSI 参考模型的网络层，主要解决主机到主机的通信问题。网际层是整个 TCP/IP 协议栈的核心。它的功能是把分组发往目标网络或主机。同时，为了尽快地发送分组，可能需要沿不同的路径同时进行分组传递。因此，分组到达的顺序和发送的顺序可能不同，这就需要上层必须对分组进行排序。

网际层定义了分组格式和协议，即 IP 协议（Internet Protocol）。

网际层除了需要完成路由的功能外，也可以完成将不同类型的网络（异构网）互联的任务。除此之外，网络层还需要完成拥塞控制的功能。

（3）传输层。传输层对应于 OSI 参考模型的传输层，为应用层实体提供端到端的通信功能。TCP/IP 模型中，传输层的功能是使源端主机和目标端主机上的对等实体可以进行会话。在传输层定义了两种服务质量不同的协议，即传输控制协议（Transmission Control Protocol，TCP）和用户数据报协议（User Datagram Protocol，UDP）。

TCP 协议是一个面向连接的、可靠的协议。它将一台主机发出的字节流无差错地发往互联网上的其他主机。在发送端，它负责把上层传送下来的字节流分成报文段并传递给下层。在接收端，它负责把收到的报文进行重组后递交给上层。TCP 协议还要处理端到端的流量控制，以避免缓慢接收的接收方没有足够的缓冲区接收发送方发送的大量数据。

UDP 协议是一个不可靠的、无连接协议，主要适用于不需要对报文进行排序和流量控制的场合。

（4）应用层。TCP/IP 模型将 OSI 参考模型中的会话层和表示层的功能合并到应用层实现。

应用层面向不同的网络应用引入了不同的应用层协议。其中，有基于 TCP 协议的，如文件传输协议（File Transfer Protocol，FTP）、虚拟终端协议（Telnet）、超文本链接协议（Hyper Text Transfer Protocol，HTTP）。也有基于 UDP 协议的，如简单网络管理协议（Simple Network Management Protocol）、简单文件传输协议（Trivial File Transfer Protocol）等。

3. OSI 参考模型与 TCP/IP 参考模型比较

相同点：

（1）这两种模型都基于独立的协议栈的概念，强调网络技术独立性和端对端确认。

（2）都采用分层的方法，每层建立在下层提供的服务基础上，并为上层提供服务，且层的功能大体相同，两个模型能够在相应的层找到相应的对应功能。

不同点：

（1）分层模型不同，如图 1-5 所示。TCP/IP 模型没有会话层和表示层，并且数据链路层和物理层合二为一。

（2）OSI 模型有 3 个主要明确概念：服务、接口、协议。而 TCP/IP 参考模型在三者的区别上不是很清楚。

（3）TCP/IP 模型对异构网络互联的处理比 OSI 模型更加合理。

OSI 参考模型	TCP/IP 参考模型
应用层	应用层
表示层	
会话层	
传输层	传输层
网络层	网际层
数据链路层	网络接口层
物理层	

图 1-5　OSI 参考模型与 TCP/IP 参考模型比较

（4）TCP/IP 模型比 OSI 参考模型更注重面向无连接的服务。在传输层 OSI 模式仅有面向有连接的通信，而 TCP/IP 模型支持两种通信方式；在网络层 OSI 模型支持无连接和面向连接的方式，而 TCP/IP 模型只支持无连接通信模式。

1.3.2　物联网体系结构

物联网实现了人与物、物与物之间的沟通，物联网的特征在于感知、互联和智能的叠加。由此可知，物联网由 3 部分组成：感知部分，即以二维码、RFID、传感器为主，实现对"物"的识别；传输网络，即通过现有的互联网、广电网络、通信网络等实现数据的传输；智能处理，即利用云计算、数据挖掘、中间件等技术实现对物品的自动控制与智能管理等。

目前在业界物联网体系架构大致被公认为有 3 个层次：最下层是用来感知数据的感知层，中间层是数据传输的网络层，最上面则是内容应用层，如图 1-6 所示。

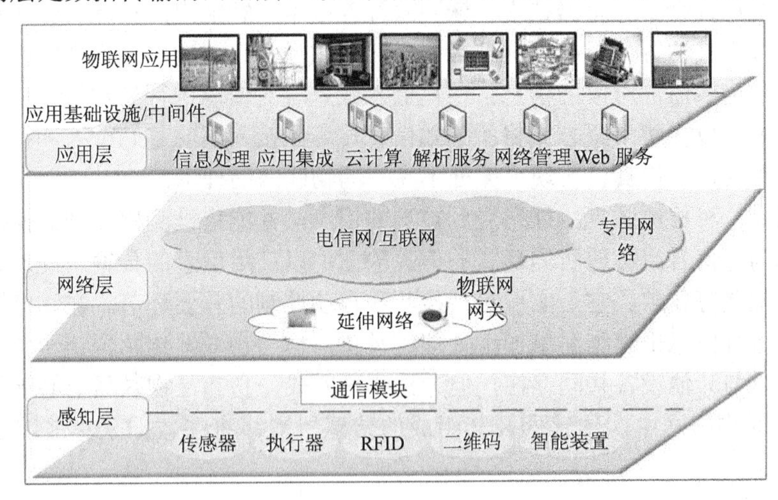

图 1-6　物联网的体系结构

在各层之间，信息不是单向传递的，也有交互、控制等，所传递的信息多种多样，这其中关键是物品的信息，包括在特定应用系统范围内能唯一标识物品的识别码和物品的静态与动态信息。

1. 感知层

物联网在传统网络的基础上，从原有网络用户终端向"下"延伸和扩展，扩大了通信的对象范围，即通信不仅仅局限于人与人之间的通信，还扩展到人与现实世界的各种物体之间及物与物之间的通信。

此处的"物"并不是自然物品，而是要满足一定的条件才能够被纳入物联网的范围，例如有相应的信息接收器和发送器、数据传输通路、数据处理芯片、操作系统、存储空间等，遵循物联网的通信协议，在物联网中有可被识别的标识。

物联网感知层解决的是人类世界和物理世界的数据获取问题，包括各类物理量、标识、音频、视频数据。感知层处于三层架构的底层，是物联网发展和应用的基础，具有物联网全面感知的核心能力。作为物联网的最基本一层，感知层具有十分重要的作用。

感知层一般还可以再细分为末梢节点层（数据采集）和接入层（数据短距离传输）两部分。其中末梢节点层由智能传感器节点和接口网关组成，智能节点感知信息（温度、湿度、图像等，并自行组网传递到上层网关接入点，由网关将收集到的感应信息通过网络层提交到后台处理，如环境监控、污染监控等应用就是基于这类结构的物联网；接入层由基站节点（Sink 节点）和接入网关（Access Gateway）组成，完成应用末梢各节点信息的组网控制和信息汇集，或完成向末梢节点下发信息的转发等功能，也就是末梢节点之间完成组网后，如果末梢节点需要上传数据，则将数据发送给基站节点，基站节点收到数据后，通过接入层网关完成和承接网络的连接，而应用控制层需要下发控制数据时，接入网关接收到承载网络的数据后，由基站节点将数据发送给末梢节点，从而完成末梢节点与承载网络之间的信息转发和交互的功能。

感知层所需要的关键技术包括检测技术、中低速无线或有线短距离传输技术等。具体来说，感知层综合了传感器技术、嵌入式计算技术、智能组网技术、无线通信技术、分布式信息处理技术等，能够通过各类集成化的微型传感器的协作实现实时监测、感知和采集各种环境或监测对象的信息。通过嵌入式系统对信息进行处理，并通过随机自组织无线通信网络以多跳中继方式将所感知信息传送到接入层的基站节点和接入网关，最终到达用户终端，从而真正实现“无处不在”的物联网的理念。

传感器是一种检测装置，能感受到被测的信息，并能将检测感受到的信息，按一定规律变换成为电信号或其他所需形式的信息输出，以满足信息的传输、处理、存储、显示、记录和控制等要求。它是实现自动检测和自动控制的首要环节。在物联网系统中，对各种参量进行信息采集和简单加工处理的设备，称为物联网传感器。传感器可以独立存在，也可以与其他设备共同存在，但无论哪种方式，它都是物联网中的感知和输入部分。在未来的物联网中，传感器及其组成的传感器网络将在数据采集前端发挥重要的作用。

2. 网络层

物联网网络层是在现有网络的基础上建立起来的，它与目前主流的移动通信网、国际互联网、企业内部网、各类专网等网络一样，主要承担数据传输的功能，特别是当三网融合后，有线电视网也能承担数据传输的功能。在物联网中，要求网络层能够把感知层感知到的数据无障碍、高可靠性、高安全性地进行传送，它解决的是感知层所获得的数据在一定范围内，尤其是远距离的传输问题。同时，物联网网络层将承担比现有网络更大的数据量和面临更高的服务质量要求，所以现有网络尚不能满足物联网的需求，这就意味着物联网需要对现有网络进行融合和扩展，利用新技术以实现更加广泛和高效的互联功能。

由于物联网网络层是建立在 Internet 和移动通信网等现有网络基础上，除具有目前已经比较成熟的如远距离有线、无线通信技术和网络技术外，为实现“物物相连”的需求，物联网网络层将综合使用 IPv6、2G/3G、Wi-Fi 等通信技术，实现有线与无线的结合、宽带与窄带的结合、感知网与通信网的结合。同时，网络层中的感知数据管理与处理技术是实现以数据为中心的物联网的核心技术。

3．应用层

应用层的主要功能是把感知和传输来的信息进行分析和处理，做出正确的控制和决策，实现智能化的处理、应用和服务。该层解决的是信息处理和人机界面的问题，即应用层将网络层传输来的数据通过各类信息系统进行处理，并通过各种设备与人进行交互。这一层也可按形态直观地划分为两个子层：应用程序层和终端设备层。应用程序层进行数据处理，完成跨行业、跨应用、跨系统之间的信息协同、共享、互通的功能。终端设备层主要是提供人机界面。此处的人机界面泛指与应用程序相连的各种设备与人的反馈。

1.4　物联网组成

计算机互联网可以把世界上不同角落、不同国家和地区的人们通过计算机紧密地联系在一起，而采用感知识别技术的物联网也可以把世界上所有不同国家、地区的物品联系在一起，彼此之间可以互相“交流”数据信息，从而形成一个全球性物物相互联系的智能社会。

从不同的角度看，物联网会有多种类型，不同类型的物联网，其软硬件平台组成也会有所不同。从其系统组成来看，可以把它分为软件平台和硬件平台两大系统。

1.4.1　物联网硬件平台

物联网是以数据为中心的面向应用的网络，主要完成信息感知、数据处理、数据回传及决策支持等功能，其硬件平台可由传感网、核心承载网和信息服务系统等几个大的部分组成。系统硬件平台组成如图 1-7 所示。其中，传感网包括感知节点（数据采集、控制）和末梢网络（汇聚节点、接入网关等）；核心承载网为物联网业务的基础通信网络（通信网络）；信息服务系统硬件设施（网络终端）主要负责信息的处理和决策支持。

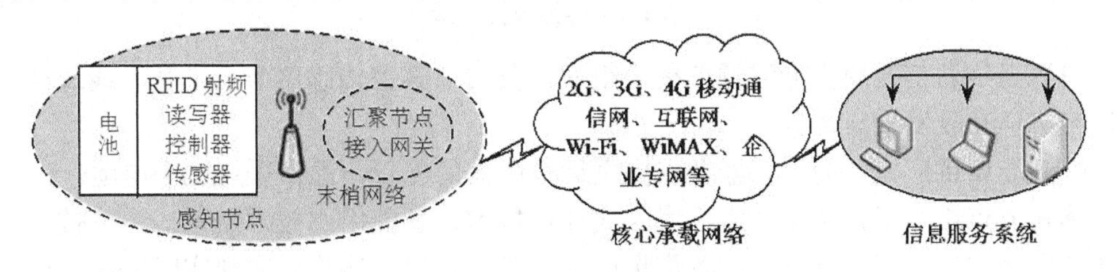

图 1-7　物联网硬件平台

1．感知节点

无线传感器网络（Wireless Sensor Networks，WSN）是由大量部署在作用区域内的、具有无线通信与计算能力的微小感知节点通过自组织方式构成的能根据环境自主完成指定任务的分布式智能化网络系统，如图 1-8 所示。感知节点间距离很短，一般采用多跳（Multi-Hop）的无线通信方式进行通信。

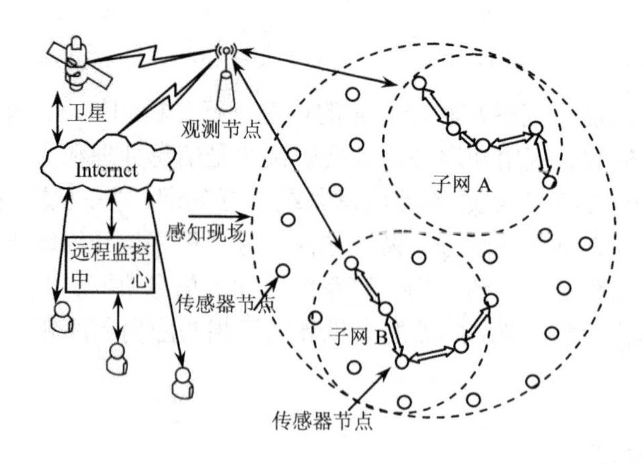

图 1-8　无线传感器网络

感知节点由传感器模块、处理器模块、无线通信模块和能量供应模块 4 部分组成，如图 1-9 所示。此外，还可以选择的其他功能单元包括定位系统、运动系统以及发电装置等。

（1）传感器模块由传感器和模数（AD）转换功能模块组成，负责区域内信息的采集和数据转换。

（2）处理器模块由嵌入式系统构成，包括 CPU、存储器、嵌入式操作系统等，负责控制整个传感器节点的操作，存储和处理本身采集的数据以及其他节点发来的数据。

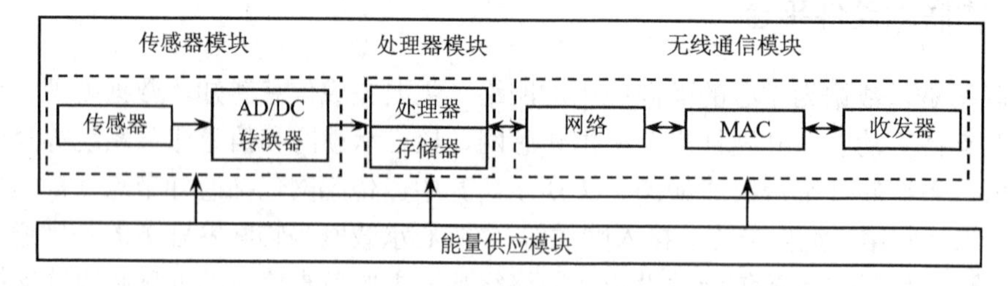

图 1-9　感知节点组成

（3）无线通信模块由无线通信模块组成，负责与其他传感器节点进行无线通信，交换控制信息和收发采集数据。

（4）能量供应模块为传感器节点提供运行所需的能量，通常采用微型电池。

感知节点综合了传感器技术、嵌入式计算技术、智能组网技术及无线通信技术、分布式信息处理技术等，能够通过各类集成化的微型传感器协作地实现实时监测、感知和采集各种环境或监测对象的信息，实现对任意地点信息在任意时间的采集、处理和分析，并通过随机自组织无线通信网络，以多跳中继方式将所感知信息传送到基站节点和接入网关，最终到达信息应用服务系统。

感知节点体积微小，通常携带能量十分有限的电池。由于感知节点个数多、成本要求低廉、分布区域广，而且部署区域环境复杂，有些区域甚至人员不能到达，所以感知节点通过更换电池的方式来补充能源是不现实的，如何高效使用能量来最大化网络生命周期是传感器网络面临的问题。

随着低功耗电路和系统设计技术的提高，目前已经开发出很多超低功耗微处理器，除了降低处理器的绝对功耗以外，现代处理器还支持模块化供电和动态频率调节功能。利用这些处理器的特性，感知节点的操作系统设计了动态能量管理（Dynamic Power Management，DPM）和动态电压调节（Dynamic Voltage Scaling，DVS）模块，可以较为有效地利用节点的各种资源。DPM是当节点周围没有感兴趣的事件发生时，部分模块处于空闲状态，把这些组件关掉或调到更低能耗的睡眠状态。DVS是当计算负载较低时，通过降低处理器的工作电压和频率来降低处理能力，从而降低微处理器的能耗。很多处理器都支持电压频率调节。

2. 网络终端

物联网信息服务系统硬件设施由各种应用服务器（包括数据库服务器）组成，还包括用户设备（如PC、手机）、客户端等，主要用于对采集数据的融合/汇聚、转换、分析及对用户呈现的适配和事件的触发等。对于信息采集，由于从感知节点获取的是大量的原始数据，这些原始数据对于用户来说只有经过转换、筛选、分析处理后才有实际价值。对这些有实际价值的信息，由服务器根据用户端设备进行信息呈现的适配，并根据用户的设置触发相关的通知信息。当需要对末端节点进行控制时，信息服务系统硬件设施生成控制指令并发送以进行控制。针对不同的应用将设置不同的应用服务器。

物联网终端是物联网中连接传感网络层和传输网络层，实现采集数据及向网络层发送数据的设备。它担负着数据采集、初步处理、加密、传输等多种功能。物联网终端的内部结构如图1-10所示。

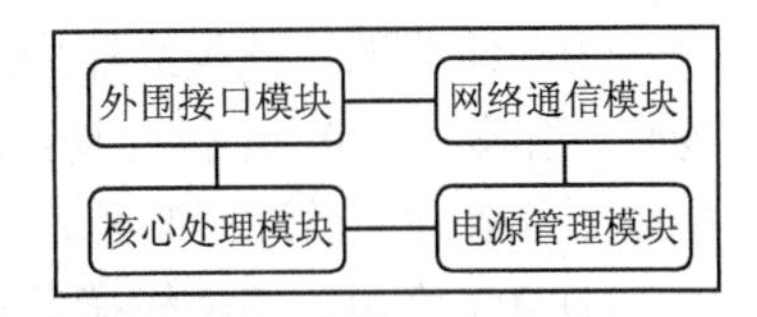

图1-10 物联网终端内部结构

（1）物联网终端的原理及作用。物联网终端基本由外围感知（传感）接口、中央处理模块和外部通信接口3部分组成，通过外围感知接口与传感设备连接，如RFID读卡器、红外感应器、环境传感器等，将这些传感设备的数据进行读取并通过中央处理模块处理后，按照网络协议，通过外部通信接口，如GPRS模块、以太网接口、Wi-Fi等方式发送到以太网的指定中心处理平台。

物联网终端属于传感网络层和传输网络层的中间设备，也是物联网的关键设备，通过它的转换和采集，才能将各种外部感知数据汇集和处理，并将数据通过各种网络接口方式传输到互联网中。如果没有它的存在，传感数据将无法送到指定位置，“物”的联网将不复存在。

（2）物联网终端的分类。对于物联网终端的分类有多种方法。从行业应用来分，主要包括工业设备检测终端、设施农业检测终端、物流RFID识别终端、电力系统检测终端、安防视频监测终端等。

① 工业设备检测终端。该类终端主要安装在工厂的大型设备上或工矿企业的大型运动机械上，用来采集位移传感器、位置传感器、振动传感器、液位传感器、压力传感器、温度传感器等数据，通过终端的有线网络或无线网络接口发送到中心处理平台进行数据的汇总和处理。

② 设施农业检测终端。该类终端一般被安装在设施农业的温室（大棚）中，主要采

集空气温湿度传感器、土壤温度传感器、土壤水分传感器、光照传感器、气体含量传感器的数据，将数据打包、压缩、加密后通过终端的有线网络或无线网络接口发送到中心处理平台进行数据的汇总和处理。

③ 物流 RFID 识别终端。该类设备分固定式、车载式和手持式。固定式一般安装在仓库门口或其他货物通道，车载式安装在物流运输车中，手持式则由用户手持使用。固定式一般只有识别功能，用于跟踪货物的入库和出库，车载式和手持式中一般具有 GPS 定位功能和基本的 RFID 标签扫描功能，用来识别货物的状态、位置、性能等参数，通过有线或无线网络将位置信息和货物基本信息传送到中心处理平台。

从传输方式分，主要包括以太网终端、Wi-Fi 终端、2G 终端、3G 终端等，有些智能终端具有上述两种或两种以上的接口。

① 以太网终端。该类终端一般应用在数据量传输较大、以太网条件较好的场合，现场很容易布线并具有连接互联网的条件。一般应用在工厂的固定设备检测、智能楼宇、智能家居等环境中。

② Wi-Fi 终端。该类终端一般应用在数据量传输较大、以太网条件较好，但终端部分布线不容易或不能布线的场合，在终端周围架设 Wi-Fi 路由或 Wi-Fi 网关等设备实现。一般应用在无线城市、智能交通等需要大数据无线传输的场合或其他应用中终端周围不适合布线但需要高数据量传输的场合。

③ 2G 终端。该类终端应用在小数据量移动传输的场合或小数据量传输的野外工作场合，如车载 GPS 定位、物流 RFID 手持终端、水库水质监测等。该类终端因具有移动中或野外条件下的联网功能，所以为物联网的深层次应用提供了更加广阔的市场。

④ 3G 终端。该类终端是在上面终端基础上的升级，增加了上下行的通信速度，以满足移动图像监控、下发视频等应用场合，如警车巡警图像的回传、动态实时交通信息的监控等，在一些大数据量的传感应用，如震动量的采集或电力信号实施监测中也可以用到该类终端。

从使用扩展性分，主要包括单一功能终端和通用智能终端两种。

① 单一功能终端。该类终端一般外部接口较少，设计简单，仅满足单一应用或单一应用的部分扩展，除了这种应用外，在不经过硬件修改的情况下无法应用在其他场合中。目前市场上此类终端较多，如汽车监控用的图像传输服务终端、电力监测用的终端、物流用的 RFID 终端等，这些终端的功能单一，仅适用在特定场合，不能随应用变化进行功能改造和扩充等。因功能单一，所以该类终端的成本较低，也比较好标准化。

② 通用智能终端。该类终端因考虑到行业应用的通用性，所以外部接口较多，设计复杂，能满足两种或更多场合的应用。它可以通过内部软件的设置、修改应用参数或通过硬件模块的拆卸来满足不同的应用需求。该类模块一般涵盖了大部分应用对接口的需求，并具有网络连接的有线、无线多种接口方式，还扩展了如蓝牙、Wi-Fi、 ZigBee 等接口。该类终端开发难度大、成本高、未标准化，目前市面很少。

（3）电子标签 RFID 与二维码技术：

① 电子标签 RFID。RFID 是 20 世纪 90 年代开始兴起的一种自动识别技术，它利用射频信号通过空间电磁耦合实现无接触信息传递并通过所传递的信息实现物体识别。

RFID又称电子标签、无线射频识别，它是自动识别技术的一种，可通过无线电信号识别特定目标并读写相关数据，而无须识别系统与特定目标之间建立机械或光学接触。常用的有低频（125～134.2 kHz）、高频（13.56 MHz）、超高频、无源等技术。目前RFID技术应用很广，如图书馆、门禁系统、食品安全溯源等。

从概念上来讲，RFID类似于条码扫描，对于条码技术而言，它是将已编码的条码附着于目标物并使用专用的扫描读写器利用光信号将信息由条形磁传送到扫描读写器；而RFID则使用专用的RFID读写器及专门的可附着于目标物的RFID标签，利用频率信号将信息由RFID标签传送至RFID读写器。

RFID是一种简单的无线系统，主要由RFID电子标签、RFID读写器、计算机应用系统组成，如图1-11所示。该系统用于控制、检测和跟踪物体。其中，电子标签由天线、耦合元件及芯片组成，每个标签具有唯一的电子编码，附着在物体上标识目标对象；读写器（Reader）由天线、耦合元件、芯片组成，读取（有时还可以写入）标签信息的设备，可设计为手持式RFID读写器或固定式读写器，如图1-12所示。

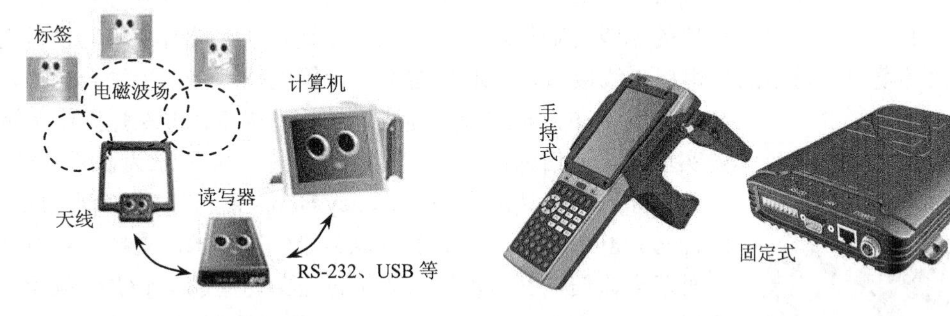

图1-11　RFID系统简图　　　　图1-12　读写器

RFID技术的基本工作原理并不复杂，当带有RFID电子标签的物品经过读写器时，电子标签被读写器激活，并通过无线电波将标签中携带的信息传送到读写器及计算机系统，完成信息的自动采集工作，计算机应用系统则根据需要进行相应的信息控制和处理工作。

以简单RFID系统为基础，结合已有的网络技术、数据库技术、中间件技术等，构筑一个由大量联网的阅读器和无数移动的标签组成的比互联网更为庞大的物联网为RFID技术发展的趋势。

射频识别系统最大的优点是非接触识别，它能穿透雪、雾、冰、涂料、尘垢和条码无法使用的恶劣环境阅读标签，并且阅读速度极快，大多数情况下不到100 ms，可用于流程跟踪和维修跟踪等交互式业务。目前，制约射频识别系统发展的主要问题是不兼容的标准。射频识别系统的主要厂商提供的都是专用系统，导致不同的应用和不同的行业采用不同厂商的频率和协议标准，这种混乱和割据的状况制约了整个射频识别行业的增长。许多欧美组织正在着手解决这个问题，并已经取得了一些成绩。标准化必将刺激射频识别技术的大幅度发展和广泛应用。

② 二维码技术。二维码（2-dimensional Bar Code）技术是物联网感知层实现过程中最基本和关键的技术之一。二维码又称二维条码或二维条形码，是用某种特定的几何形

体按一定规律在平面上分布的图形来记录信息的应用技术。从技术原理来看，二维码在代码编制上巧妙地利用构成计算机内部逻辑基础的“0”和“1”比特流的概念，使用若干与二进制相对应的几何形体来表示数值信息，并通过图像输入设备或光电扫描设备自动识读以实现信息的自动处理，如图 1-13 所示。

图 1-13 二维码

3．通信网络

物联网中的通信网络可以有很多种，主要承担接入网与信息服务系统之间的数据通信任务。根据具体应用需要，通信网络可以是公共通信网，如 2G、3G、4G 移动通信网，Wi-Fi，WiMAX，互联网，以及企业专用网，甚至是新建的专用于物联网的通信网。

（1）无线网络。典型的无线网络协议有蓝牙（802.15.1 协议）、ZigBee（802.15.4 协议）、红外及近距离无线通信 NCF 等无线低速网络协议。

① 蓝牙技术。蓝牙（Bluetooth）是一种无线数据与话音通信的开放性全球规范，和 ZigBee 一样，也是一种短距离的无线传输技术。其实质内容是为固定设备或移动设备之间的通信环境建立通用的短距离无线接口，将通信技术与计算机技术进一步结合起来，是各种设备在无电线或电缆相连接的情况下，能在短距离范围内实现相互通信或操作的一种技术。图 1-14 所示为蓝牙耳机。

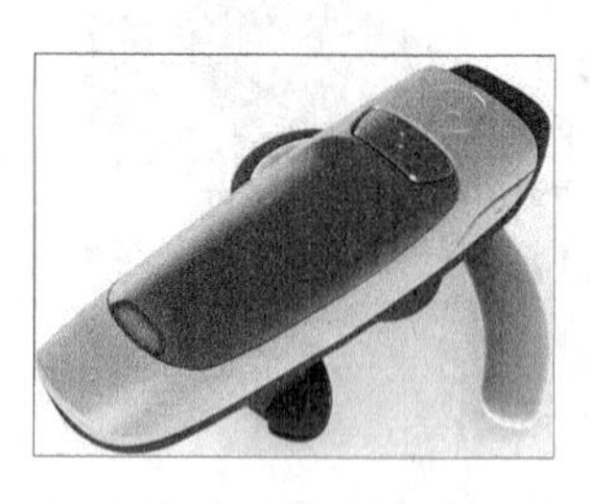

图 1-14 蓝牙耳机

蓝牙采用高速跳频（Frequency Hopping）和时分多址（Time Division Multiple Access，TDMA）等先进技术，支持点对点及点对多点通信。其传输频段为全球公共通用的 2.4 GHz 频段，能提供 1 Mbit/s 的传输速率和 10 m 的传输距离，并采用时分双工传输方案实现全双工传输。

蓝牙和 ZigBee 一样，具有全球范围适用、功耗低、成本低、抗干扰能力强等特点。

有关蓝牙技术的更多内容，请参见第 4 章相关内容。

② Wi-Fi 技术。Wi-Fi（Wireless Fidelity，无线保真，又称 IEEE 802.11b 标准）技术是“无线以太网相容联盟”（Wireless Ethernet Compatibility Alliance，WECA）发布的业界术语，中文译为“无线相容认证”，是一个无线网络通信技术的品牌，由 Wi-Fi 联盟（Wi-Fi Alliance）所持有，其目的是改善基于 IEEE 802.11 标准的无线网络产品之间的互通性。

Wi-Fi 是一种短程无线传输技术，传输距离达到几百米，可以实现各种便携设备（手机、笔记本电脑、PDA 等）在局部区域内的高速无线连接或接入局域网。Wi-Fi 是由接入点 AP（Access Point）和无线网卡组成的无线网络。主流的 Wi-Fi 技术无线标准有 IEEE 802.11b 及 IEEE 802.11g 两种，分别可以提供 11 Mbit/s 和 54 Mbit/s 两种数据传输速率，如图 1-15 所示。

③ ZigBee 技术。ZigBee 是一种短距离、低功耗的无线传输技术，是一种介于无线标记技术和蓝牙之间的技术，它是 IEEE 802.15.4 协议的代名词 ZigBee 采用分组交换和跳频技术，并且可使用 3 个频段，分别是 2.4 GHz 的公共通用频段、欧洲的 868 MHz 频段和美国的 915 MHz 频段。ZigBee 主要应用在短距离范围并且数据传输速率不高的各种

电子设备之间。与蓝牙相比，ZigBee 更简单、速率更慢、功率及费用也更低。同时，由于 ZigBee 技术的低速率和通信范围较小，也决定了 ZigBee 技术只适合于承载数据流量较小的业务，如图 1-16 所示。有关 ZigBee 技术的更多内容，请参见第 4 章相关内容。

图 1-15　Wi-Fi 技术

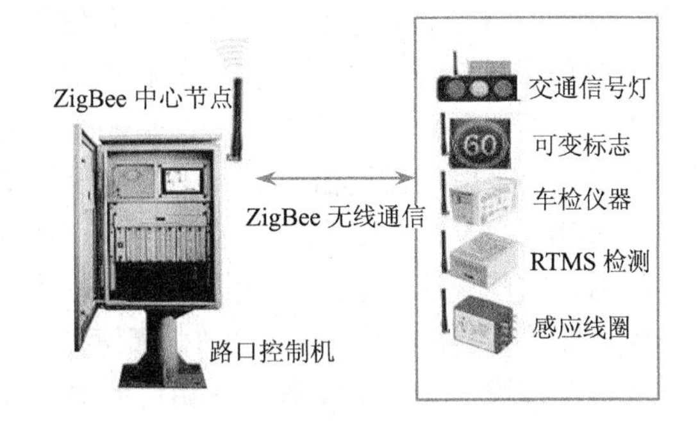

图 1-16　ZigBee 技术应用于交通管理

④ 红外通信技术。红外通信（IrDA）是一种利用红外线进行点对点通信的技术，是第一个实现无线个人局域网的技术。目前它的软硬件技术都十分成熟，在小型移动设备，如 PDA、手机上广泛使用。

红外通信技术使用一种点对点的数据传输协议，是传统的设备之间连接线缆的替代，如图 1-17 所示。它的通信距离一般在 0～1 m 之间，数据传输速率最高可达 16 Mbit/s，通信介质为波长为 900 nm 左右的近红外线。它是目前在世界范围内被广泛使用的一种无线连接技术，被众多的硬件和软件平台所支持。通过数据电脉冲和红外光脉冲之间的相互转换实现无线的数据收发。主要是用来取代点对点的线缆连接。新的通信标准兼容早期的通信标准。具有小角度（30°锥角以内）、短距离、点对点直线数据传输、保密性强等特点。

由于红外通信方便高效，使之在 PC、PC 外设及信息家电等设备上的应用日益广泛，如目前 PDA 的红外通信收发端口已成为必要的通信接口，因此，应用 PDA 的红外收发商品对某些受红外控制的设备进行控制与通信正成为一个新的技术应用方向。

⑤ 近距离通信技术。近距离无线通信（Near Field Communication，NFC）由飞利浦公司和索尼公司共同开发，是一种非接触式识别和互联技术，可以在移动设备、消费类电子产品、PC 和智能控件工具间进行近距离无线通信，如图 1-18 所示。NFC 提供了一种简单、触控式的解决方案，可以让消费者简单直观地交换信息、访问内容与服务。

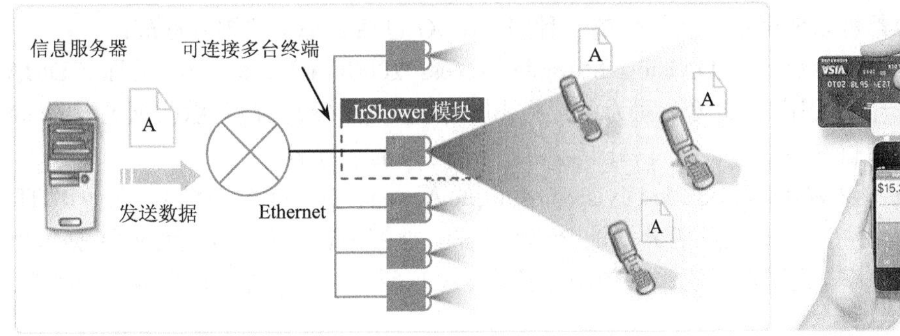

图 1-17　红外通信技术

图 1-18　近距离无线通信

近距离无线通信又称近场通信，是一种短距离的调频无线通信技术，允许电子设备之间进行非接触式点对点数据传输（10 m 以内）交换数据。该技术由免接触式射频识别演变而来，并向下兼容 RFID，主要用于手机等手持设备中。由于近场通信个有天然的安全性，因此，NFC 技术被认为在手机支付等领域具有很大的应用前景。

NFC 将非接触读卡器、非接触卡和点对点功能整合进一块单芯片，为消费者的生活方式开创了不计其数的全新机遇。这是一个开放接口平台，可以对无线网络进行快速、主动设置，也是虚拟连接器，服务于蜂窝状网络、蓝牙和无线 802.11 设备。

与 RFID 不同，NFC 采用了双向的识别和连接。在 20 m 距离内工作于 13.56 MHz 频率范围。它能快速自动地建立无线网络，为蜂窝设备、蓝牙设备、Wi-Fi 设备提供一个“虚拟连接”，使电子设备可以在短距离范围进行通信。NFC 的短距离交互大大简化了整个认识过程，使电子设备间互相访问更直接、更安全和更清楚。

（2）移动通信网络。移动通信（Mobile Communication）是指通信双方或至少一方在运动中进行信息传输和交换的通信方式。移动通信系统包括无绳电话、无线寻呼、陆地蜂窝移动通信、卫星移动通信等。

2G 是 Second-Generation Wireless Telephone Technology 的缩写，即第二代无线通信技术。不同于第一代的模拟信号，2G 技术使用数字信号传送音频或其他数据。2G 基于 multiplexing 多路技术，包含两个分支　一种是 TDMA 时分多址技术　另一个是 CDMA 码分多址技术。在世界范围内，2G 主要包含 5 个标准：

① GSM，基于 TDMA 技术建立，起源于欧洲，是全球使用范围最广的网络。

② iDEN，基于 TDMA 技术建立，目前主要有两个 iDEN 网络，分别由美国的 Nextel 运营以及加拿大的 Telus Mobility 运营。

③ IS-136，基于 TDMA 技术建立，也就是通常所说的 D-AMPS 网络，在美国有运营商建网。

④ IS-95，基于 CDMA 技术建立，也就是通常所说的 CDMA ONE 网络，主要在美国以及亚洲部分国家或地区使用。

⑤ PDC，基于 TDMA 技术建立，仅在日本地区使用。

3G 是指第二代支持高速数据传输的蜂窝移动通信技术。3G 网络综合了蜂窝、无绳、集群、移动数据、卫星等各种移动通信系统的功能，与固定电信网的业务兼容，能同时提供话音和数据业务。3G 的目标是实现所有地区（城区与野外）的无缝覆盖，从而使用户在任何地方都可以使用系统所提供的各种服务。3G 包括 3 种主要国际标准：

① CDMA2000（Code Division Multiple Access 2000，码分多址），又称 CDMA Multi-Carrier，由美国高通北美公司为主导提出，摩托罗拉（现已被谷歌收购）、Lucent 和后来加入的韩国三星都有参与，韩国现在成为该标准的主导者。

② WCDMA（Wideband Code Division Multiple Access，宽带码分多址），是一个 ITU（国际电信联盟）标准，它是从码分多址分演变来的，能够为移动和手提无线设备提供更高的数据传输速率。它是世界上采用的国家及地区最广泛的，终端种类最丰富的一种 3G 标准。

③ TD-SCDMA（Time Division-Synchronous Code Division Multiple Access，时分同

步码分多址)，中国提出的第三代移动通信标准，也是ITU批准的3个3G标准中的一个，以我国知识产权为主的、被国际上广泛接受和认可的无线通信国际标准，是我国电信史上的里程碑。

（3）设备对设备通信。广义上说，M2M代表机器对机器（Machine to Machine）、人对机器（Man to Machine）、机器对人（Machine to Man）、移动网络对机器（Mobile to Machine）之间的连接与通信，它涵盖了所有可以实现在人、机、系统之间建立通信连接的技术和手段。从狭义上说，M2M代表机器对机器通信。由于Machine一般特指人造的机器设备，而物联网（Internet of Things）中的Things则是指更抽象的物体，范围也更广。所以，M2M可以看作是物联网的子集或应用。

M2M是现阶段物联网普遍的应用形式，是实现物联网的第一步。M2M业务现阶段通过结合通信技术、自动控制技术和软件智能处理技术，实现对机器设备信息的自动获取和自动控制。这个阶段通信的对象主要是机器设备，尚未扩展到任何物品，在通信过程中，也以使用离散的终端节点为主。并且，M2M的平台也不等于物联网运营的平台，它只解决了物与物的通信，解决不了物联网智能化的应用。所以，随着软件的发展，特别是应用软件的发展和中间件软件的发展，M2M平台可以逐渐过渡到物联网的应用平台上。

M2M提供了设备实时数据在系统之间、远程设备之间以及与个人之间建立无线连接的简单手段，并综合了数据采集、远程监控、电信、信息等技术，能够实现业务流程自动化。这一平台可为安全监测、自动读取停车表、机械服务和维修业务、自动售货机、公共交通系统、车队管理、工业流程自动化、电动机械、城市信息化等领域提供广泛的应用和解决方案。

M2M技术的目标就是使所有机器设备都具备联网和通信能力，其核心理念就是网络一切（Network Everything）。随着科学技术的发展，越来越多的设备具有了通信和联网能力，网络一切逐步变为现实。

1.4.2 物联网软件平台

物联网软件平台是物联网的神经系统。不同类型的物联网，其用途是不同的，其软件系统平台也不相同，但软件系统的实现技术与硬件平台密切相关。相对硬件技术而言，软件平台开发及实现更具有特色。一般来说，物联网软件平台建立在分层的通信协议体系之上，通常包括数据感知（数据采集）系统软件、中间件系统软件、网络操作系统（包括嵌入式系统）及物联网管理和信息中心（包括机构物联网管理中心、国家物联网管理中心、国际物联网管理中心及其信息中心）的管理信息系统（Management Information System，MIS）等。

1. 数据采集软件

数据感知系统软件主要完成物品的识别和物品EPC码的采集和处理，主要由企业生产的物品、物品电子标签、传感器、读写器、控制器、物品代码（EPC）等部分组成。存储有EPC码的电子标签在经过读写器的感应区域时，其中的物品EPC码会自动被读写器捕获，从而实现EPC信息采集的自动化，所采集的数据交由上位机信息采集软件进行进一步处理，如数据校对、数据过滤、数据完整性检查等，这些经过整理的数据可以为物联网中间件、应用管理系统使用。对于物品电子标签，国际上多采用 EPC 标签，用 PML 语言来标记每一个实体和物品。

2. 中间件软件

中间件是位于数据感知设备（读写器）与在后台应用软件之间的一种应用系统软件，如图 1-19 所示。中间件具有两个关键特征：一是为系统应用提供平台服务，这是一个基本条件；二是需要连接到网络操作系统，并且保持运行工作状态。

中间件为物联网应用提供一系列计算和数据处理功能，主要任务是对感知系统采集的数据进行捕获、过滤、汇聚、计算、数据校对、解调、数据传送、数据存储和任务管理，减少从感知系统向应用系统中心传送的数据量。同时，中间件还可提供与其他 RFID 支撑软件系统进行互操作等功能。引入中间件使得原先后台应用软件系统与读写器之间非标准的、非开放的通信接口，变成了后台应用软件系统与中间件之间、读写器与中间件之间的标准的、开放的通信接口。

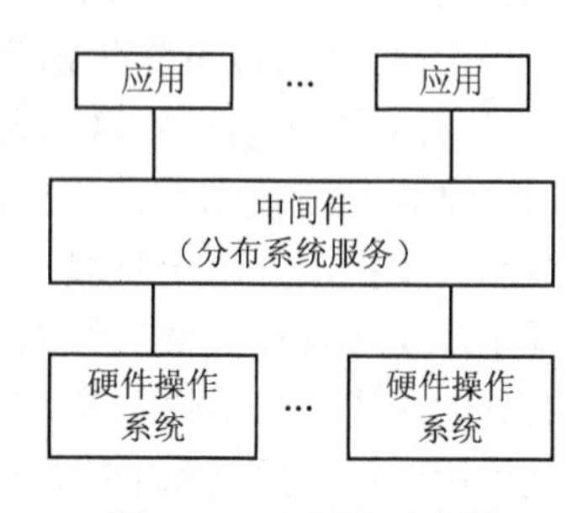

图 1-19　中间件示意图

一般来说，物联网中间件系统包含有读写器接口、事件管理器、应用程序接口、目标信息服务和对象名解析服务等功能模块。

（1）读写器接口。物联网中间件必须优先为各种形式的读写器提供集成功能。协议处理器确保中间件能够通过各种网络通信方案连接到 RFID 读写器。RFID 读写器与其应用程序间通过普通接口相互作用的标准，大多数采用由 EPC-global 组织制定的标准。

（2）事件管理器。事件管理器用来对读写器接口的 RFID 数据进行过滤、汇聚和排序操作，并通告数据与外部系统相关联的内容。

（3）应用程序接口。应用程序接口是应用程序系统控制读写器的一种接口；此外，需要中间件能够支持各种标准的协议（例如，支持 RFID 以及配套设备的信息交互和管理），同时还要屏蔽前端的复杂性，尤其是前端硬件（如 RFID 读写器等）的复杂性。

（4）目标信息服务。目标信息服务由两部分组成：一是目标存储库，用于存储与标签物品有关的信息并使之能用于以后查询；二是拥有为提供由目标存储库管理的信息接口的服务引擎。

（5）对象名解析服务。对象名解析服务（ONS）是一种目录服务，主要是将对每个带标签物品所分配的唯一编码，与一个或者多个拥有关于物品更多信息的目标信息服务的网络定位地址进行匹配。

目前主流的中间件包括 ASPIRE 和 Hydra。其中，ASPIRE 意在将 RFID 应用渗透到中小型企业。为了达到这样的目的，ASPIRE 完全改变了现有的 RFID 应用开发模式，它引入并推进一种完全开放的中间件，同时完全有能力支持原有模式中核心部分的开发。ASPIRE 的解决办法是完全开源和免版权费用，大大降低了总的开发成本。Hydra 中间件特别方便实现环境感知行为和在资源受限设备中处理数据的持久性问题。Hydra 项目的第一个产品是为了开发基于面向服务结构的中间件，第二个产品是为了能基于 Hydra 中间件生产出可以简化开发过程的工具，即供开发者使用的软件或者设备开发套装。

物联网中间件的实现依赖于中间件关键技术的支持，这些关键技术包括 Web 服务、嵌入式 Web、Semantic Web 技术、上下文感知技术、嵌入式设备及 Web of Things 等。

3. 操作系统软件

由 1.3.2 节可知，在物联网分层体系结构中，最能体现物联网特征的是物联网的感知层。感知层由各种各样的传感器、协议转换网关、通信网关、智能终端、智能卡等终端设备组成。这些终端大部分都是具备计算机能力的微型计算机。运行在这些终端上的系统软件就是所谓的物联网操作系统。

与传统的个人计算机或个人智能终端（智能手机、平板电脑等）上的操作系统不同，物联网操作系统有其独特的特征。这些特征能够更好地服务于物联网应用，服务于运行物联网操作系统的终端设备，能够与物联网的其他层次结合的更加紧密，使得数据共享更加顺畅，大大提高物联网的工作效率。

物联网操作系统除具备传统操作系统的设备资源管理功能外，还具备以下功能：

（1）降低物联网应用开发的成本和时间。物联网操作系统是一个公共的业务开发平台，具有丰富完备的物联网基础功能组件和应用开发环境，可大大降低物联网应用的开发时间和开发成本、提高数据共享能力（统一的物联网操作系统具备一致的数据存储和数据访问方式，为不同行业之间的数据共享提供了可能）。物联网操作系统可打破行业壁垒，增强不同行业之间的数据共享能力，甚至可以提供“行业服务之上”的服务，比如数据挖掘等。

（2）为物联网统一管理奠定基础。采用统一的远程控制和远程管理接口，即使行业应用不同，也可采用相同的管理软件对物联网进行统一管理，大大提高物联网的可管理性和可维护性，甚至可以做到整个物联网的统一管理和维护。

物联网操作系统由内核、通信支持（ZigBee、2G/3G/4G 等通信支持、NFC、RS232/PLC 支持等）、外围组件（文件系统、GUI、Java 虚拟机、XML 文件解析器等）、集成开发环境等组成。

物联网操作系统与传统的个人计算机操作系统和智能手机类操作系统不同，它具有物联网应用领域内的一些独特特点：

（1）内核大小伸缩性强，能够适应不同配置的硬件平台。在极端的情况下，内核大小必须维持在 10KB 以内，以支撑内存和 CPU 性能都很受限的传感器，此时内核具备基本的任务调度和通信功能即可。但在另外一个极端的情况下，内核必须具备完善的线程调度、内存管理、本地存储、复杂的网络协议、图形用户界面等功能，以满足高配置的智能物联网终端的要求。此时内核大小可以达到几百 KB，甚至 MB 级。这种内核大小的伸缩性，可以通过重新编译和二进制模块选择加载来实现。

（2）内核的实时性够强，以满足关键应用的需要。大多数的物联网设备，要求操作系统内核具备实时性，即一方面是中断响应的实时性，一旦外部中断发生，操作系统必须在足够短的时间内响应中断并做出处理；另一方面是线程或任务调度的实时性，一旦任务或线程所需的资源或进一步运行的条件准备就绪，能够马上得到调度。

（3）内核架构可扩展性强。物联网操作系统的内核，一般设计成一个框架。该框架定义了一些接口和规范，只要遵循这些接口和规范，就可以很容易地在操作系统内核上增加新功能、新硬件支持。

（4）内核安全和可靠。由于物联网应用环境具备自动化程度高、人为干预少的特点，所以内核必须足够可靠，以支撑长时间的独立运行。另外，物联网的内核具备抵御外部侵入的功能以保证信息的安全。

（5）节能省电，具备足够的电源续航能力。操作系统内核在 CPU 空闲的时候，降低 CPU 运行频率，或关闭 CPU。对于周边设备，实时判断其运行状态，一旦进入空闲状态，则切换到省电模式。同时，操作系统内核能够最大程度地降低中断发生频率，在不影响实时性的情况下，把系统的时钟频率调到最低，最大可能地节约电源。

目前，还没有一个比较完善的可商业应用的物联网操作系统，但是有许多操作系统在朝这个方向发展。比如 Hello China、TinyOS 等。

Hello China 是一个面向智能设备的嵌入式操作系统，已具备物联网操作系统的大致雏形（完善的内核、文件系统、网络功能、GUI、开发工具等），已经发展到 1.75 版。该版本提供了一组相对完整的 API 函数，供应用程序开发使用。这一组 API 函数包括线程/进程管理、内存管理、设备访问、文件管理、图形界面等函数数量超过了 100 个。这组 API 通过系统调用的方式，实现了操作系统内核和应用程序代码的完全分离。该版本还提供了一组辅助开发工具，可辅助程序员快速方便地完成基于 Hello China 操作系统的应用开发。

TinyOS 是 UC Berkeley（加州大学伯克利分校）开发的一个开源嵌入式操作系统。它采用一种基于组件（Component-Based）的开发方式，能够快速实现各种应用。TinyOS 的组件包括网络协议、分布式服务器、传感器驱动及数据识别工具。TinyOS 的程序核心往往都比较小（一般来说核心代码和数据大概在 400 B），这样能够突破传感器存储资源少的限制，让 TinyOS 有效运行在无线传感器网络上。它还提供一系列可重用的组件，可以简单方便地编制程序，用来获取和处理传感器的数据并通过无线来传输信息。一个应用程序可以通过连接配置文件（configuration）将各种组件连接（wiring）的方式使用这些组件以完成它所需要的功能。系统采用事件驱动的工作模式，即通过事件触发唤醒传感器工作。

4．物联网网络管理软件

物联网也要管理，类似于互联网上的网络管理。目前，物联网大多数是基于 SNMP 建设的管理系统，这与一般的网络管理类似，提供对象名解析服务是重要的。ONS 类似于互联网的 DNS，要有授权，并且有一定的组成架构。它能把每一种物品的编码进行解析，再通过 URL 服务获得相关物品的进一步信息。

物联网管理机构（包括企业物联网信息管理中心、国家物联网信息管理中心以及国际物联网信息管理中心）的信息管理系统软件：企业物联网信息管理中心负责管理本地物联网，它是最基本的物联网信息服务管理中心，为本地用户单位提供管理、规划及解析服务。国家物联网信息管理中心负责制定和发布国家总体标准，负责与国际物联网互联，并且对现场物联网管理中心进行管理。国际物联网信息管理中心负责制定和发布国际框架性物联网标准，负责与各个国家的物联网互联，并且对各个国家物联网信息管理中心进行协调、指导、管理等工作。

小结

随着美国总统奥巴马确定“物联网”作为美国今后发展的国家战略方向之一，物联网一词立刻变得炙手可热起来，世界各国都把目光注向了物联网。中国已于2006年开始组织传感器网络领域标准化研究工作，2009年经国家标准化管理委员会批准，全国信息技术标准化技术委员会组建了传感器网络标准工作组，正式拉开了制定物联网标准的序幕。

目前我们所说的物联网，是在IBM所提出的智慧地球的概念的基础之上形成的，指的是在网络的范围之内，可以实现人对人、人对物以及物对物的全方位互联互通，在方式上可以是点对点，也可以是点对面或面对点，它们经由互联网、通过适当的平台，可以获取相应的资讯或指令，或者是传递出相应的资讯或指令。

物联网在技术层面上，主要是通过将新一代IT技术充分运用在各行各业之中，将具备了数字处理功能的传感器嵌入和装备到各行各业的各种物体中，如电网、交通网、交通工具及个人数字处产品等，然后通过现有的互联网将其整合起来，从而以求达到实现人类社会与物理系统的整合。

物联网在组成上主要分为两个层面，一个是以传感和控制为主的硬件部分，主要由无线射频识别、传感网技术等技术构成，另一个是以软件为主的数据处理技术，其中包括搜索引擎技术、数据挖掘、人工智能处理、实现人机交流的标准化机器语言等。

物联网给我们展现了一幅美好的前景。对于物联网，人们无论是在实践上还是在理论研究上，都是处于刚刚起步的阶段。相信在物联网开始进行规模化实用阶段的今天，随着案例的不断涌现，成果的不断获取，人们能够日益发现物联网的神秘、本质，从而能够更轻松地让物联网造福于人类。

习题

1. 什么是物联网？物联网的本质和特征是什么？
2. 物联网的概念有哪几种？你认为哪种解释更合理？
3. 物联网中的“物”具体什么样的特征？“物”连接到互联网上需要解决哪些问题？
4. 物联网与互联网有哪些联系与区别？
5. 试比较OSI参考模型与TCP/IP参考模型的异同。
6. 简述物联网的体系结构。
7. 物联网的硬件平台和软件平台各是由什么组成的？
8. 什么是RFID及RFID技术？
9. 物联网的通信网络主要有哪些？
10. 试述你对物联网的认识和理解。
11. 食品的安全问题已经成为人们所关心的热点问题。利用你所了解的物联网技术，谈谈有什么方法可以从源头来解决这个问题？

第2章 物联网网络协议

学习重点

网络协议是网络上所有设备（网络服务器、计算机及交换机、路由器、防火墙等）之间通信规则的集合，它规定了通信时信息必须采用的格式和这些格式的意义。本章对物联网网络互联问题进行了讨论，主要讲述IP地址与硬件地址的关系、传统分类的IP地址和无分类域间路由选择CIDR、路由选择协议的工作原理。对于本章的学习，重点理解和掌握有关TCP/IP协议以及路由协议和相关算法。

2.1　物联网网络协议概述

由 1.2.2 节可知，物联网有两层含义：第　，物联网的核心和基础仍然是互联网，是在互联网基础上的延伸和扩展的网络；第二，物联网的用户端延伸和扩展到了任何物品与物品之间进行信息交换和通信。

与传统的互联网相比，物联网是各种感知技术的广泛应用，是一种建立在互联网上的泛在网络。物联网技术的重要基础和核心是通过各种有线和无线网络与互联网融合，将物体的信息实时准确地传递出去。在传输过程中，为了保障数据的正确性和及时性，必须适应各种异构网络和协议。

在物联网体系结构中，感知层既有 RFID 终端，又有传感器网络；传输层涉及 WCDMA、CDMA2000、TD-SCDMA、WiMAX、ZigBee、GPS 等多种接入技术。这种多协议并存的情况导致以下问题：

（1）存在许多无线网络协议（如 ZigBee、Z-Wave、Xmesh、SmartMesh/TSMP 等），需要进行协议转换以处理各种不同环境的应用问题，如 SNA、IPX 等。

（2）在不同的协议层（PHY、MAC、L3），大多数芯片供应商只与自己的标准兼容，缺乏互操作性。

（3）很多简单 RF 芯片无 MAC 协议。

（4）缺乏互操作性的解决方案存在很多问题，如不同的体系结构、不同的协议栈，不能互联互通。

对于互联网，使用协议转换处理不同环境的应用问题。但对于物联网，该方式带来的问题是：

（1）管理带来困难和昂贵的费用（固定投资和运营成本）。

（2）大量的技术问题需要解决：QoS、自动路由、一致性等。

（3）物联网的应用规模走出想象。

（4）安全漏洞。

因此，对于物联网，使用协议转换方式已然不合适。

迄今为止，无线网只采用专用协议，将 IP 协议引入无线通信网络一直被认为是不现实的。因为 IP 协议对内存和带宽要求较高，要降低它的运行环境要求以适应微控制器及低功率无线连接很困难。

IETF 6LoWPAN 工作组定义了在如何利用 IEEE 802.15.4 链路支持基于 IP 的通信的同时，遵守开放标准以及保证与其他 IP 设备的互操作性。这样做将消除对多种复杂网关（每种网关对应一种本地 802.15.4 协议）以及专用适配器和网关专有安全与管理程序的需要。然而，利用 IP 存在的问题是，IP 的地址和包头很大，传送的数据可能过于庞大而无法容纳在很小的 IEEE 802.15.4 数据包中。那么，6LoWPAN 工作组面临的技术挑战是发明一种将 IP 包头压缩到只传送必要内容的小数据包中的方法，这样就需要去除 IP 包头中的冗余或不必要的网络级信息。至于网络级信息，IP 包头在接收时从链路级 802.15.4 包头的相关域中得到这些网络级信息。

随着通信技术的发展，通信任务变得愈加复杂。为了与嵌入式网络之外的设备通信，6LoWPAN 增加了更大的 IP 地址。当交换的数据量小到可以放到基本包中时，可以在没有开销的情况下打包传送。对于大型传输，6LoWPAN 增加分段包头来跟踪信息如何被拆分到不同段中。如果单一跳 802.15.4 就可以将包传送到目的地，数据包可以在不增加开销的情况下传送。多跳则需要加入网状路由(mesh-routing)包头。

物联网技术的发展，将进一步推动 IPv6 的部署与应用。IETF 6LoWPAN 技术具有无线低功耗、自组织网络的特点，是物联网感知层、无线传感器网络的重要技术。

2.2　TCP/IP 协议基础

TCP/IP 协议最早由美国斯坦福大学的两名研究人员提出。TCP/IP 协议具有跨平台特性，支持异种网络的互联，Internet 的前身 Arpanet 最终采用了 TCP/IP 协议。随着 Arpanet 逐步发展成为 Internet，TCP/IP 协议就成为了 Internet 的标准连接协议。

TCP/IP 协议是一个协议集合，它包括了 TCP 协议（Transmission Control Protocol，传输控制协议）、IP 协议（Interent Protocol，Internet 协议），此外还包括其他一些协议。

按照 TCP/IP 网络体系结构，网络划分为 4 个层次，分别是网络接口层、网际层、传输层和应用层，如图 2-1 所示。

应用层
传输层
网际层
网络接口层

图 2-1　TCP/IP 参考模型

（1）网络接口层：它不是一个层次，而是一个接口，用来提供与网络层下面的物理网络（包括数据链路层和物理层）的接口。TCP/IP 协议设计的目的是实现异种网络的互联，并不针对某种特定的物理网络，因此，TCP/IP 体系结构没有定义具体的物理层、数据链路层，而提供了可以针对各种物理网络的接口。

（2）网际层：主要协议有 Internet 协议（IP）、地址解析协议（Address Resolution Protocol，ARP）、反向地址解析协议（Reverse Address Resolution Protocol，RARP）和网际控制报文协议（Internet Control Message Protocol，ICMP）。

（3）传输层：主要协议有传输控制协议（TCP）和用户数据报协议（User Datagram Protocol，UDP）。

（4）应用层：常用的协议有超文本传输协议（HTTP）、文件传输协议（FTP）、远程终端协议（Telnet）、简单邮件传输协议（SMTP）和简单网络管理协议（SNMP）等。

2.2.1　分类的 IP 地址

1．IP 地址及其表示方法

IP 地址是给 Internet 上的每一个主机分配一个在全世界唯一的 32 位的标识符。IP 地址的结构使得人们可以在 Internet 上很方便地进行寻址。IP 地址由因特网名字和号码指派公司 ICANN（Internet Corporation for Assigned Names and Numbers）进行分配。一个单位如果需要连接到 Internet 上，应该向相应的地址管理机构申请 IP 地址，或者由 ISP（Internet 服务提供商）提供 IP 地址。

IP 地址的编址方法共经历过 3 个阶段：

（1）分类的 IP 地址。这是最基本的编址方法，在 1981 年就通过了相应的标准协议。

（2）子网的划分。这是对最基本的编址方法的改进，其标准 RFC950 在 1985 年通过。

（3）构成超网。这是比较新的无分类编址方法，1993 年提出后很快就得到推广应用。

Internet 可以看成是由许多小的网络互联在一起形成的大网络。因此，在标识连接到 Internet 上的主机时，可以先标识主机所在的网络，再标识该网络中的某个主机。基于这种思想，可以将 IP 地址分成 2 部分：一部分用来标识所在的网络，称为网络号（Network Identification，即 net-id）；另一部分用来标识在某个网络中的特定主机，称为主机号（Host Identification，即 host-id）。

将 IP 地址分成网络号和主机号两部分的优点在于：当需要把 IP 包从一个网络中的某台主机通过 Internet 传送到另一个网络中的一台主机时，可先基于目的主机的网络号进行选路，把该 IP 包传送到目的网络，然后再传送到对应的主机。在路由器的路由表中只需存储网络号的信息，而不是主机的 IP 地址，这样可以大大简化路由表，提高路由查找的速度，加快 IP 包的传送速度。

这种两级的 IP 地址可以记为“IP 地址：：={<网络号>，<主机号>}”。

2．常用的 3 种类别的 IP 地址

在分类的 IP 地址中，IP 地址又分为几个固定的类别，分别是 A、B、C、D、E 类，其中 A、B、C 类地址是常用的，如表 2-1 所示。

表 2-1　IP 地址的分类

0	8		16	24	31
A 类地址	0	net-id	host-id		
B 类地址	10	net-id		host-id	
C 类地址	110	net-id			host-id
D 类地址	1110				
E 类地址	11110				

A 类地址网络号字段 net-id 长度为 1 字节，其最高 1 位为类别特征 0，主机号字段 host-id 长度为 3 字节；B 类地址 net-id 长度为 2 字节，其最高 2 位为类别特征 10，host-id 长度为 2 字节；C 类地址的 net-id 长度为 3 字节，其最高 3 位为类别特征 110，host-id 长度为 1 字节。D 类地址的最高 4 位为 1110，用做广播地址；E 类地址的最高 5 位为 11110，保留为今后使用。

当一个单位申请 IP 地址时，地址管理机构会分配一个或几个 net-id，每个 net-id 对应于一个不同的网络。在一个网络中，各个主机的 host-id 则由该单位的网络管理人员自行分配，只要在该网络范围内没有重复的主机号即可。

在分配和使用 IP 地址的时候，有一些特殊的 IP 地址通常不使用：

（1）net-id 字段全 0 的 IP 地址是一个保留地址，表示的是“本网络”；而 host-id 字段全 0 的 IP 地址表示的是“本主机”所连接到的网络的地址。如一台主机的 IP 地址为 10.10.110.22，则该主机所在的网络为 10.0.0.0，即为该网络的地址。这样的地址可以作

为 IP 包中的源地址。

（2）字段全为 1 的 IP 地址通常是广播地址，不能作为源 IP 地址使用，可以作为目的地址使用。net-id 和 host-id 全为 1 的地址作为 IP 包目的地址，即地址 255.255.255.255，可以表示该 IP 包在本网络中进行广播，而不会通过路由器转发到其他网络。使用 host-id 全为 1、net-id 不为全 1 的 IP 地址作为目的地址的 IP 包，可以在该 net-id 所表示的网络中进行广播。例如，要向一个 C 类网络 192.168.10.0 中的主机广播消息，应该使用 192.168.10.255 作为目的 IP 地址。

（3）net-id 为 127 的 IP 地址保留作为本地软件环回测试（Loopback Test）本主机的进程之间的通信之用。若主机发送一个目的地址为环回地址（例如 127.0.0.1）的 IP 数据报，则本主机中的协议软件就处理数据报中的数据，而不会把数据报发送到任何网络。从而用来测试本机的 TCP/IP 协议是否正确安装。目的地址为环回地址的 IP 数据报永远不会出现在任何网络上，因为网络号为 127 的地址根本就不是一个网络地址。

特殊的 IP 地址如表 2-2 所示。

表 2-2　一般不使用的特殊 IP 地址

net-id	host-id	作为源地址	作为目的地址	含　义
全 0	全 0	可以	不可以	代表本网络上的主机
全 0	host-id	可以	不可以	代表本网络上的某个主机
全 1	全 1	不可以	可以	只在本网络广播
net-id	全 1	不可以	可以	对 net-id 进行广播
127	非全 0/1	可以	可以	本地软件环回测试使用

因此，通常可以用作分配、使用的 IP 地址 net-id、host-id 部分不能为全 0 或全 1。这样，对于 A 类地址可用的 net-id 范围为二进制数 00000001～01111111，对应于是十进制为 1～127，但由于 net-id 为 127 的 IP 地址保留作为环回测试之用，因此 A 类地址 net-id 的范围是 1～126。而其主机号 host-id 字段长度为 3 字节，因此可用的范围是 1～2^{24}−1，点分十进制为 0.0.1～255.255.254。

对于 B 类地址，net-id 占 2 字节，最高位为 10，则可用的 net-id 范围为二进制数 10000000 00000000～10111111 11111111，点分十进制表示为 128.0～191.255。B 类地址的一个网络上的 host-id 可用的范围是 1～2^{16}−1，点分十进制为 0.1～255.254。

C 类地址，net-id 的范围为 192.0.0～223.255.255，每一个 C 类网络的主机号 host-id 的范围为 1～254。

综上所述，就可得到表 2-3 所示的可用 IP 地址范围。

表 2-3　可用的 IP 地址范围

地址类别	net-id 可用范围	host-id 可用范围
A	1～126	0.0.1～255.255.254
B	128.0～191.255	0.1～255.254
C	192.0.0～223.255.255	1～254

从互联网的角度来看，具有相同的 net-id 的主机属于同一个网络，同一个网络中不同的主机具有不同的 host-id。不同的网络通过路由器进行互联，路由器充当着多个角色，它每一个端口分别属于不同的网络，具有不同的 net-id。

在分配 IP 地址时，有 3 个 IP 地址范围是保留给专用网络使用的，在 Internet 中的路由器不转发使用这些地址的包，因此这些地址不能用于 Internet 访问。它们分别是：

A 类：10.0.0.0～10.255.255.255；

B 类：172.16.0.0～172.31.255.255；

C 类：192.168.0.0～192.168.255.255。

2.2.2　IP 地址与硬件地址

从层次的角度看，物理地址是数据链路层和物理层使用的地址，而 IP 地址是网络层和以上各层使用的地址，是一种逻辑地址。

在发送数据时，数据从高层到低层，在通信链路上传输。使用 IP 地址的 IP 数据报一旦交给了数据链路层，就被封装成 MAC 帧。MAC 帧在传送时使用的源地址和目的地址都是硬件地址，硬件地址写在 MAC 帧的首部。

连接在通信链路上的设备在接收 MAC 帧时，根据在 MAC 帧首部中的硬件地址进行。在数据链路层看不见隐藏在 MAC 帧的数据中的 IP 地址。只有在剥去 MAC 帧的首部和尾部并把 MAC 层的数据上交给网络层后，网络层才能在 IP 数据报的首部找到源 IP 地址和目的 IP 地址。

总之，IP 地址放在 IP 数据报的首部，而硬件地址则放在 MAC 帧的首部。在网络层和网络层以上使用的是 IP 地址，而数据链路层及以下使用的是硬件地址。当 IP 数据报放入数据链路层的 MAC 帧之后，整个 IP 数据报就成为 MAC 帧的数据，因此在数据链路层看不见数据报的 IP 地址。

图 2-2 描述的是 3 个局域网通过两个路由器 R_1 和 R_2 连接而成，主机 H_1 想和主机 H_2 进行通信。这两台主机的 IP 地址分别为 IP_1 和 IP_2，硬件地址分别为 HA_1 和 HA_2。通信的路径为：H_1 经过 R_1 转发再经过 R_2 转发 H_2。路由器 R_1 因同时连接到两个局域网上，因此它有两个硬件地址，即 HA_3 和 HA_4。同理，路由器 R_2 也有两个硬件地址 HA_5 和 HA_6，如表 2-4 所示。

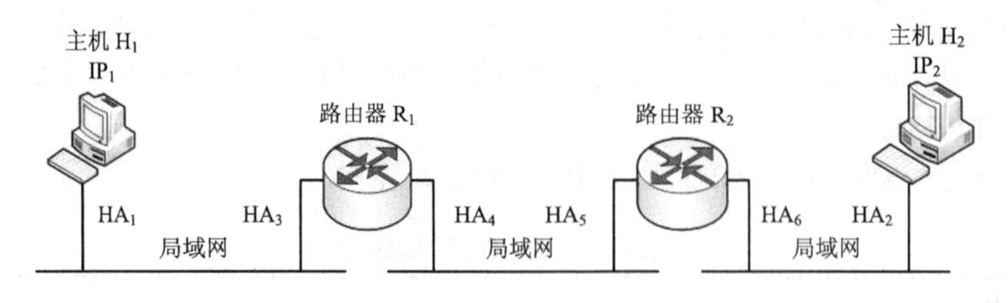

图 2-2　网络配置

在 IP 层抽象的互联网上只能看到 IP 数据报。虽然 IP 数据报要经过路由器 R_1 和 R_2 的两次转发，但在它的首部中的源地址和目的地址始终分别是 IP_1 和 IP_2。虽然在 IP 数据报首部有源站 IP 地址，但路由器只根据目的站的 IP 地址的网络号进行路由选择。在局域网的链路层，只能看见MAC帧。IP数据报被封装在MAC帧中。MAC帧在不同网络上传送时，其MAC帧首部中的源地址和目的地址要发生变化。开始在H_1到R_1间传送时，MAC帧首部中写的是从硬件地址HA_1发送到硬件地址HA_3，路由器R_1收到此MAC帧后，在转发时要改变首部中的源地址和目的地址，将它们转换成从硬件地址HA_4发送到硬件地址HA_5。路由器R_2收到此帧后，再改变一次MAC帧的首部，从HA_6发送到HA_2，然后在R_2到H_2之间传送，MAC帧的首部的这种变化，在IP层上是看不见的。尽管互联在一起的网络的硬件地址体系各不相同，但IP层抽象的互联网却屏蔽了下层这些很复杂的细节。凡是在网络层讨论问题，就能够使用统一的、抽象的IP地址研究主机和主机或路由器之间的通信。

表2-4　图2-2中不同层次、不同区间的源地址和目的地址

区间	在网络层写入IP数据报首部的地址		在数据链路层写入MAC帧首部的地址	
	源地址	目的地址	源地址	目的地址
从H_1到R_1	IP_1	IP_2	HA_1	HA_3
从R_1到R_2	IP_1	IP_2	HA_4	HA_5
从R_2到H_2	IP_1	IP_2	HA_6	HA_2

2.2.3　地址解析协议（ARP）与反向地址解析协议（RARP）

在实际应用中，我们会遇到这样的问题，已经知道一个机器的IP地址，需要找出其相应的物理地址，或者反过来，已经知道了物理地址，需要找出相应的IP地址。地址解析协议（ARP）和反向地址解析协议（RAPR）就是用来解决这样的问题。

在网络层使用的是IP地址，但在实际网络的链路上传送数据帧的时候，还是必须要使用该网络的硬件地址。IP地址和下面的网络的硬件地址之间由于格式不同而不存在直接的映射关系。此外，在一个网络上可能经常会添加或撤走一些主机。更换网络适配器也会使主机的硬件地址发生改变。ARP解决这个问题的方法是在主机ARP高速缓存中存放一个从IP地址到硬件地址的映射表，并且这个映射表还经常动态更新。

每一个主机都设有一个ARP高速缓存，里面有本局域网上的各主机和路由器的IP地址到硬件地址的映射表，这些都是该主机目前知道的一些地址。主机怎样知道这些地址呢？通过下面的例子来说明。

当主机A要向本局域网上的某个主机B发送IP数据报时，就先在其ARP高速缓存中查看有无主机B的IP地址。如有，就在ARP高速缓存中查出其对应的硬件地址，再把这个硬件地址写入MAC帧，然后通过局域网把该MAC帧发往此硬件地址。也有可能查不到主机B的IP地址的项目。这可能是主机B才入围，也可能是主机A刚刚开机，其高速缓存还是空的。在这种情况下，主机A就自动运行ARP，然后按以下步骤找出主机B的硬件地址。

（1）ARP进程在本局域网上广播发送一个ARP请求分组。图2-3所示为主机A广播发送ARP请求分组的示意图。ARP请求分组的主要内容是表明："我的IP地址是209.0.0.5，硬件地址是00-00-C0-15-AD-18。我想知道IP地址为209.0.0.6的主机的硬件地址。"

（2）在本局域网上的所有主机上运行的 ARP 进程都收到此 ARP 请求分组。

（3）主机 B 在 ARP 请求分组中见到自己的 IP 地址，就向主机 A 发送 ARP 响应分组，并写入自己的硬件地址。其余的所有主机都不理睬这个 ARP 请求分组。ARP 响应分组的主要内容是：“我的 IP 地址是 209.0.0.6，我的硬件地址是 08-00-2B-00-EE-0A。”

（4）主机 A 收到主机 B 的 ARP 响应分组后，就在其 ARP 高速缓存中写入主机 B 的 IP 地址到硬件地址的映射。

当主机 A 向 B 发送数据报时，也许以后不久主机 B 还要向 A 发送数据报，因此主机 B 也可能要向 A 发送 ARP 请求分组。为了减少网络上的通信量，主机 A 在发送其 ARP 请求分组时，就把自己的 IP 地址到硬件地址的映射写入 ARP 请求分组。当主机 B 收到 A 的 ARP 请求分组时，就把主机 A 的这一地址映射写入主机 B 自己的 ARP 高速缓存中。以后主机 B 向 A 发送数据报时就很方便了。

可见 ARP 高速缓存非常有用。如果不使用 ARP 高速缓存，那么任何一个主机只要进行一次通信，就必须在网络上用广播方式发送 ARP 请求分组，这就增大了网络的开销。ARP 把已经得到的地址映射保存在高速缓存中，这样就使得该主机下次再和具有同样目的地址的主机通信时，可以直接从高速缓存中找到所需的硬件地址而不必再用广播方式发送 ARP 请求分组。

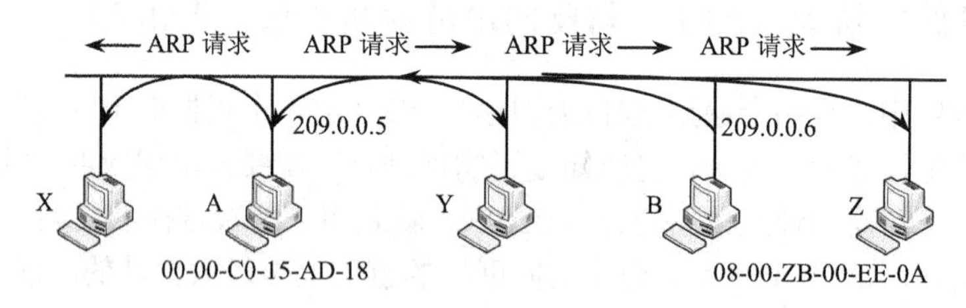

图 2-3　地址解析协议 ARP 的工作原理

ARP 把保存在高速缓存中的每一个映射地址项目都设置了存在时间。凡超过生存时间的项目就从高速缓存中删除。设置这种地址映射项目的生存时间是很重要的。主机 A 和 B 通信，A 的 ARP 高速缓存里保存有 B 的物理地址。但 B 的网络适配器突然坏了，B 立即更换了一块，因此 B 的硬件地址就改变了。假设 A 还要和 B 继续通信，A 在其 ARP 高速缓存中查找到 B 原先的硬件地址，并使用该硬件地址向 B 发送数据帧。但 B 原先的硬件地址已经失效了，因此 A 无法找到主机 B。但是过了一段不长的时间，A 的 ARP 高速缓存中已经删除了 B 原先的硬件地址，于是 A 重新广播发送 ARP 请求分组，又找到了 B。

ARP 是解决同一个局域网上的主机或路由器的 IP 地址和硬件地址的映射问题。如果所要找的主机和源主机不在同一个局域网上，如之前所举的例子，主机 H_1 就无法解析出主机 H_2 的硬件地址。主机 H_1 发送给 H_2 的 IP 数据报首先需要通过与主机 H_1 连接在同一个局域网上的路由器 R_1 来转发。因此，主机 H_1 这时需要把路由器 R_1 的 IP 地址 IP_3 解析为硬件地址 HA_3，以便能够把 IP 数据报传送到路由器 R_1。以后，R_1 从转发表找出了下一跳路由器 R_2，同时使用 ARP 解析出 R_2 的硬件地址 HA_5。于是，IP 数据报按照硬件地址 HA_5 转发到路由器 R_2。路由器 R_2 在转发这个 IP 数据报时用类似方法解析出目的

主机 H_2 的硬件地址 HA_2，使 IP 数据报最终支付主机 H_2。

从 IP 地址到硬件地址的解析是自动进行的，主机的用户对这种地址解析过程是不知道的。只要主机或路由器要和本网络上的另一个已知 IP 地址的主机或路由器进行通信，ARP 协议就会自动地把这个 IP 地址解析为链路层所需要的硬件地址。

ARP 使用的几种典型情况如下：

（1）发送方是主机，要把 IP 数据报发送到本网络上的另一个主机。这时用 ARP 找到目的主机的硬件地址。

（2）发送方是主机，要把 IP 数据报发送到另一个网络上的一个主机。这时用 ARP 找到本网络上的一个路由器的硬件地址。

（3）发送方是路由器，要把 IP 数据报转发到另一个网络上的一个主机。这时用 ARP 找到目的主机的硬件地址。

（4）发送方是路由器，要把 IP 数据报转发到另一个网络上的一个主机。这时用 ARP 找到本网络上的另一个路由器的硬件地址。

ARP 系统一个很突出的问题是：如果某台设备不知道自身的 IP 地址，它就无法发出请求或做出应答。通常，一台新入网的设备会发生这种情况，它只知其物理地址。解决这个问题的一个简单方法是利用反向地址解析协议（RARP）。RARP 的作用是解析已知 MAC 地址的 IP 地址，即与 ARP 过程相反，它通过 RARP 协议发送广播式请求报文来请求自己的 IP 地址，而 RARP 服务器负责对该请求做出应答。这样，不知道 IP 地址的主机可以通过 RARP 来获取自己的 IP 地址。

2.2.4 划分子网与构造超网

1. 划分子网

分类的 IP 地址存在着一些不合理的地方。如：一个单位有 3 个不同的小部门，每个部门最多有 60 台计算机，3 个小部门通过路由器互联并连接到 Internet。按照 IP 的观点，这 3 个小部门是 3 个不同的网络，应该有 3 个不同的 net-id，那么为了连接到 Internet 上，该单位需要申请 3 个不同的 net-id。假设地址管理机构给该单位分配了 3 个 C 类地址，分别用于这 3 个网络，那么每个网络可用的地址为 254 个，即可容纳 254 台计算机，而实际上每个部门最多有 60 台计算机，这就导致利用率还不到 25%。对于本来就紧张的 IP 地址空间来说是很大的浪费。

针对这样的问题，1985 年人们提出了划分子网的思想，它主要的内涵为：

（1）将一个单位内部的不同网络看作是一个网络的子网，子网的划分是一个单位内部的事情。

（2）将一个单位可自行分配的 host-id 部分中的若干比特作为子网号 subnet-id，剩下的部分作为子网中的主机号，这样一个单位内部网络的 IP 地址就包括了 3 个部分：网络号 net-id、子网号 subnet-id 和主机号 host-id。

采用分类的 IP 地址时，一个 IP 包在不同的网络之间传输，根据其中目的主机的 IP 地址中所包含的 net-id 来转发 IP 包。但是在采用子网划分方法之后，从 IP 地址无法判断其所在的网络是否进行了子网划分以及是如何划分的，因此就需引入子网掩码（Subnet

Mask）的概念。

子网掩码的作用是用来区分 IP 地址中的 net-id、subnet-id 及 host-id 到底各占几位。子网掩码的长度和 IP 地址的长度一样都是 32 位，由一串 1 和一串 0 组成，其中 1 对应的是 IP 地址中的网络号和子网号，而 0 对应的是 IP 地址中的主机号。

在这样划分子网的情况下，网络地址（net-id 和 subnet-id 两部分）就是主机号 host-id 为全 0 的 IP 地址，可通过子网掩码和 IP 地址的按位“与”（AND）运算得到，如表 2-5 所示。

表 2-5　子网划分及子网掩码

IP 地址	net-id	host-id	
划分子网	net-id	subnet-id	host-id
子网掩码	11…11	1…1	00…0

Internet 标准规定所有网络都必须有子网掩码。若一个网络没有进行子网划分，那么该网络子网掩码中的一串 1 对应于 IP 地址中的 net-id，一串 0 对应于 IP 地址中的 host-id，这种子网掩码称为默认子网掩码。对分类的 IP 地址而言，A 类地址的默认子网掩码为 255.0.0.0；B 类地址的默认子网掩码为 255.255.0.0；C 类地址的默认子网掩码为 255.255.255.0。

引入子网划分和子网掩码的概念后，IP 地址的分配就更加灵活，且地址的利用率提高了。

2. 无分类编址

子网划分虽然在一定程度上可以缓解 Internet 地址的使用等问题，但仍然存在着局限性，如对同一个网络划分子网，子网号 subnet-id 的长度是相同的，若不同子网中的主机数差距较大，那么子网的划分还是会造成较大的地址浪费。

为解决该问题，1987 年，RFC 1009 中指明对一个网络进行子网划分的时候可以同时使用几个不同的子网掩码，通过可变长子网掩码（Variable Length Subnet Mask，VLSM）可以进一步提高 IP 地址资源的利用率。又在 VLSM 基础上，研究出无分类编址方法，即无分类域间路由选择（Classless Inter-Domain Routing，CIDR）。

CIDR 的基本思想：

（1）IP 地址由两部分组成，前一部分是可变长度的网络前缀（Network Prefix），后面的部分是主机号。故而，在 CIDR 中没有传统的 A、B、C 类地址以及划分子网的概念，且没有分类地址中 1B、2B、3B 网络地址的限制。

（2）在 CIDR 中，采用斜线记法即 CIDR 记法来表示 IP 地址中网络前缀所占的比特数。例如，208.128.0.0/11 表示在该 IP 地址中前 11 bit 是网络前缀，后面的 21 bit 为主机号。

（3）网络前缀都相同的连续的 IP 地址组成“CIDR 地址块”。一个 CIDR 地址块是由地址块的起始 IP 地址和地址块中的地址个数来定义的。CIDR 地址块也可以用斜线记法来表示，如 208.128.0.0/22 表示的地址块起始 IP 地址为 208.128.0.1，共有 $2^{10}-2$ 个地址。

2.3　路由技术

路由技术主要指路由选择算法。因特网的路由选择协议的特点及分类。其中，路由选择算法可以分为静态路由选择算法和动态路由选择算法。因特网的路由选择协议的特点是：属于自适用的选择协议；采用分层次的路由选择协议，即分自治系统内部和自治系统外部路由选择协议。因特网的路由选择协议划分为两大类：内部网关协议（IGP，具体的协议有 RIP 和 OSPF 等）和外部网关协议（EGP，目前使用最多的是 BGP）。

2.3.1　路由和数据包转发

主机 PC_1 向主机 PC_2 发送数据包，中间经过 B 路由器。B_1 和 B_2 是路由器 B 上的两个接口，PC_1 和 PC_2 是 PC，由主机 PC_1 向主机 PC_2 发送数据包，那么在主机 PC_1 形成的数据包的目的 IP 就是 PC_2 的 IP，源 IP 就是主机 PC_1 的 IP 地址，目标 MAC 地址就是 B_1 的 MAC 地址，源 MAC 地址就是 PC_1 的 MAC 地址。

转发过程：假如是第一次通信 PC_1 没有 PC_2 的 ARP 映射表。

PC_1 在本网段广播一个数据帧（目的 MAC 地址为：FFFF:FFFF:FFFF:FFFF），帧格式为：

源 MAC 地址（PC_1）	源 IP 地址（PC_1）	FFFF:FFFF:FFFF:FFFF	目的 IP 地址（PC_2）

由于 PC_2 和 PC_1 不在同一网段，路由器不转发广播帧。假设路由器 B、C 配置了到达 PC_2 网段的路由。此时路由器给 PC_1 回复一个应答数据包，告诉 PC_1 自己的 MAC 地址就是 PC_1 要通信的 PC_2 主机的 MAC 地址。而此时 PCI 建立 ARP 映射表，将该 MAC 地址即路由器的 B_1 接口与 PC_2 的 IP 地址建立映射关系。其应答数据帧格式为：

源 MAC 地址（路由器 B_1）	源 IP 地址（PC_2）	目的 MAC 地址（PC_1）	目的 IP 地址（PC_1）

数据包在 B_1 接口的时候其数据包的帧格式为：

源 MAC 地址（PC_1）	源 IP 地址（PC_1）	FFFF:FFFF:FFFF:FFFF	目的 IP 地址（PC_2）

对于路由器 B 同样建立了自己的 ARP 映射表：将 PC_1 的 MAC 地址与 PC_1 的 IP 地址映射。

数据包在流出 B_2 接口的时候其数据包的帧格式为：

源 MAC 地址（路由器 B_2）	源 IP 地址（PC_1）	FFFF:FFFF:FFFF:FFFF	目的 IP 地址（PC_2）

PC2 所在的网络段各主机将自己的 IP 地址与数据包中的目的 IP 地址比对。若符合则将自己的 MAC 地址替换上广播 MAC 地址，并回复该数据帧：

源 MAC 地址（PC_2）	源 IP 地址（PC_2）	目的 MAC 地址（路由器 B_2）	目的 IP 地址（PC_1）

路由器收到该数据包的时候，由于已经建立了 ARP 映射表，一方面路由器将存储在映射表中的对应关系调出来。将 PC_1 的 MAC 地址覆盖路由器 B_2 接口的 MAC 地址。另

一方面路由器更新 ARP 映射表，将 PC_2 的 MAC 地址与 PC_2 的 IP 地址映射。

此时流出路由器 B_1 接口的数据包的帧格式为：

源 MAC 地址（PC_2）	源 IP 地址（PC_2）	目的 MAC 地址（PC_1）	目的 IP 地址（PC_1）

之后 PC_1 收到该数据帧。通信建立，同时更新 ARP 映射表，将 PC_2 的 MAC 地址与 PC_2 的 IP 地址建立对应关系。

此后每次通信时由于 PC_1 要与 PC_2 通信时，由于 PC_1 建立了到 PC_2 IP 地址的 ARP 映射，所以下次要通信时直接从本地 ARP 调用。

在路由器接收到数据包之后，路由器将去掉数据链路帧的报头，以便找到第三层目的地址。一旦读到目的地址，路由器将察看路由表，以找到去往目的地址的路由。一般数据包转发到目的地的整个过程分为 5 步：

（1）随着帧的报头到达路由器入站接口，MAC 过程就根据接口烧录的 MAC 地址，广播地址和接口所监听的任意组播地址来检查硬件目的地址。如果 MAC 过程发现硬件目的地址可用，就对帧执行循环冗余检验以确信帧没有被破坏。如果帧通过了这些 CRC，就从帧中取出数据包。然后丢弃帧，将数据包存储在路由器的主存储器中。

（2）路由器搜索路由表，找出数据包报头中所发现的目的地址最长的匹配，如果路由器未找到匹配，且没有默认网关，路由器就丢弃数据包，并给源设备发送一项 ICMP 目的不可达消息。如果路由器找到匹配项，路由器将为此路由找到下一跳地址或直连接口，如果路由指向一个直连接口，就无须执行递归查找，可以跳过下一步。

（3）一旦知道了下一跳地址，路由器就执行递归查找。这是为了在路由器上定位直连的接口，以将数据包转发出去，找到带有流出接口的表项前可能要进行多次迭代。如果所有递归接口查找都指向路由表没有表项的 IP 地址，并且未设置默认网关，那么路由器将丢失该数据包并通过 ICMP 通知数据包源。

（4）数据包被交换到出站口缓冲器。假设出站接口使用第二层寻址，路由器试图学习下一跳接口的 MAC 地址或第二层标识，从而将第三层地址映射到第二层地址。路由器查找像 ARP 高速缓存这样适当的本地表。在使用 ARP 的情况下，如果未找到第三层映射，路由器将通过出站接口向本地连接的网段广播一个 ARP 请求， 以请求与下一跳设备的本地网段相关的接口的 MAC 地址，该设备可能是另一台路由器或最终目的地。正常情况下，下一跳设备发送一个带有其 MAC 地址的 ARP 应答。所有听到这个广播的其他设备都会根据 ARP 报头中的第三层地址信息意识到该 ARP 请求不是给它们的，它们不会回答这个请求，而是悄悄丢弃该 ARP 请求数据包。许多点到点媒体不需要第二层信息。因为预定的接收者是线上唯一的另一个设备，所以，如果将帧放到线上，只有它会接收这个帧。

（5）已知直连接口和下一跳地址之间的连接类型。路由器就可以根据连接类型数据包封装为合适的数据链路帧。出站接口将带有下一跳设备的第二层地址的帧放在传输线上。这个过程在数据包所经过的每台路由器上继续进行，直到数据包到达目的地。

2.3.2　静态路由

静态路由选择算法就是非自适应路由选择算法，这是一种不测量、不利用网络状态信息，仅仅按照某种固定规律进行决策的简单的路由选择算法。静态路由选择算法的特点就是简单和开销小，但是不能适用网络状态的变化。静态路由选择算法主要包括扩散法和固定路由表法。静态路由是依靠手工输入的信息来配置路由表的方法。

静态路由具有以下几个优点：减少了路由器的日常开销；在小型互联网上很容易配置；可以控制路由选择的更新。但是，静态路由在网络变化频繁出现的环境中并不会很好的工作。在大型的和经常变动的互联网中，配置静态路由是不现实的。

2.3.3　动态路由

动态路由选择算法就是自适应路由选择算法，是依靠当前网络的状态信息进行决策，从而使路由选择结果在一定程度上适应网络拓扑结构和通信量的变化。

动态路由选择算法的特点是能较好地适应网络状态的变化，但是实现起来较为复杂，开销也比较大。动态路由选择算法一般采用路由表法，主要包括分布式路由选择算法和集中式路由选择算法。分布式路由选择算法是每一个节点通过定期的与相邻节点交换路由选择的状态信息来修改各自的路由表，这样使整个网络的路由选择经常处于一种动态变化的状况。集中式路由选择算法是网络中设置一个节点，

2.3.4　OSPF 路由协议

OSPF（Open Shortest Path First，开放式最短路径优先）是一个内部网关协议（Interior Gateway Protocol，IGP），用于在单一自治系统（Autonomous System，AS）内决策路由。与 RIP 相比，OSPF 是链路状态（Link-state）协议，而 RIP 是距离矢量协议。

IETF 为了满足建造越来越大基于 IP 网络的需要，形成了一个工作组，专门用于开发开放式的、链路状态路由协议，以便用在大型、异构的 IP 网络中。新的路由协议已经取得一些成功，一系列私人的、和生产商相关的、最短路径优先路由协议在市场上广泛使用。包括 OSPF 在内，所有的 SPF 路由协议基于一个数学算法——Dijkstra 算法。这个算法能使路由选择基于链路状态，而不是距离向量。OSPF 由 IETF 在 20 世纪 80 年代末期开发，是 SPF 类路由协议中的开放式版本。最初的 OSPF 规范体现在 RFC 1131 中。这个第 1 版（OSPF 版本 1）很快被进行了重大改进的版本所代替，新版本体现在 RFC 1247 文档中。RFC 1247 OSPF 称为 OSPF 版本 2 是为了明确指出其在稳定性和功能性方面的实质性改进。这个 OSPF 版本有许多更新文档，每一个更新都是对开放标准的精心改进。接下来的一些规范出现在 RFC 1583、2178 和 2328 中。OSPF 版本 2 的最新版体现在 RFC 2328 中。最新版可以和由 RFC 2138、1583 和 1247 所规范的版本进行互操作。

链路是路由器接口的另一种说法，因此 OSPF 又称接口状态路由协议。OSPF 通过路由器之间通告网络接口的状态来建立链路状态数据库，生成最短路径树，每个 OSPF 路由器使用这些最短路径构造路由表。

OSPF 路由协议是一种典型的链路状态的路由协议，一般用于同一个路由域内。在这里，路由域是指一个自治系统，它是指一组通过统一的路由政策或路由协议互相交换路由信息的网络。在这个 AS 中，所有的 OSPF 路由器都维护一个相同的描述这个 AS 结构的数据库，该数据库中存放的是路由域中相应链路的状态信息，OSPF 路由器正是通过这个数据库计算出其 OSPF 路由表的。

作为一种链路状态的路由协议，OSPF 将链路状态广播数据（Link State Advertisement，LSA）传送给在某一区域内的所有路由器，这一点与距离矢量路由协议不同。运行距离矢量路由协议的路由器是将部分或全部的路由表传递给与其相邻的路由器。

OSPF 的 Hello 协议的目的：

（1）用于发现邻居。

（2）在成为邻居之前，必须对 Hello 包里的一些参数进行协商。

（3）Hello 包在邻居之间扮演着 keepalive 的角色。

（4）允许邻居之间的双向通信。

（5）用于在 NBMA（Non-Broadcast Multi-Access）、广播网络（以太网）中选举 DR 和 BDR。

OSPF 的 Hello Packet 包含以下信息：

（1）源路由器的 RID。

（2）源路由器的 Area ID。

（3）源路由器接口的掩码。

（4）源路由器接口的认证类型和认证信息。

（5）源路由器接口的 Hello 包发送的时间间隔。

（6）源路由器接口的无效时间间隔。

（7）优先级。

（8）DR/BDR 接口 IP 地址。

（9）5 个标记位（flag bit）。

（10）源路由器的所有邻居的 RID。

OSPF 定义的 5 种网络类型：

（1）点到点网络（Point-to-Point），自动发现邻居，不选举 DR/BDR，Hello 时间 10 s。

（2）广播型网络（Broadcast），自动发现邻居，选举 DR/BDR，Hello 时间 10 s。

（3）非广播型网络（Non-broadcast），手工配置邻居，选举 DR/BDR，Hello 时间 30 s。

（4）点到多点网络（Point-to-Multipoint），自动发现邻居，不选举 DR/BDR，Hello 时间 30 s。

（5）点到多点非广播，手动配置邻居，不选举 DR/BDR，Hello 时间 30 s。

点到点网络（如 T1 线路）是连接单独的一对路由器的网络。点到点网络上的有效邻居总是可以形成邻接关系的，在这种网络上，OSPF 包的目标地址使用的是 224.0.0.5，这个组播地址称为 AllSPFRouters。

广播型网络（如以太网、Token Ring 和 FDDI）会选举一个 DR 和 BDR，DR/BDR

发送的 OSPF 包的目标地址为 224.0.0.5，运载这些 OSPF 包的帧的目标 MAC 地址为 0100.5E00.0005；而除 DR/BDR 以外发送的 OSPF 包的目标地址为 224.0.0.6，这个地址叫 AllDRouters。

NBMA 网络（如 X.25、Frame Relay 和 ATM）不具备广播的能力，因此邻居要人工来指定，在这样的网络上要选举 DR 和 BDR，OSPF 包采用 unicast 的方式。

点到多点网络是 NBMA 网络的一个特殊配置，可以看成是点到点链路的集合。在这样的网络上不选举 DR 和 BDR。

虚链接：OSPF 包以 unicast 的方式发送。

所有的网络也可以归纳成两种网络类型：传输网络（Transit Network）、末梢网络（Stub Network ）。

在 DR 和 BDR 出现之前，每一台路由器和它的所有邻居成为完全网状的 OSPF 邻接关系，这样 5 台路由器之间将需要形成 10 个邻接关系，同时将产生 20 条 LSA。而且在多址网络中，还存在自己发出的 LSA 从邻居的邻居发回来，导致网络上产生很多 LSA 的副本，基于这种考虑，产生了 DR 和 BDR。

DR 将完成如下工作：描述这个多址网络和该网络上剩下的其他相关路由器；管理这个多址网络上的 flooding 过程；为了冗余性，还会选取一个 BDR，作为备份之用。

DR/BDR 选取规则：DR/BDR 选取是以接口状态机的方式触发的。

（1）路由器的每个多路访问（Multi-Access）接口都有个路由器优先级（Router Priority），8 位长的一个整数，范围是 0～255，Cisco 路由器默认的优先级是 1，优先级为 0 将不能选举为 DR/BDR。优先级可以通过命令 ip ospf priority 进行修改。

（2）Hello 包里包含了优先级的字段，还包括了可能成为 DR/BDR 的相关接口的 IP 地址。

（3）当接口在多路访问网络上初次启动的时候，它把 DR/BDR 地址设置为 0.0.0.0，同时设置等待计时器（Wait Timer）的值等于路由器无效间隔（Router Dead Interval）。

DR/BDR 选取过程：

（1）路由器 X 在和邻居建立双向（2-Way）通信之后，检查邻居的 Hello 包中 Priority、DR 和 BDR 字段，列出所有可以参与 DR/BDR 选举的邻居（Priority 不为 0）。

（2）如果有一台或多台这样的路由器宣告自己为 BDR（也就是说，在其 Hello 包中将自己列为 BDR，而不是 DR），选择其中拥有最高路由器优先级的成为 BDR；如果相同，则选择拥有最大路由器标识的。如果没有路由器宣告自己为 BDR，选择列表中路由器拥有最高优先级的成为 BDR（同样排除宣告自己为 DR 的路由器），如果相同，再根据路由器标识。

（3）计算网络上的 DR：如果有一台或多台路由器宣告自己为 DR（也就是说，在其 Hello 包中将自己列为 DR），选择其中拥有最高路由器优先级的成为 DR；如果相同，选择拥有最大路由器标识的。如果没有路由器宣告自己为 DR，将新选举出的 BDR 设定为 DR。

（4）如果路由器 X 新近成为 DR 或 BDR，或者不再成为 DR 或 BDR，重复步骤（2）和（3），然后结束选举。这样做是为了确保路由器不会同时宣告自己为 DR 和 BDR。

（5）要注意的是，当网络中已经选举了DR/BDR后，又出现了一台新的优先级更高的路由器，DR/BDR是不会重新选举的。

（6）DR/BDR选举完成后，DRother只和DR/BDR形成邻接关系。所有的路由器将组播Hello包到AllSPFRouters地址224.0.0.5，以便它们能跟踪其他邻居的信息，即DR将泛洪Update Packet到224.0.0.5；DRother只组播Update Packet到AllDRouter地址224.0.0.6，只有DR/BDR监听这个地址。

DR的筛选过程：第一步，优先级为0的不参与选举；第二，优先级高的路由器为DR；第三，优先级相同时，以Router ID大者为DR；Router ID以回环接口中最大IP为准；若无回环接口，以真实接口最大IP为准。第四，默认条件下，优先级为1。

OSPF协议主要优点：

（1）OSPF是真正的Loop-Free（无路由自环）路由协议。源自其算法本身的优点。（链路状态及最短路径树算法）

（2）OSPF收敛速度快：能够在最短的时间内将路由变化传递到整个自治系统。

（3）提出区域（Area）划分的概念，将自治系统划分为不同区域后，通过区域之间的对路由信息的摘要，大大减少了需传递的路由信息数量。也使得路由信息不会随网络规模的扩大而急剧膨胀。

（4）将协议自身的开销控制到最小。

（5）通过严格划分路由的级别（共分4级），提供更可信的路由选择。

（6）良好的安全性，OSPF支持基于接口的明文及MD5 验证。

（7）OSPF适应各种规模的网络，最多可达数千台。

小结

物联网构建所需的网络协议的概述，着重介绍TCP/IP协议和路由技术。其中TCP/IP详细地介绍了IP协议的基础、IP地址与硬件地址、地址的划分、地址的解析等关键技术。此外还介绍了路由协议和路由算法。

习题

1. 简述物联网网络协议。
2. 简述IP地址的分类。
3. 简述地址解析协议的工作原理。
4. 简述子网划分的方法。
5. 简述路由工作原理。
6. 路由算法有哪些分类？分别进行阐述。

第3章　IPv6技术

学习重点

IPv6又称下一代互联网协议，是由IETF设计的用来替代现行的IPv4协议的一种新的IP协议，其作为下一代网络的基础，以其明显的技术优势得到广泛的认可。本章对IPv6的技术原理、IPv6配置及IPv6在物联网中如何应用等进行详细的介绍，并且重点关注了IPv6寻址架构和IPv6自动配置特性。对于本章的学习，应重点理解IPv6技术，掌握IPv6的配置。

3.1　IPv6 技术概述

IPv6 是 Internet Protocol version 6 的缩写。IPv6 是 IETF 设计的用于替代现行版本 IP 协议（IPv4）的下一代 IP 协议。

目前广泛使用的第二代互联网 IPv4 技术，核心技术属于美国。它的最大问题是网络地址资源有限，从理论上讲，能够编址 1 600 万个网络、40 亿台主机。但采用 A、B、C 三类编址方式后，可用的网络地址和主机地址的数目大打折扣，以至目前的 IP 地址近乎枯竭。其中北美占有 3/4，约 30 亿个，而人口最多的亚洲只有不到 4 亿个，中国只有 3 000 千多万个，只相当于美国麻省理工学院的数量。地址不足，严重地制约了我国及其他国家互联网的应用和发展。

一方面是地址资源数量的限制，另一方面是随着电子技术及网络技术的发展，计算机网络将进入人们的日常生活，可能身边的每一样东西都需要连入 Internet。在这样的环境下，IPv6 应运而生。单从数字上来说，IPv6 所拥有的地址容量是 IPv4 的约 8×10^{28} 倍，达到 $2^{128}-1$ 个。这不但解决了网络地址资源数量的问题，同时也为除计算机外的设备连入互联网在数量限制上扫清了障碍。

但是与 IPv4 一样，IPv6 一样会造成大量的 IP 地址浪费。准确地说，使用 IPv6 的网络并没有 $2^{128}-1$ 个能充分利用的地址。首先，要实现 IP 地址的自动配置，局域网所使用的子网的前缀必须等于 64，但是很少有一个局域网能容纳 2^{64} 个网络终端；其次，由于 IPv6 的地址分配必须遵循聚类的原则，地址的浪费在所难免。

如果说 IPv4 实现的只是人机对话，IPv6 则扩展到任意事物之间的对话，它不仅可以为人类服务，还将服务于众多硬件设备，如家用电器、传感器、远程照相机、汽车等，它将无时不在、无处不在，是深入社会每个角落的真正的宽带网。而且它所带来的经济效益将非常巨大。

当然，IPv6 并非十全十美、一劳永逸，不可能解决所有问题。IPv6 只能在发展中不断完善，而不可能在一夜之间发生，过渡需要时间和成本。从长远看，IPv6 有利于互联网的持续和长久发展。目前，国际互联网组织已经决定成立两个专门工作组，制定相应的国际标准。

与 IPv4 相比，IPv6 具有以下几个优势：

（1）IPv6 具有更大的地址空间。IPv4 中规定 IP 地址长度为 32，即有 $2^{32}-1$ 个地址；而 IPv6 中 IP 地址的长度为 128，即有 $2^{128}-1$ 个地址。

（2）IPv6 使用更小的路由表。IPv6 的地址分配一开始就遵循聚类（Aggregation）的原则，这使得路由器能在路由表中用一条记录（Entry）表示一片子网，大大减小了路由器中路由表的长度，提高了路由器转发数据包的速度。

（3）IPv6 增加了增强的组播（Multicast）支持以及对流的支持（Flow Control），这使得网络上的多媒体应用有了长足发展的机会，为服务质量（Quality of Service，QoS）控制提供了良好的网络平台。

（4）IPv6 加入了对自动配置（Auto Configuration）的支持。这是对 DHCP 协议的改进和扩展，使得网络（尤其是局域网）的管理更加方便和快捷。

（5）IPv6具有更高的安全性。在使用IPv6的网络中，用户可以对网络层的数据进行加密并对IP报文进行校验，极大地增强了网络的安全性。

3.2 IPv6技术原理

3.2.1 IPv6地址

1. 单播、任播和多播的概念

一个单播地址唯一地标识出一个接口。一个接口可以有多个单播地址并且必须至少有一个链路本地地址。一个链路本地地址是在同一链路上的两个节点之间使用。在某些情况下，节点不需要向链路外发包，链路本地地址就足够了。注意到节点可以分配一个单播地址给多个接口，当且仅当节点把这多个接口在网络层看作是一个接口时才能这样做。这对于一组物理层接口上的负载平衡流量是很有用的。

一个任播地址是一组接口的标识符：一个发给任播地址的包，将会被交付给这组接口中的一个，通常是根据路由选择度量最近的一个接口。

一个发送给多播地址的包将会被交付给多播地址所标识的所有接口。IPv6中没有广播，所以我们使用多播地址。在IPv4中路由控制包使用广播地址，但在IPv6中使用特定的多播地址。

2. IPv6地址的表示

32位的IPv4地址用以下的形式表示：x.y.z.t（例如202.117.128.8）。地址中的一部分表示网络部分，剩下的表示主机部分。

128位的IPv6地址通过表示成这样的形式x:x:x:x:x:x:x:x，每个x是一个十六进制的值（表示16位），例如，2020:CA28:0000:0000:0023:0222:0000:2900。

因为这些地址可能很长，所以应简化表示。例如，0000可以写作0甚至省略不写。一序列的16位的值全部等于0的话，可以表示成“::”，但这样的缩写在一个地址里只能出现一次。

再考虑前面的例子，那个地址可以表示为2020:CA28:23:222:0:29。

地址“:: 1”表示回环地址（等同于IPv4中的127.0.0.1）。“::”表示未指定的地址，它不能分配给任何节点，只能用来指示缺少地址。例如，一个节点没有获得它自己的单播地址时，“::”可以用来作为它的源地址，“::”不能作为目的地址或路由头中的地址。

与IPv4中使用的无类别域间路由CIDR不同，IPv6没有要求必须指明地址的网络部分。

在一个混合的环境（IPv4 和 IPv6）下，有时使用下面的格式更方便：2020:CA28::222:124.4.12.3。

表3-1表示了前缀范围的初始分配。IPv6地址的类型由地址开头的几位决定，例如多播地址总是以11111111（FF）开头，任播地址是单播地址空间的一部分。

表 3-1　前缀范围的初始分配

分　配	前　缀	所占地址空间的比例
预留	0000 0000	1/256
未分配	0000 0001	1/256
为 NSAP 预留	0000 001	1/128
为 IPX 预留	0000 010	1/128
未分配	0000 011	1/128
未分配	0000 1	1/32
未分配	0001	1/16
可聚合单播全局地址	001x xxxx	1/8
未分配	010x xxxx	1/8
未分配	011x xxxx	1/8
未分配	100x xxxx	1/8
未分配	101x xxxx	1/8
未分配	110x xxxx	1/8
未分配	1110 xxxx	1/16
未分配	1111 0xxx	1/32
未分配	1111 10xx	1/64
未分配	1111 110x	1/128
未分配	1111 1110 0	1/512
链路本地单播地址	1111 1110 10	1/1024
站点本地单播地址	1111 1110 11	1/1024
多播地址	1111 1111	1/256

3. 单播地址

一个单播地址由一个子网前缀和一个接口标识符（接口 ID）组成。接口 ID 用来标识链路上的一个接口，所以它在那条链路上必须是唯一的。通常，接口 ID 与接口链路层地址是相同的。

（1）全局单播 IPv6 地址。如同在表 3-1 中表示的，全局单播地址的最左边的 3 位设定为 001。因此，全局单播地址属于的范围为 2000:：到 3FFF:FFFF:FFFF:FFFF:FFFF:FFFF:FFFF:FFFF。在多数情况下，最左边的 64 位用于标识地址的网络部分，最右边的 64 位用于标识地址的主机部分。

为了允许地址聚集以减少因特网中路由表的大小，IPv6 要求使用服务提供者提供的地址。地址的网络部分被进一步划分为以下几个部分：

① 48 位字段：与服务提供者提供的前缀一致。

② 16 位字段：网络管理员用它在站点里分配子网。

③ 64 位字段：与主机部分一致（接口 ID）；这个字段足够大，方便嵌入 48 位的媒体接入控制（MAC）地址，使地址自动配置变得很方便。

（2）本地单播 IPv6 地址。有两种类型的本地 IPv6 单播地址：链路本地的和站点本地的。

链路本地单播地址用于单链路的自动配置，邻居发现或在没有路由器的情况下。由于范围是本地的，链路本地的包永远不会被路由器转发到链路的范围之外。

站内本地地址是在一个站点内转发使用的，不需要访问 Internet。因此，带有这样地址的包不会被站点之外的路由器转发。

链路本地单播地址和站点本地单播地址的格式如图 3-1 所示。所以一个链路本地范围的单播地址总是以 FE80:0:0:0 开始，后面跟着接口 ID。

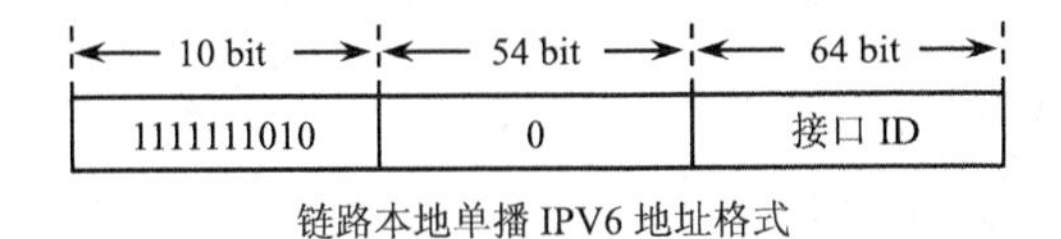

链路本地单播 IPV6 地址格式

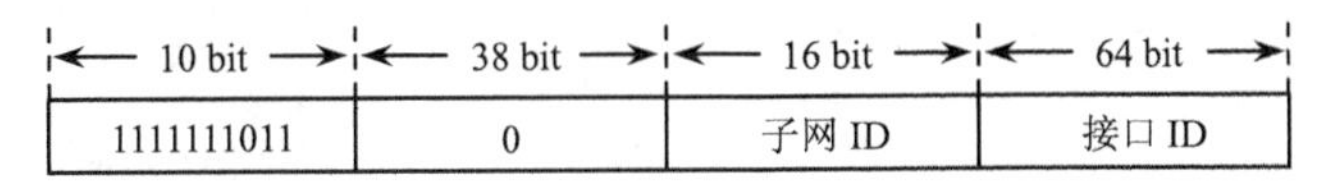

站点本地单播 IPv6 地址格式

图 3-1　链路本地 IPv6 单播地址和站点本地 IPv6 单播地址的格式

一个唯一本地单播地址的格式如图 3-2 所示。

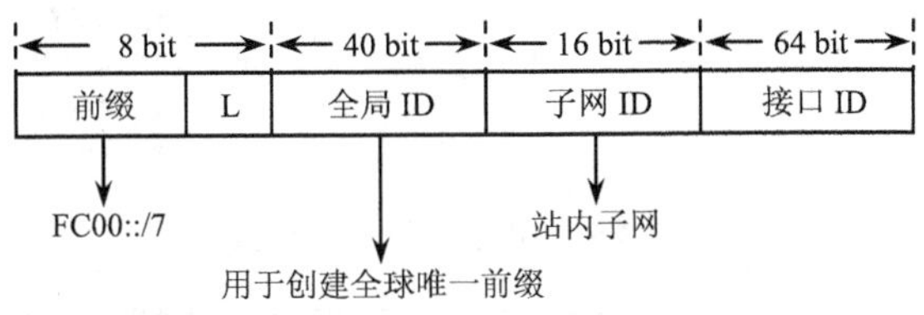

图 3-2　唯一本地单播地址的格式

默认情况下，唯一本地单播地址的范围是全局的。尽管这些地址在因特网上是不可路由的，但它们可以在一个站点内使用，也可以在站点之间使用。

使用 7 位的前缀长度，可以提供 2.2 万亿个地址，而只使用了 IPv6 的 0.78%的地址空间。全局 ID 的分配必须是按照一种伪随机算法。分配是自我生成的，并且有着极高概率的唯一性。

① 任播地址。任播地址是一个分配到一组接口上的地址，这组接口一般属于不同的路由器。当一个包被指定到一个任播地址，它一般会被交付给拥有这个任播地址的最近的接口，其中“最近”是由路由协议决定的。一个任播地址必须被分配到路由器上而不能被分配到主机上，任播地址不可以作为源地址。

因为任播地址属于单播地址，当用任播地址配置一个端口时，必须在端口所在的路由器上对其进行显式配置。之所以这样做是因为任播地址无法与其他的单播地址区别。

任播地址的一个实例是子网路由器任播地址。其地址格式由两部分组成，前面是 n 位的标识特定链路的子网前缀，后面跟着 128−n 位的 0.因此，在这个例子里，发送到子网路由器任播地址的包会被交付给子网链路上的一个路由器。

② 多播地址。多播地址在很多情景中都有使用，IPv6 是不使用广播地址的。多播地址标识了一组节点，称为多播组。多播地址不能作为源地址使用，也不能出现在路由投中。多播地址的格式如图 3-3 所示。

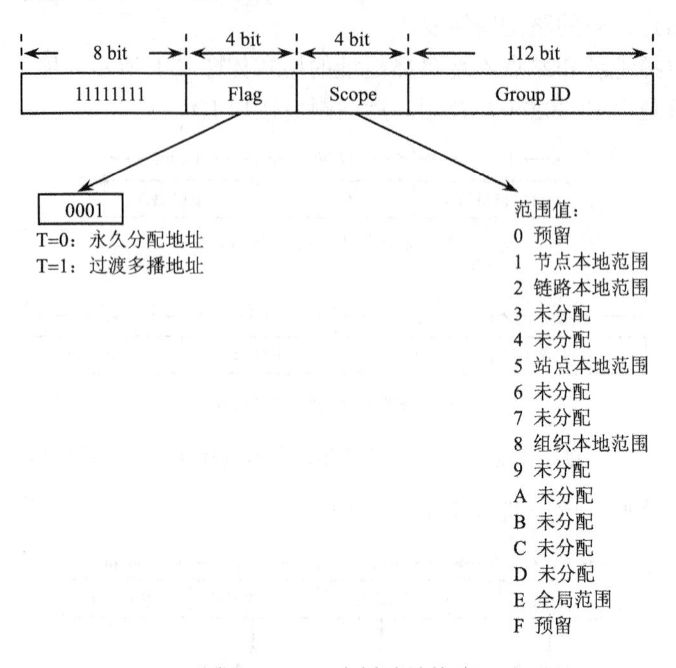

图 3-3　IPv6 多播地址格式

所有的多播地址都是以 FF 开头前 8 位，后面跟着 4 位的标志字段，4 位的范围字段，最后是 112 位的组 ID。

3.2.2　IPv6 报文

IPv6 报文由报头和数据组成，IPv6 报头由 3 部分组成：IPv6 报头、扩展报头及上层协议数据单元。

IPv6 报头又称“IPv6 基本报头”，每一个 IPv6 数据包都必须包含报头，该报头长度固定为 40 字节。IPv6 扩展报头又称下一个头，扩展报头是可选报头，紧接在基本报头之后。IPv6 数据包可包含多个扩展报头，而且扩展报头的长度并不固定，IPv6 扩展报头代替了 IPv4 报头中的选项字段。“下一报头”字段值所对应的扩展报头如表 3-2 所示。上层协议数据单元由上层协议报头和它的有效载荷构成，有效载荷可以是一个 ICMPv6 报文、一个 TCP 报文或一个 UDP 报文。

表 3-2　下一报头值所对应的扩展报头类型

下一报头值	对应的扩展报头类型
0	逐跳选项扩展报头
6	上层协议为 TCP
17	上层协议为 UDP
43	路由扩展报头

续表

下一报头值	对应的扩展报头类型
44	分片扩展报头
50	封装安全有效载荷扩展报头
51	认证扩展报头
58	ICMPv6 信息报文扩展报头
59	无下一报头
60	目的选项扩展报头

IPv6 报文由 IPv6 基本报头+扩展报头+上层协议+数据组成，其中扩展报头为可选项，如表 3-3 所示。

（1）版本号：长度为 4 位，对于 IPv6，该字段为 6。

（2）流量类别：长度为 8 位，指明为该包提供某种“区分服务”。

（3）流标签：长度为 20 位，用于标识属于同一业务流的包。一个节点可以同时作为多个业务流的发送源。流标签和源节点地址唯一标识了一个业务流。

表 3-3　IPv6 包头格式

<table>
<tr><td>版本号</td><td colspan="2">流 量 类 别</td><td colspan="2">流　标　签</td></tr>
<tr><td colspan="2">负载长度</td><td colspan="2">下一报头</td><td>跳数限制</td></tr>
<tr><td colspan="5">源 IP 地址</td></tr>
<tr><td colspan="5">目的 IP 地址</td></tr>
</table>

（4）负载长度：长度为 16 位，其中包括负载的长度，即 IPv6 头后的包中包含的字节数。意味着扩展头的长度也包含在负载长度里。

（5）下一报头：长度为 8 位，这个字段指出了 IPv6 基本报头之后所跟的下一个扩展报头字段中的协议类型。与 IPv6 协议字段类似，下一报头字段可以用来指出高层是 TCP 还是 UDP，且可以用来指明 IPv6 扩展头的存在与否。

（6）跳数极限：长度为 8 位。每当一个节点对包进行一次转发之后，这个字段就会被减 1。如果该字段达到 0，这个包就被丢弃。IPv4 中有一个具有类似功能的“生存期”字段。

IPv6 扩展报头的类型：

（1）逐跳选项报头。此扩展头必须紧随在 IPv6 头之后。它包含包所经路径上的每个节点都必须检查的选项数据。

（2）目的地选项报头。此扩展头代替了 IPv4 选项字段。目前，唯一定义的目的地选项是在需要时把选项填充为 64 位的整数倍。此扩展头可以用来携带由目的地节点检查的信息。

（3）路由报头。此扩展头指明包在到达目的地途中将经过哪些节点。它包含包沿途经过的各节点的地址列表。IPv6 头的最初目的地址是路由头的一系列地址中的第一个地址，而不是包的最终目的地址。此地址对应的节点接收到该包之后，对 IPv6 头和选路头进行处理，并把包发送到路由报头列表中的第二个地址。依此类推，直到包到达其最终目的地。

（4）分段报头。此扩展头包含一个分段偏移值，一个“更多段”标志和一个标识符字段。用于源节点对长度超出源端口和目的端路径 MTU 的包进行分段。

（5）身份验证报头 AH。此扩展头提供了一种机制，对 IPv6 头、扩展头和负载的某些部分进行加密的校验和的计算。

（6）封装安全载荷 ESP 报头。这是最后一个扩展头，不进行加密。它指明剩余的载荷已经加密，并为已获得授权的目的节点提供足够的解密信息。

IPv6 报头 Next Header=6 TCP 段

IPv6 报头 Next Header=43 路由报头 Next Header=6 TCP 段

IPv6 报头 Next Header=43 路由报头 Next Header=51 AH 报头 Next Header=6 TCP 段

如果在一个 IPv6 报文中，有多个扩展报头，则应严格按下列顺序排列：

基本报头、逐跳选项报头、目的选项扩展报头、路由扩展报头、分片扩展报头、认证报头、封装安全有效负载报头。

逐跳选项报头的扩展报头值为 0。该字段主要用于为在传送路径上的每次跳转指定发送参数，传送路径上的每台中间节点都要读取并处理该字段。逐跳选项报头以 IPv6 报头中的下一个报值=0 来标识。

下一报头（Next Header）含义同前。报头扩展长度（HdrExtLen），指逐跳选项扩展报头的长度，该长度不包括 Next Header 字段。选项 Options 是若干系列字段的组合，该字段用以描述数据包转发的一个方面的特性，还可以作为填充之用。一个逐跳选项扩展报头可以包含 0 个或 1 个以上的选项字段。选项还可用于目标选项扩展报头。

选项字段结构：选项类型、选项数据长度、选项数据。

（1）选项类型：用以确定相关节点对该选项的处理方法。RFC 2640 规定，在选项类型字段中，最高两位当处理选项的节点不能识别选项的类型时，应该如何处理这个选项。

选项字段的最高两位值含义如下：

00：跳过这个选项。

01：丢弃数据包，不通知发送方。

10：丢弃数据包，无论数据包的目标地址是否为一个组播地址，都向发送方发出一个 ICMPV6 参数问题的报文。

11：丢弃数据包，如果数据包的目标地址不是一个组播地址，就向发送方发出一个 ICMPV6 参数问题的报文。

（2）选项数据：选项字段的最高第 3 位表示在通向目标的路径中，选项数据是否可以改变。0 表示选项数据不能改变，1 表示选项数据可以改变。

选路扩展报头的扩展报头值为 43。选路扩展报头又称路由选择报头或源路径选项报头。通过运用选路报头，可以实现经过指定的中间节点到达目的地，如表 3-4 所示。

表 3-4　一个 IPv6 扩展头

下一报头	扩展报头长度	路由类型	段剩余
路由特定类型数据			

（1）下一报头和扩展报头长度与逐跳选项报头中的含义一致。

（2）扩展报头长度，指明扩展报头的长度。

（3）路由类型，是指特定的路由头变量，目前，路由类型只定义了“0”类型，它包含了报文需要经过的中间路由器的 IP 地址。

（4）段剩余是指在到达最终目标之前还需要经过的中间跳数。

IPv6 分段报头用于 IPv6 数据包的拆分和重组。如果上层协议提交的有效载荷大于链路或路径 MTU，源节点就会对有效载荷进行拆分，并使用分段报头来提供重组信息。

在 IPv4 中，中间路由器会自动对大的数据包进行拆分，而在 IPv6 中，路由器不对过大的数据包进行拆分，分片工作是由发送报文的源节点完成的。

下一报头（8 位）用以标识“原始报文”中可分片的初始报头类型，如表 3-5 所示。

表 3-5　分片包

下 一 报 头	保留 1	分片偏移量	保留 2	M
分片标识				

（1）保留 1（8 位），初始化为“0”，接收方不处理。

（2）分片偏移量（13 位），以 64 bit 为单位，用以指定该报头后面的数据报文片段的起始字节在报文中包处的位置。

（3）保留 2（2 位），初始化为“0”，接收方不处理。

（4）M（1 位），M=1，表明后面还有分片，M=0 则表明是最后一个分片。

认证扩展报头 AH 的扩展报头值为 51。若要保证 IPv6 数据包或 IPv6 其他报头中的部分字段的值在经过 IPv6 网络传输后不会发生改变，认证报头是最佳的解决方案，如表 3-6 所示。认证扩展报头提供了对需要保护的数据进行数据验证、数据完整性检测和反重放保护。

表 3-6　IPv6 扩展报头

下 一 报 头	负 载 长 度	保　留
安全参数索引（SPI）		
序列号		
认证数据（可变长）		

（1）下一报头，8 位，指示在认证 AH 之后的下一有效载荷的类型。

（2）负载长度，8 位，认证头的总长度。

（3）保留，16 位，初始化为 0。

（4）安全参数索引（SPI），32 位，其值为任意的 32 位数值。

（5）序列号，32 位，是一个“单调递增无符号计数值”。

（6）认证数据，可变长，用以进行完整性检查。

封装安全有效负载扩展报头的扩展报头值为 50。该报头类似于认证报头，主要提供了数据机密性保护、数据验证、数据完整性检测，以及对已封装的有效载荷的重放进行保护，如表 3-7 所示。

目的选项扩展报头的扩展报头值为 60，该报头是针对目的地址的可选信息，只有目的节点才处理的选项报头。选项类型，长 8 位，用于标识选项类型，该字段的定义参见逐跳选项扩展报头的字段含义说明。选项数据长度，长 8 位，表示以字节为单位的选项数据长度。选项数据，与选项类型对应的选项数据。

表 3-7　目的选项扩展报头

下一报头	负载长度	保留
安全参数索引（SPI）		
序列号		
加密数据参数		
认证数据（可变长）		

3.2.3　ICMPv6

ICMP 在 Internet 里已经应用了很长时间，它的功能是错误报告和诊断，支持很多特性，例如请求/应答、多种错误提示、重定向等。

ICMPv6 是 IPv6 架构的关键组成部分，它不仅支持 IPv4 中可用的大多数特性，还增加了一些非 ICMP 协议所支持的特性，例如 ARP、IGMP，还有 IPv6 中新增加的一些关键特性，例如自动配置。ICMPv6 被标识为一个新的协议类型，是在前面的头字段里指定的。

ICMPv6 规定了两类消息：错误消息和信息消息。

每个 ICMP 消息有下面的结构：

（1）8 位的类型字段：指示消息的类型。

（2）8 位的代码字段：用于对给定的 ICMP 消息类型进一步细分。

（3）16 位的校验和：与 IPv4 相比要添加一个校验和的原因是 IPv6 头中不包括任何校验和。把以 ICMPv6 消息类型字段开始的 ICMPv6 消息全部内容和后面跟着一个 IPv6 头字段的伪头看成一个整体，校验和是通过计算这个整体的补码和完成的。

（4）可变长度的数据字段。

ICMPv6 错误消息的类型字段的值的大小介于 0～127 之间。表 3-8 列出了 ICMPv6 错误消息，并附有简短描述。

表 3-8　ICMPv6 错误消息

错误	类型	代码	描述
目的地不可达	1	0	到目的地没有路由。这不包括阻塞导致的丢包
		1	从管理上禁止与目的节点通信（例如，由于规则触发的过滤，防火墙不能转发包）
		3	除了上面 2 条，其他原因导致的地址不可达
		4	端口不可达
包太大	2	0	包大小超过了链路的 MTU
超时	3	0	当跳数限制字段等于 0 或收到的包的跳数限制字段等于 0
参数问题（IPv6 头或扩展头字段有问题）	4	0	遇到了错误的头字段
		1	遇到了无法识别的下一个头类型
		2	遇到了无法识别的 IPv6 选项

所有接收到的包，如果 IPv6 头或扩展头出错，则必须被丢弃掉，然后接收方要发送一个 ICMP 错误消息。

ICMP 信息消息的类型字段的值的大小介于 128～255 之间。表 3-9 列出了一些 ICMPv6 信息消息，并附有简短描述。

随着 IPv6 的发展，加入了一些新功能，附加的 ICMP 码也随之定义。RS、RA、NS 和 NA 消息对于自动配置非常重要，将会在后面小节详细介绍。

表 3-9　ICMPv6 信息消息

信息消息	类　型	代　码
Echo Request	128	0
Echo Reply	129	0
Router Solicitation （RS）	133	
Router Advertisement（RA）	134	
Neighbor Solicitation（NS）	135	
Neighbor Advertisement（RA）	136	
Redirect	137	

3.2.4　IPv6 邻居发现协议

邻居发现协议 ND 为 IPv6 提供了一系列关键的自动配置特性，例如链路上邻居是否存在的发现，链路上的路由发现，链路层地址的发现，或维护到活动邻居路径的可到达信息。ND 在 IP 智能物联网络中起着重要的作用。

ND 提供很多服务，包括以下几种：

（1）路由发现：发现路由器，路由器能够把包转发到不在本链路的地址。

（2）前缀发现：对于使用网络前缀的链路，发现在其上面的地址集合。

（3）参数发现：发现 MTU，跳数限制等。

（4）地址自动配置：节点通过它可以计算自己的全局唯一地址。

（5）地址解析：发现链路层地址。IPv4 中，节点使用 ARP 来发现已知 IPv4 地址对应的 MAC 地址。在 IPv6 中，这个功能通过 ND 实现，也被用来检查节点是否有了一个新的链路层地址。

（6）下一跳决定：用于特定的目的地，发现 IP 的下一跳以便转发包。

（7）邻居不可达检测：通过它路由器可以确定一个邻居变成不可到达的状态。

（8）重复地址检测：检验过程，确保节点将要使用的地址没有被其他的节点所使用。

（9）重定向：允许节点找到一个更好的下一跳来到达指定的目的地。

ND 规定了 5 个新的 ICMP 消息类型。下面将详细介绍包格式类型和每种包的处理规则及其相关服务。

ND 协议定义了可能出现在 ND 消息中的一系列选项，如源/目标链路层地址选项、前缀信息选项、重定向头、MTU 选项。

1. 邻居请求消息

邻居请求 NS 消息的格式如表 3-10 所示。

表 3-10　邻居请求消息格式

8 bit	8 bit	16 bit
类型=135	Code=0	校验和
预留		
目标地址		
可选项		

NS 消息用于地址解析、邻居不可到达检测 NUD 和 DAD。节点发送 NS 消息给它知道 IP 地址的邻居，用于获得或确定邻居的链路层地址。NS 消息是多播包，它的目的地址使用目标地址的请求节点多播地址，源地址使用请求节点的地址或者在 DAD 过程中使用未指定地址。收到 NS 包后，如果正确，目标会答复一个邻居通告 NA 消息。源地址和目的地址的选择依赖于执行的服务。

NS 可以包含一个链路层地址选项。它允许接收方不通过执行地址解析就获知发送方的链路层地址。如果接收方想要确定初始的 NS 消息发送方是否可到达，它仍然需要执行 NUD。这个选择并不是总允许出现的，例如一个执行 DAD 过程的节点不能把它包含在 NS 消息里。

最后，NS 消息也被用来检测一个邻居是不可到达的。

2. 邻居通告消息

邻居通告 NA 用来为请求节点提供链路层地址，或者用来通知链路层地址的改变。NA 消息用于地址解析、NUD、DAD 过程，是作为对 NS 消息的响应，但它也可以用于其他用途，一般是采用非请求的方式来通知地址的改变或者移动事件。

源地址是发送方的地址。目的地址是收到的 NS 消息中的请求方的地址。如果 NS 消息中的源地址是未指定地址，那么目的地址是全节点多播地址。如表 3-11 所示，NA 消息的格式与 NS 消息的格式非常相似，但附加了 3 位。

表 3-11　邻居通告消息格式

<table>
<tr><td colspan="4">8 bit</td><td>8 bit</td><td>16 bit</td></tr>
<tr><td colspan="4">类型=136</td><td>Code=0</td><td>校验和</td></tr>
<tr><td>R</td><td>S</td><td>O</td><td colspan="3">预留</td></tr>
<tr><td colspan="6">目标地址</td></tr>
<tr><td colspan="6">可选项</td></tr>
</table>

（1）R 位：当置 1 时，表示发送方是一个路由器。用于在邻居不可到达检测中，检测一个路由更改为一个主机。

（2）S 位：当置 1 时，表示发出的邻居通告包是响应接收到的 NS 消息。这个位用于在 NUD 中确认可到达性。

（3）O 位：覆盖标志置 1，表示邻居通告应该覆盖已存在的缓存条目。

目标地址就是 NS 消息中存在的目标地址。

如果有一个非请求消息，目标地址对应于链路层地址已改变的节点的 IP 地址。在这样的情况下，目的地址是全节点多播地址。

NA 消息通常携带目标链路层地址选项。

3．路由器通告消息

路由器通告 RA 消息由路由器定期发送，有多个目的：路由器通告 RA 消息通告自己的存在，并附加了多种链路和因特网的参数，包括主机用于配置全局单播地址的网络前缀信息。

RA 消息可以由路由器以非请求的方式发送，如果节点不想要等待非请求的 RA 消息，也可以通过请求方式答复节点发送的 RS 消息。通过使用定时器，可以把它们轻微地随机化，以避免链路上所有的路由器发生全局同步。

RA 消息包括一些前缀，它们用于判断是否在链路上和/或自动地址配置。RA 消息也用于通知节点它们是否应该使用有状态的和/或无状态的地址配置。

表 3-12 和表 3-13 分别展示了 RA 消息和 RS 消息格式。

表 3-12　RA 消息格式

<table>
<tr><td colspan="4">8 bit</td><td colspan="3">8 bit</td><td>16 bit</td></tr>
<tr><td colspan="4">类型=134</td><td colspan="3">Code=0</td><td>校验和</td></tr>
<tr><td colspan="4">当前跳数限制</td><td>M</td><td>0</td><td>预留</td><td>路由生命周期</td></tr>
<tr><td>R</td><td>S</td><td>O</td><td colspan="5">预留</td></tr>
<tr><td colspan="8">可达时间</td></tr>
<tr><td colspan="8">重传定时器</td></tr>
<tr><td colspan="8">可选项</td></tr>
</table>

表 3-13　RS 消息格式

8 bit	8 bit	16 bit
类型=133	Code=0	校验和
预留		
可选项		

下面是对 RA 消息各个字段的描述。

（1）IP 字段：

① 源地址：分配给发送数据包的接口的本地链路地址。

② 目的地址：通常是 RS 消息中发送者的源地址或全节点多播地址。在请求的消息的情况下，如果 RS 消息中没有提供源地址，RA 消息也会使用全节点多播地址发送。

（2）RA 消息：

① 当前跳数限制：应该在对外发送的 IP 包的 IPv6 头的跳数字段里所使用的默认值。

② M 位：当置 1 时，表示主机在使用无状态地址自动配置模式之外，必须还要使用管制的有状态地址自动配置协议。

③ O 位标志：表示除了地址外的其他配置信息是否可以通过 DHCPv6 获得。

④ 路由器生命周期：这个字段表示相关的默认路由的生命周期，单位是 s。当置 0 时，该路由器不能作为默认路由器。

⑤ 可到达时间：这个值在 NUD 过程中使用，表示一个节点在收到可到达确认后，认为邻居可到达的时间，单位是 ms。

⑥ 重传计时器：NS 消息的重传时间，单位是 ms。此计时器用于地址解析和 NUD 过程。

（3）RA 消息可能包括的最重要的选项：

① 源链路层地址：这个字段表示 RA 消息发出的接口的链路层地址。如果需要链路层地址集的负载平衡，路由器可以省略此选项。

② MTU：链路上的最大传输单元。

③ 前缀信息：这是个重要的可选字段，它表示用于在链路判断和自动配置的前缀列表。路由器应该提供它所有的在链路前缀。

④ DNSS：提供一个网络上可用的递归 DNS 服务器的地址。

⑤ RA 消息中通告的前缀选项：前缀消息在 RA 消息中使用，用于为主机提供链路前缀和地址自动配置所需的前缀。前缀信息选项的格式如表 3-14 所示。

表 3-14　前缀信息选项

<table>
<tr><td>8 bit</td><td>8 bit</td><td>8 bit</td><td colspan="3">8 bit</td></tr>
<tr><td>类型=3</td><td>Length=4</td><td>前缀长度</td><td>L</td><td>A</td><td>预留</td></tr>
<tr><td colspan="6">有效生命周期</td></tr>
<tr><td colspan="6">首选生命周期</td></tr>
<tr><td colspan="6">预留</td></tr>
<tr><td colspan="6">前缀</td></tr>
</table>

前缀信息选项的字段描述如下：

- 前缀长度：前缀中从高位起有效位的个数。
- L 标志：当置 1 时，表示前缀可以用于在链路判断。相反地，当 L 标志置 0 时，无法判断前缀是否是在链路的。
- A 标志：当置 1 时，表示前缀可以用于自动地址配置。
- 有效生命周期：表示前缀有效时间长度，单位是 s。
- 首选生命周期：根据前缀通过无状态自动配置所生成的地址，保持“首选”状态的时间长度，单位为 s。

有效生命周期和首选生命周期的概念，为平滑重编号提供了高效的机制，重编号可能会在从一个服务提供商迁移到另一个时发生。有效生命周期就是前缀的生命周期，而首选生命周期表示主机在某个时间段内应该使用此前缀。如果首选生命周期过时，而有效生命周期未过时，则主机应该只在已建立的通信中使用该地址。

⑥ RA 消息中通告的递归 DNSS 选项：规定了 RA 消息的一个 RA 选项，它允许一个路由器通告递归 DNS 服务器（RDNSS）的地址。这提供了定位 DNS 服务器的有效手

段，可用于替代 DHCP。这对于使用无状态自动配置的智能物件尤其有用，通过处理唯一的 RA 消息检索 DNS 消息，可以节省有限的能源。

RDNSS 选项使用常规的 ND 消息，例如前面讲过的 RA 和 RS 消息。

所有地址共享相同的生命周期值，这个值单位为 s，表示节点能使用 RDNSS 地址进行域名解析的最大时间。在这个时间过期之前，节点可以发送 RS 消息刷新状态。生命周期值的推荐值为介于 MaxRtrAdvInterval 和 2×MaxRtrAdvInterval 之间，其中 MaxRtrAdvInterval 是接口发送非请求多播 RA 消息的最大时间间隔，单位是 s。值为 0xFFFFFFFF 表示无限大，值为 0 表示地址禁止再被使用。

路由器请求消息 RS 是由主机发送的，目的是获得 RA 消息答复，而不用等待 RA 消息周期性计时器超时。

RS 消息的结构是：源地址，用于发送 RS 消息的接口的 IP 地址，或在自动配置过程中的未指定地址；目的地址，通常是全路由多播地址。ICMP 类型等于 10。

重定向消息，路由器发送重定向包给主机，通告一个通向目的地路径上的更好的第一跳。

邻居不可到达检测 NUD 是一个用于单播目的地的强大的机制，允许节点检测邻居的可到达性。当通向邻居的路径失效了时，如果目的地是最终目的地，那应该再执行一次地址解析。另一方面，如果邻居是一个路由器，那恰当的做法是选择另一个路由器。

首先，正面确认一个邻居可到达的方法，可以是通过接收到响应 NS 消息的 NA 消息，或者是收到上层的暗示，接收到 TCP ACK 或经过邻居从对等节点收到新的非重复数据。当传输层协议无法提供暗示时（如 UDP），节点会向邻居发送探索包，请求单播 NS 消息。接收到请求标志置 0 的非请求消息，如 RA、NA 消息，不能用来确认可到达性，只能确认单向通路的完整性。

邻居缓存条目有多种状态。例如，在 Reachabletime 毫秒之后没有收到可到达确认，邻居缓存条目被标记为“过时的”。如果节点必须向那个邻居发包，它会在过时后启动另一个计时器。如果没有收到邻居可到达消息，它会开始一个主动探索过程。探索过程，在这个阶段缓存条目处于探索状态包括使用邻居的链路层地址向邻居发送一个单播 NS 消息。NS 消息每 RetransTimer 毫秒重发一次，直到收到响应的 NA 消息。如果在发送了 MAX_UNICAST_SOLICIT 条消息之后，仍没有收到 NA 消息，那么此缓存条目会被删除。

报告链路错误的链路层信息可以用来触发缓存条目的删除，但链路层可用的指示是不能用作邻居可到达性确认的，尽管邻居不可到达，链路层也可能是可用的。

3.3 IPv6 配置

3.3.1 Windows 系统下 IPv6 配置命令

在 Windows 系统家族中对 IPv6 协议的配置方法有两种：IPv6 命令和 netsh 命令。我们可以用它们来查询和配置 IPv6 的接口、地址、高速缓存和路由。

以 Windows XP 下的 IPv6 命令为例：

（1）IPv6 install：安装 IPv6 协议栈。

（2）IPv6 uninstall：卸载 IPv6 协议栈。

（3）IPv6[-v] if [ifindex]：显示 IPv6 的所有接口界面的配置信息。接口界面采用接口索引号来表示。

参数说明：

[ifindex]指定接口的索引号。

[-v]指定接口的其他信息。

例如：

IPv6 if 显示所有接口的信息。

IPv6 if 4 显示接口 4 的消息。

通常，安装 IPv6 协议栈后，一块网卡默认网络接口有 4 个，interface 1 用于回环接口，interface 2 用于自动隧道虚拟接口，interface 3 用于 6to4 隧道虚拟接口，interface 4 用于正常的网络连接接口，即 IPv6 地址的单播接口。如有多块网卡，后面还有其他接口。

（4）IPv6 [-p] adu <ifindex> /<address> [life validlifetime [/preflifetime]] [anycast][unicast]：给指定接口配置 IPv6 地址。

参数说明：

[life validlifetime[/prelifetime]]指定 IPv6 地址的存活时间；

[anycast]把地址设成泛播地址。

[unicast]把地址设成单播地址，默认为单播地址。

[-p]把所做的配置保存。如果不加此参数进行配置。当计算机重新启动的时候配置将丢失，这一点需要注意。

例如：

IPv6 adu 4/3eff:124e::1 给索引号为 4 的接口界面配置 IPv6 地址 3eff:124e::1。

IPv6 adu 4/3eff:124e::1 life 0 删除上面刚刚配置的 IPv6 地址。

（5）IPv6 [-p] ifc<ifindex> [forwards] [-forwards] [advertises] [mtu #bytes] [site site-identifier] [preference P]：配置接口的属性。

参数说明：

forwards 允许在该接口上转发收到的数据包。

-forwards 禁用在该接口上转发收到的数据包。

advertises 允许在该接口上发送“路由器公布”消息。

-advertises 禁用在该接口上发送“路由器公布”消息。

mtu 为链接设置最大传输单位（MTU）的大小以字节为单位。

site 设置站点标识，站点标识被用来区分属于不同管理区域的接口。

例如：

IPv6 ifc 4 forwards 打开接口 4 的 IPv6 的转发功能。

（6）IPv6 [-v] rt：查看路由表。

参数说明：

[-v]查看路由表中的系统路由。不加参数，只能查看手动添加的路由。

例如：

IPv6 –v rt 查看路由表中的所有路由。

（7）IPv6 [-p] rtu <prefix> <ifindex> [/address] [life valid[/pref]] [preference P] [publish] [age] [spl SitePrefixLength]：添加路由表项。

参数说明：

[/address]指定下一跳地址。

[life valid[/pref]]指定存活时间。

[publish]指定是否发布。

[age]指定是否老化。

[spl SitePrefixLength]指定与路由关联的站点前缀长度。

例如：

IPv6 rtu 2000:3440::/64 4 为接口 4 添加一条路由。

IPv6 rtu 2000:3440::/64 4 life 0 为接口 4 删除一条路由。

IPv6 rtu ::/0 4/3ffe:124e::2 添加一条默认路由，网关为 3ffe:345e::2。

IPv6 rtu 3ffe:124e::/64 4 为接口 4 添加前缀 64。

（8）IPv6 [-p] ifer v6v4 <v4src> <v4dst> [nd] [pmld]：建立 IPv6/IPv4 隧道。

参数说明：

[nd]允许“邻居发现”跨过隧道，以便能发送和接收“路由器公布”消息。

[pmld]允许周期性的“多播侦听发现 MLD”消息。

例如：要与另一台机器建立 IPv6/IPv4 隧道，己方的 IPv4 地址是 133.100.8.2，对方的 IPv4 地址是 210.28.10.4，那么可以执行如下命令：

IPv6 ifcr v6v4 133.100.8.2 210.28.10.4

执行完这条命令之后，系统会告知创建的接口的索引值。对这个接口的配置方法与别的接口完全一样，但是需要注意一点，它是一个点到点链路的接口。

（9）IPv6 [-p] ifcr 6over4<v4src>：用指定的 IPv4 源地址创建 6over4 接口。

（10）IPv6 [-p] ifd<ifindex>：删除接口。

例如：

IPv6 ifd 4 删除接口 4。

（11）IPv6 nc [ifindex [address]]：查看所有接口的邻居缓存，类似于 IPv4 中的 ARP 缓存邻居高速缓存将显示用于邻居高速缓存项的接口标识符、邻居节点的 IPv6 地址、相应的链路层地址，以及邻居高速缓存项的状态。

参数说明：

ifindex 指定接口。

[address]如果指定了接口，则可以指定 IPv6 地址，只显示单个邻居高速缓存项。

例如：

IPv6 nc 查看邻居缓存。

IPv6 nc 4 查看接口 4 的邻居缓存。

IPv6 nc 4 3eff:124e::1 查看接口 4 上的 3eff:124e::1 地址的缓存项。

（12）IPv6 ncf [ifindex [address]]：删除指定的邻居高速缓冲项。

参数说明：

ifindex 指定接口号。

[address]如果指定了接口，则可以指定 IPv6 地址，只删除单个邻居高速缓存项。

例如：

IPv6 ncf　4。

（13）IPv6 rc [ifindex [address]]：查看路由缓存。

参数说明：

ifindex 指定接口号。

[address] 将显示指定接口上的指定地址的路由缓存项。

例如：

IPv6 rc 4 显示接口 4 的路由缓存。

（14）IPv6 rcf [ifindex [address]]：删除指定的路由高速缓存项。

参数含义同 IPv6 rc。

例如：

IPv6 rcf 4　删除接口 4 上的路由缓存项。

（15）IPv6 bc：显示绑定高速缓存的内容，主要是每个绑定的家庭地址、转交地址和绑定序列号，以及生存时间。

（16）IPv6 spt：显示站点前缀表的内容。

（17）IPv6 spu<prefix> <ifindex> [life L]：添加、删除或更新站点前缀表中的前缀。

参数说明：

[life L]指定存活时间，默认无限期，如存活时间为 0，则删除表项。

例如：

IPv6 spu 3ffe:124e::/64 4 添加一条前缀表项。

IPv6 spu 3ffe:124e::/64 4 life 0 删除一条前缀表项。

（18）IPv6 gp：显示 IPv6 协议的全局参数的值。

例如：

IPv6 gp　显示如下：

```
C:>IPv6 gp
DefaultCurHopLimit=128
UseAnonymousAddresses=yes
MaxAnonDADAttempts=5
MaxAnonLiftime=7d/24h
AnonRegenerateTime=5s
MaxAnonRandomTime=10m
AnonRandomTime=2m21s
NeighborCacheLimit=8
RouteCacheLimit=32
```

BindingCachelimit=32

ReassemblyLimit=262144

MobilitySecurity=on

IPv6 [-p] gpu

这是一组命令，用来修改 IPv6 协议的全局参数。

（19）IPv6 [-p] gpu DefaultCurHopLimit：设置 IPv6 数据包头中“Hop 限制”字段的值，默认为 128。

（20）IPv6 [-p] gpu UseAnonymousAddresses [yes|no|always|Counter]：设置是否使用匿名地址。默认为 yes。

（21）IPv6 [-p] gpu MaxAnonDADAttempts：设置检查匿名地址唯一性的次数，默认为 5。

（22）IPv6[-p] gpu MaxAnonLifetime：设置匿名地址的有效生存时间和首选生存时间。默认有效生存时间为 7 天。默认首选生存时间为 1 天。

（23）IPv6[-p] gpu AnonRegenerateTime <Time>：设置时间段。

（24）IPv6[-p] gpu MaxAnonRandomTime <Time>：以分钟为单位设置最大匿名随机时间。

（25）IPv6[-p] gpu AnonRandomTime <Time>：以秒为单位来设置最小匿名随机时间的值。默认值是 0 秒。

（26）IPv6 [-p] gpu NeighborCacheLimit <Number>：在邻居高速缓存中为每个接口设置最大的项目数量。默认值为 8 项。

IPv6 [-p]gpu RouteCacheLimit <Number>：在路由表中为每个接口设置最大的项目数量。默认值为 32 项。

（27）IPv6 ppt：显示前缀策略表。

（28）IPv6 [-p] ppu prefix precedence P srclabel SL [dstlabel DL]：用指定首选项、源标签值（SourceLabel Value）和目标标签值（DestinationLabel Value）的策略更新前缀策略表。

（29）IPv6 [-p] ppd：删除前缀策略。

（30）IPv6 renew [ifindex]：为所有接口恢复 IPv6 配置。

参数说明：

[ifindex]恢复指定接口的 IPv6 配置。

例如：

IPv6 renew 4 刷新接口 4 的自动分配地址。

3.3.2　Linux 系统下 IPv6 配置命令

（1）自动获取 IPv6 地址，修改/etc/sysconfig/network 文件，加入下列配置文本：

NETWORKING_IPv6=yes

然后，运行命令 service network restart，用命令 ifconfig –a 查看 IPv6 地址信息。

（2）静态 IPv6 地址设备，修改/etc/sysconfig/network-script/ifcfg-ehx 文件，添加

IPv6INIT=yes（是否开机启用 IPv6 地址）

IPv6_AUTOCONFI=no（是否使用 IPv6 地址的自动配置）

IPv6ADDR=2001:da8:8003:202:120:1:1（IPv6 地址）

IPv6DEFAULTGW=2001:da8:8003:801::1（IPv6 地址网关）

然后运行命令 service network restart，用命令 ifconfig –a 查看 IPv6 地址信息。

（3）临时设备 IPv6 地址和 IPv6 比较常用的命令。

Linux 在内核版本 2.2.0 以后就支持 IPv6 了，可查看/proc/net/if_inet6 文件是否存在以确定系统是否支持 IPv6，如果没有可进行如下命令加载 IPv6 模块：

#modprobe ipv6

成功加载后就可以使用 IPv6：

#ifconfig eth0 inet6 add IPV6ADDR（IPV6ADDR 为要临时设备的 IPv6 地址）

#route –A inet6 add default gw IPV6GATEWAY dev ethX （为网络设备 ethx 添加 IPv6 网关 IPv6GATEWAY 地址）

#ping6 IPV6ADDR（测试 ping IPv6 地址）

3.3.3 IPv6 静态路由配置

静态路由是一种特殊的路由，它由管理员手工配置。当网络结构比较简单时，只需配置静态路由就可以使网络正常工作。恰当地设置和使用静态路由可以改进网络的性能，并可为重要的应用保证带宽。

静态路由的缺点在于：当网络发生故障或者拓扑发生变化后，可能会出现路由不可达，导致网络中断，此时必须由网络管理员手工修改静态路由的配置。

IPv6 静态路由与 IPv4 静态路由类似，适合于一些结构比较简单的 IPv6 网络。它们之间的主要区别是目的地址和下一跳地址有所不同，IPv6 静态路由使用的是 IPv6 地址，而 IPv4 静态路由使用 IPv4 地址。

在配置 IPv6 静态路由时，如果指定的目的地址为::/0，则表示配置了一条 IPv6 默认路由。如果报文的目的地址无法匹配路由表中的任何一项，路由器将选择 IPv6 默认路由来转发 IPv6 报文。

在小型 IPv6 网络中，可以通过配置 IPv6 静态路由达到网络互联的目的。相对使用动态路由来说，可以节省带宽，如表 3-15 所示。

表 3-15 配置 IPv6 静态路由

操　　作	命　　令	说　　明
进入系统视图	System-view	
配置 IPv6 静态路由（出接口类型为广播或者 NBMA）	Ipv6 route-static ipv6-address prefix-length [interface-type interface-number] nexthop-address[preference preference-value]	必选，默认情况下，IPv6 静态路由的优先级为 60
配置 IPv6 静态路由（出接口类型为点到点）	Ipv6 route-static ipv6-address prefix-length{interface-type interface-number|nexthop-address} [preference preference-value]	

在配置 IPv6 静态路由之前，需完成以下任务：

（1）配置相关接口的物理参数。

（2）配置相关接口的链路层属性。

（3）使能IPv6报文转发能力。

（4）相邻节点网络层可达。

在完成上述配置后，在任意视图下执行display命令查看IPv6静态路由配置的运行情况并检验配置结果，如表3-16所示。在系统视图下执行delete命令可以删除所有静态路由。

表3-16 IPv6静态路由显示和维护

操　　作	命　　令
查看IPv6静态路由表信息	Display ipv6 routing-table protocol static[inactive|verboe]
删除所有IPv6静态路由	Delete ipv6 static-routes all

3.3.4 IPv6 DHCP服务

IPv6在IPv4的基础上做了很多改进，如扩编地址（由32位扩编为128位）、支持无状态地址自动配置、简化报头、身份验证、支持新的网络服务（QoS）等，并且增强了移动性和安全性，这使得IPv6成为下一代互联网的核心协议。

无状态地址自动配置是指主机通过监听路由通告获得全局地址前缀（64位），然后在后边缀上自己的接口地址得到全局IP地址。这主要是因为IPv6有海量的IP地址资源，用户可以自行配置一个全局IP。接口地址实际上就是MAC地址，由于MAC地址是48位的，所以这里要用到一个IEEE提供的EUI 64转换算法，将48位的MAC地址换算为64位。然后，主机向该地址发送一个邻居发现请求（Neighbor Discovery Request），如果无响应，则证明网络地址是唯一的。

有状态地址自动配置是由IPv4下的DHCP转化而来，IPv6继承并改进了这种服务，即DHCPv6协议，它向IPv6主机提供有状态的地址配置或无状态的配置设置。IPv6主机自动执行无状态地址自动配置，并在相邻路由器发送的路由器公告消息中使用基于以下标记的配置协议（如DHCPv6）：

（1）托管地址配置标记，又称M标记。设置为1时，此标记指示主机使用配置协议来获取有状态地址。

（2）其他有状态配置标记，又称O标记。设置为1时，此标记指示主机使用配置协议来获取其他配置设置。

结合M和O标记的值可以产生以下组合：

（1）M和O标记均设置为0。此组合对应不具有DHCPv6基础结构的网络。主机使用非链接本地地址的路由器公告以及其他方法（如手动配置）来配置其他设置。

（2）M和O标记均设置为1。DHCPv6用于这两种地址（链接本地地址和其他非链接本地地址）和其他配置设置。该组合称为DHCPv6有状态，其中DHCPv6将有状态地址分配给IPv6主机。

（3）M标记设置为0，O标记设置为1。DHCPv6不用于分配地址，仅用来分配其他配置设置。相邻路由器配置为通告非链接本地地址前缀，IPv6主机从中派生出无状态地址。此组合称为DHCPv6无状态：DHCPv6不为IPv6主机分配有状态地址，但分配无状态配置设置。

（4）M 标记设置为 1，O 标记设置为 0。在此组合中，DHCPv6 用于地址配置，但不用于其他设置。因为 IPv6 主机通常需要使用其他设置（如域名系统（DNS）服务器的 IPv6 地址）进行配置，所以这是一种不太可能的组合。

3.4　IPv6 与物联网

物联网的架构可以简单地划分为 3 个层次：感知层、网络层和应用层，分别为物联网提供了一些重要的特性，即全面感知、可靠传送、智能处理。物联网的感知层是物联网的皮肤和五官，它们识别物体并采集信息。感知层包括二维码标签和识读器、RFID 标签和阅读器、摄像头、GPS、传感器、终端、传感器网络等。主要用于识别物体，采集信息，与人体结构中皮肤和五官的作用相似。网络层是物联网的神经中枢和大脑，它们的作用是信息传递和信息处理。网络层包括通信与 Internet 的融合网络、网络管理中心、信息中心和智能处理中心等。应用层是物联网与行业专业技术的深度融合，与行业需求结合，实现行业智能化，这类似于人的社会分工并最终构成人类社会。其中，感知层是物联网的核心，是信息采集的关键部分。

通过感知层，物联网可以实现对物体的感知。首先，把传感器装备到电网、铁路、桥梁、隧道、公路、建筑、供水系统、大坝、油气管道及家用电器等各种真实物体上。通过 Internet 连接起来，进而运行特定的程序，达到远程控制或者实现物与物的直接通信。然后，通过装置在各类物体上的射频识别、传感器、二维码等，经过接口与无线网络相连，从而给物体赋予“智能”，实现人与物体的沟通和对话，也可以实现物体与物体相互间的沟通和对话，这种将物体连接起来的网络被称为“物联网”。因此，物联网是基于传感网之上，实现物对物的操作。常见的感知层有 RFID、无线传感器网络及其他传感设备。

感知层处于物联网的最底层，是万事万物信息获取、感知的源泉和支撑，没有感知层，物联网的传输和应用就无从谈起。但人们关注最多的是主干传输层和应用层，对最重要的感知层所倾注的精力却最少。目前，主干传输层和应用层的技术已经发展得相当成熟，而感知层的发展却是最薄弱的。感知层作为物联网的基础设施层之所以发展得最薄弱，其主要原因在于：一是目前主要考虑的是主干传输层和应用层，而对感知层缺乏足够的认知；二是基于目前对在感知层已有科技的认识和把握不力，以及现有有线传感器网络和主干网构建的传感网建设成本非常之高。

物联网引起全世界的广泛关注以来，终端数量持续上升，逐渐成为上百亿终端的市场，给网络运营提出了两个方面的挑战。首先是号码寻址需求，从国际和国内两个方面看，IPv4 地址不足已经成为不争的事实。一方面，截至 2010 年 3 月，全球可分配的 A 类 IPv4 地址段只剩下 22 个，2011 年 2 月 4 日亚洲地址管理分支机构 APNIC 宣布 IPv4 地址池已经耗尽，届时国内公司将无法再申请到 IPv4 地址；另一方面，我国已获得的 IPv4 地址份额只占到全球的 6.3%，势必影响我国巨大潜在市场的发展。由此可见，IPv4 地址不能满足 Interent 和移动 Internet 的需求，对于发展中的物联网，特别是具有数量众多的感知层节点的标识问题，这个问题更为明显。其次，物联网业务发展问题也凸显出现，目前，感知终端上的数据格式多种多样，难以统一管理运营，新型业务难以落地。

由于缺乏统一的网络层通信标准，应用程序的开发处于无章可循的状态，且广泛基于TCP/IP协议栈开发的Internet应用不容易移植。因此，物联网的发展需要统一标准的协议来支撑网络向大规模泛化发展，也需要一个标准的网络基础设置来孵化各种新型的业务模式，真正实现“无处不在的网络、无所不能的业务”。

基于上述需求，物联网和IPv6产生了广泛的联系。IETF从一开始研究物联网相关技术以来，就把IPv6作为唯一选择，IETF相关工作组的工作都是在IPv6基础上展开的，相关的产业联盟IPSO联盟（IP Smart Object Alliance）也开始了IPv6产品化推广的路线。最初不支持IP相关技术的ZigBee组织，也在其智能电网的最新标准规范中加入了对IPv6协议的支持。

IPv6的出现为物联网的发展提供了很大的支持，具体表现在IPv6地址技术、IPv6的移动性技术、IPv6的服务质量技术、IPv6的安全性与可靠性技术。

（1）IPv6地址技术。IPv6拥有巨大的地址空间，同时128 bit的IPv6的地址被划分成两部分，即地址前缀和接口地址。与IPv4地址划分不同的是，IPv6地址的划分严格按照地址的位数来进行，而不采用IPv4中的子网掩码来区分网络号和主机号。IPv6地址的前64位被定义为地址前缀。地址前缀用来表示该地址所属的子网络，即地址前缀用来在整个IPv6网中进行路由。而地址的后64位被定义为接口地址，接口地址用来在子网络中标识节点。在物联网应用中可以使用IPv6地址中的接口地址来标识节点。在同一子网络下可以标识264个节点，这个标识空间约有185亿个地址空间。这样的地址空间完全可以满足节点标识的需要。

另一方面，IPv6采用了无状态地址分配的方案来解决高效率海量地址分配的问题。其基本思想是网络侧不管理IPv6地址的状态，包括节点应该使用什么样的地址、地址的有效期有多长，且基本不参与地址的分配过程。节点设备连接到网络中后将自动选择接口地址，并加上FE80的前缀地址，作为节点的本地链路地址，本地链路地址只在节点与邻居之间的通信中有效，路由器设备将路由以该地址为源地址的数据包。在生成本地链路地址后，节点将进行DAD地址冲突检测，检测该接E1地址是否有邻居节点已经使用，如果节点发现地址冲突，则无状态地址分配过程将终止，节点将等待手工配置IPv6地址。如果在检测定时器超时后仍没有发现地址冲突，则节点认为该节点地址可以使用，此时终端将发送路由器前缀通告请求。寻找网络中的路由设备。当网络中配置的路由设备接收到该请求。则将发送地址前缀通告响应。将节点应该配置的IPv6地址前64位的地址前缀通告给网络节点。网络节点将地址前缀与接口地址组合，构成节点自身的全球IPv6地址。

采用无状态地址分配之后，网络侧不再需要保存节点的地址状态，维护地址的更新周期，大大简化了地址分配的过程。网络可以以很低的资源消耗来达到海量地址分配的目的。

（2）IPv6的移动性技术。IPv6协议之初就充分考虑了对移动性的支持。针对移动IPv4网络中的三角路由问题，移动IPv6提出了相应的解决方案。

首先，从终端角度IPv6提出了IP地址绑定缓冲的概念，即IPv6协议栈在转发数据包之前需要查询IPv6数据包目的地址的绑定地址。如果查询到绑定缓冲中目的IPv6地址存在绑定的转交地址，则直接使用这个转交地址为数据包的目的地址。这样发送的数据流量就不会再经过移动节点的家乡代理，而直接转发到移动节点本身。

其次，MIPv6 引入了探测节点移动的特殊方法，即某一区域的接入路由器以一定时间进行路由器接口的前缀地址通告。当移动节点发现路由器前缀通告发生变化，则表明节点已经移动到新的接入区域。与此同时根据移动节点获得的通告，节点又可以生成新的转交地址，并将其注册到家乡代理上。

MIPv6 的数据流量可以直接发送到移动节点，而 MIPv4 流量必须经过家乡代理的转发。在物联网应用中，传感器有可能密集地部署在一个移动物体上。例如，为了监控地铁的运行参数等，需要在地铁车厢内部署许多传感器。从整体上来看，地铁的移动就等同于一群传感器的移动，在移动过程中必然发生传感器的群体切换，在 MIPv4 的情况下，每个传感器都需要建立到家乡代理的隧道连接，这样对网络资源的消耗非常大，很容易导致网络资源耗尽而瘫痪。在 MIPv6 的网络中，传感器进行群切换时只需要向家乡代理注册。之后的通信完全由传感器和数据采集的设备之间直接进行，这样就可以使网络资源消耗的压力大大下降。因此，在大规模部署物联网应用，特别是移动物联网应用时，MIPv6 是一项关键性的技术。

（3）IPv6 的服务质量技术。在网络服务质量保障方面，IPv6 在其数据包结构中定义了流量类别字段和流标签字段。流量类别字段有 8 位，和 IPv4 的服务类型字段功能相同，用于对报文的业务类别进行标识；流标签字段有 20 位，用于标识属于同一业务流的包。流标签和源、目的地址一起，唯一标识了一个业务流。同一个流中的所有包具有相同的流标签，以便对有同样 QoS 要求的流进行快速、相同的处理。

目前，IPv6 的流标签定义还未完善。但从其定义的规范框架来看，IPv6 流标签提出的支持服务质量保证的最低要求是标记流，即流标签。流标签应该由流的发起者信源节点赋予一个流，同时要求在通信的路径上的节点都能够识别该流的标签。并根据流标签来调度流的转发优先级算法。这样的定义可以使物联网节点上的特定应用有更大的调整自身数据流的自由度，节点可以只在必要的时候选择符合应用需要的服务质量等级，并为该数据流打上一致的标记。在重要数据转发完成后，即使通信没有结束节点也可以释放该流标签，这样的机制再结合动态服务质量申请和认证、计费的机制，就可以做到使网络按应用的需要来分配服务质量。同时，为了防止节点在释放流标签后又误用该流标签，造成计费上的问题，信源节点必须保证在 120 s 内不再使用释放了的流标签。

在物联网应用中普遍存在节点数量多、通信流量突发性强的特点。与 IPv4 相比，由于 IPv6 的流标签有 20 位，足够标记大量节点的数据流。同时与 IPv4 中通过五元组（源、目的 IP 地址，源、目的端口、协议号）不同，IPv6 可以在一个通信过程中，只在必要的时候数据包才携带流标签，即在节点发送重要数据时，动态提高应用的服务质量等级，做到对服务质量的精细化控制。

当然，IPv6 的 QoS 特性并不完善，由于使用的流标签位于 IPv6 包头，容易被伪造，产生服务盗用的安全问题。因此，在 IPv6 中流标签的应用需要开发相应的认证加密机制。同时，为了避免流标签使用过程中发生冲突，还要增加节点流标签的使用控制，保证在流标签使用过程中不会被误用。

（4）IPv6 的安全性与可靠性技术。

首先，在物联网的安全保障方面。由于物联网应用中节点部署的方式比较复杂，节点可能通过有线方式或无线方式连接到网络，因此节点的安全保障的情况也比较复杂。在使用 IPv4 的场景中，一个黑客可能通过在网络中扫描主机 IPv4 地址的方式来发现节点，并寻找相应的漏洞。而在 IPv6 场景中，由于同一个子网支持的节点数量极大，黑客通过扫描的方式找到主机难度大大增加。在 IP 基础协议栈的设计方面，IPv6 将 IPSec 协议嵌入到基础的协议栈中，通信的两端可以启用 IPSec 加密通信的信息和通信的过程。网络中的黑客将不能采用中间人攻击的方法对通信过程进行破坏或劫持。黑客即使截取了节点的通信数据包，也会因为无法解码而不能窃取通信节点的信息。由于 IP 地址的分段设计，将用户信息与网络信息分离。使用户在网络中的实时定位很容易，这也保证了在网络中可以对黑客行为进行实时的监控，提升了网络的监控能力。

另一方面，物联网应用中由于成本限制，节点通常比较简单，节点的可靠性也不可能做得太高，因此，物联网的可靠性要靠节点之间的互相冗余来实现。又因为节点不可能实现较复杂的冗余算法，因此一种较理想的冗余实现方式是采用网络侧的任播技术来实现节点之间的冗余。采用 IPv6 的任播技术后，多个节点采用相同的 IPv6 任播地址。在通信过程中发往任播地址的数据包将被发往由该地址标识的“最近”的一个网络接口，其中“最近”的含义指的是在路由器中该节点的路由矢量计算值最小的节点。当一个“最近”节点发生故障时。网络侧的路由设备将会发现该节点的路由矢量不再是“最近”的。从而会将后续的通信流量转发到其他的节点。这样物联网的节点之间就自动实现了冗余保护的功能。而节点上基本不需要增加算法，只需要应答路由设备的路由查询，并返回简单信息给路由设备即可。

小结

本章提供一个技术介绍，让读者能更好地理解在物联网中的 IPv6 的关键功能。对 IPv6 的技术原理、地址、报文等进行详细的介绍，重点关注了 IPv6 寻址架构和 IPv6 自动配置特性。

习题

1. IPv6 的技术原理是什么？
2. IPv6 报文格式的特点是什么？
3. IPv6 的配置命令是什么？
4. 简述 IPv6 的静态路由配置方法。
5. 简述 IPv6 的动态路由配置方法。
6. IPv6 如何应用到物联网中？

第4章 物联网数据链路层互联技术

学习重点

本章介绍了物联网体系结构中的数据链路层相关技术。重点讲述了以太网技术、无线局域网技术、无线传感器网技术和其他几种技术，如蓝牙技术、超宽带（UWB）及ZigBee技术。对于本章的学习，应了解物联网数据链路层的基本概念和常见的物联网数据链路层技术，理解以太网、无线局域网、无线传感网技术和其他数据链路层技术的原理，掌握不同数据链路层技术在物联网应用中的组网技术。

4.1　以太网

以太网是一种计算机局域网技术，在 20 世纪 70 年代由施乐公司发明，由于其具有灵活性和简单性，在局域网领域占据了绝大部分份额。以太网技术今天仍然在不断发展，其技术正在城域网和广域网领域扩展。

4.1.1　以太网工作原理

以太网主要解决局域网计算机的互联问题，主要分两类：传统的共享式以太网和交换式以太网，这两类的工作原理有一定差别。

1. 共享式以太网

共享式以太网是早期的以太网工作模式，有两种拓扑结构：总线型网络和星形网络，如图 4-1 和图 4-2 所示。总线型网络最早出现，使用同一根同轴电缆将计算机连接在一起，计算机共享通信介质。为了避免共享介质而发生的矛盾冲突，总线型使用了以太网的关键技术——带冲突检测的载波帧听多路访问（CSMA/CD）机制来共享通信介质。

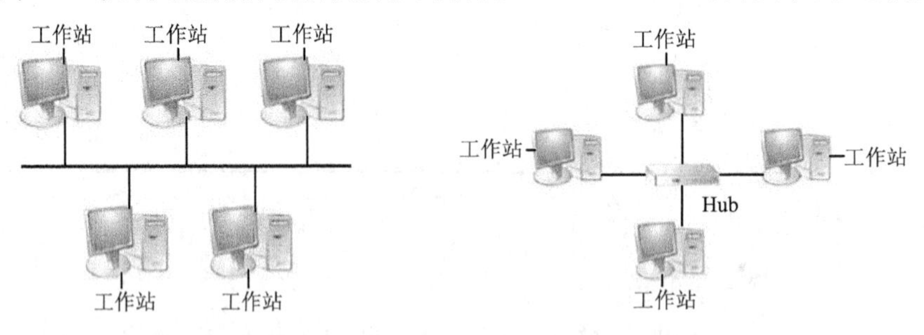

图 4-1　总线型网络　　　　图 4-2　星形网络

带冲突检测的载波帧听多路访问（CSMA/CD）机制的工作过程如下：

当以太网中的一台主机要传输数据时，首先监听信道上是否有信号在传输。如果有，表明信道处于忙状态，就继续监听，直到信道空闲为止，此时传输数据，这就是载波监听（CS）。此后数据在信道中进行广播，其他的计算机都会收到数据，但只有数据的目的地计算机会收下数据，其他计算机丢弃。为了避免多个计算机都监听到信道为空后同时发送数据帧而冲突的情况，每个计算机在发送数据包的第一个字节的同时连续检测是否发生碰撞，即有另一计算机也在发送数据。若检测到发生碰撞，则发送计算机应立即停止发送数据帧，转而发送“发生碰撞标志信号”，由 32 bit 组成的 Jam 序列。发送 Jam 序列的目的是为了保证碰撞信息信号有足够长度，以便有充分时间将其发生的碰撞通告给每个计算机。每发生一次碰撞，则退避（Back-off）计数器加 1，并且决定延迟时间的随机数加大一次，直到发送成功为止。若退避计数器计数值已达到 16 而数据帧还没有被发送出去，则说明线路负载过重发生拥塞，或线路发生故障，故可将此数据帧丢弃。

退避算法就是网络上的节点在发送数据冲突后，等待一定时间后再发，等待时间随指数增长，主要用于 CSMA 的冲突分解。用二进制指数退避可以取得较好的分解效果。

在共用信道的情况下，当冲突发生以后，每个节点都进行一个随机时延 t，$0<t<T$，t 服从（0～T）上的以 2 为底的指数分布。退避算法有非坚持、1-坚持、P-坚持 3 种。

（1）非坚持 CSMA。假如介质是空闲的，则发送；假如介质是忙的，等待一段随机时间，重新对介质进行监听。

（2）1-坚持 CSMA。假如介质是空闲的，则发送；假如介质是忙的，继续监听，直到介质空闲，立即发送；假如冲突发生，则等待一段随机时间，重新对介质进行监听。

（3）P-坚持 CSMA。假如介质是空闲的，则以 P 概率发送；而以（1-P）的概率延迟一个时间单位。时间单位等于最大的传播延迟时间。假如介质是忙的，继续监听，直到介质空闲。假如发送被延迟一个时间单位，则重新对介质进行监听。

星形网络使用双绞线和集线器，计算机通过集线器进行互联。使用集线器的星形网络在布线和网络范围的扩展方面进行了改进，但本质上同原先的总线型网络无根本区别，也使用带冲突检测的载波帧听多路访问（CSMA/CD）机制。

星形网络的核心是集线器，通过集线器将计算机进行互联，集线器工作于物理层，仅仅对数据起中继的作用，将一个端口接收的数据复制分发给其他端口，这样能够扩展传输的距离。所有连接到集线器的设备共享同一介质、广播和带宽。一个节点发出的数据信息，会通过集线器传播给所有同它相连的集线器或计算机。

共享式以太网的工作机制决定了它简单易用，但同时在性能和可扩展性方面有很大局限。

由于计算机共享传输介质，那么带宽也是共享的，如果总线带宽是 10 Mbit/s，联网的计算机有 10 台，那么每台计算机的带宽只能有 1 Mbit/s。随着联网计算机的增多，每台计算机的带宽就会不断减少，性能下降。

由于计算机共享传输介质，当两个数据帧同时被发到物理传输介质上，并完全或部分重叠时，就发生了数据冲突。当冲突发生时，介质上传输的数据都不再有效。所以冲突也是影响以太网性能的重要因素，统计表明，冲突的存在使得传统的以太网在负载超过 40%时，效率将明显下降。我们把共享同一通信介质的计算机称为一个冲突域，那么同一冲突域中节点的数量越多，产生冲突的可能性就越大，局域网系统的性能就会下降。所以，共享式以太网在性能和可扩展性方面有很大的局限性。

2. 交换式以太网

交换式以太网就是为了解决共享式以太网的局限性而产生的。交换式以太网使用交换机对计算机进行互联。交换机将冲突隔绝在每一个端口（每个端口都是一个冲突域），避免了冲突的扩散。连接交换机的每个节点都可以使用全部的带宽，而不是各个节点共享带宽，解决了共享以太网因为共享介质带来的问题。

在交换式以太网中，交换机根据收到的数据帧中的 MAC 地址决定数据帧应发向交换机的哪个端口。因为端口间的帧传输彼此屏蔽，因此节点不用担心自己发送的帧在通过交换机时是否会与其他节点发送的帧产生冲突。

交换机通过学习来获得 MAC 地址转发表，根据 MAC 地址转发表对数据帧进行转发或过滤。当一个数据帧的目的地址在 MAC 地址转发表中有映射时，它被转发到连接目的节点的端口而不是所有端口（如该数据帧为广播/组播帧则转发至所有端口）。当交换机存在冗余回路时，通过生成树协议来避免回路的产生，同时允许存在后备路径。

交换机的每一个端口所连接的网段都是一个独立的冲突域。交换机所连接的设备仍然在同一个广播域内，也就是说，交换机不隔绝广播。交换机依据帧头的信息进行转发，因此说交换机是工作在数据链路层的网络设备。

4.1.2　以太网的 MAC 层

IEEE 802.3 协议把数据链路层分为介质访问控制（MAC）子层、逻辑链路控制（LLC）子层及可选的 MAC 控制子层，其中 MAC 层负责对共享的信道进行分配。

逻辑链路控制子层涉及信息在两个以上站点之间的传输。在发送站，LLC 子层根据用户要发送的信息、信息源与目的地址、差错控制与端到端的信息流量等形成数据信息结构帧，通过 MAC 子层传送到终端用户。收端站则接收帧信息，并进行自动纠错恢复信息可选的 MAC 控制子层提供了全双工流量控制结构。MAC 子层使 LLC 子层适应不同的媒体访问技术和物理媒体，其主要实现的基本功能有：数据的封装及解封，包括发送前帧的组合和接收中、接收后的差错检测；媒体接入管理，包括媒体分配（即冲突避免）、竞争处理（即冲突的处理）。

IEEE 802.3 协议中 MAC 层的介质访问控制技术，是在半双工条件下，采用载波侦听/冲突检测（CSMA/CD）技术。CSMA/CD 是一种争用型的介质访问控制技术，是基于介质共享的，采用共享总线的拓扑结构，通过广播的形式进行数据传输，基本原理上一小节已经说明。

在 IEEE 802.3x 标准规范中，确定了第二种全双工通信工作模式，这种模式是在节点之间提供了独有的发送与接收信道的点对点链路，从而可以在节点之间同时收发交换信息。因而，在全双工通信工作模式中不再需要在半双工通信工作模式中使用的 CSMA/CD 协议来控制每个节点帧信息的发送与接收。

目前，支持全双工通信工作模式的物理层介质规范有 10Base-FL、10Base-T、100Base-FX、100Base-T2、1000Base-T 等。对于发送操作，全双工发送器可以做到一旦它的发送队列中有帧就发送，只要遵守以下两个简单规则：

（1）节点每次操作一个帧。即在开始发送下一帧前，已经完成上一帧的发送。

（2）发送器在两帧之间加入很短的时间间隔。帧间隙使得接收器有短暂的时间来处理必要的内部事务。而对于接收操作，在全双工以太网接口中的操作与半双工模式下一样。

全双工通信工作模式比半双工通信工作模式吞吐量增加一倍，而且由于无竞争与碰撞发生，提高了工作效率。

以太网 MAC 帧格式如图 4-3 所示。帧的长度计算范围是从目的地址开始到校验序列之间的内容。

各区域说明如下：

（1）前导码（Preamble）：前导码用于同步收发双方，包括 7 字节的 10101010。

（2）帧起始界定符（Start of Frame Delimiter，SFD）：为 1 字节的 10101011，其功能是用于表示一帧的开始。

（3）目的地址（Destination Address）：为 6 字节，其功能是用于表示发送帧的目的节点地址，一般分为单播地址（Unicast）和组播地址（Multicast）。单播地址是此帧仅能发送到网上一个特定目的的节点，也就是说仅有与此帧目的地址相同的唯一节点地址才能接收此帧信号，其标志位目的地址的最低位为 0。组播地址又分成两类，一类是多播地址，另一类是广播地址（Broadcast）。多播地址是此帧仅能被网上一特定子集节点所接收，目的地址最低位为 1 即代表组播地址。目的地址最低字节全为 1 代表广播地址，所有连接在传输介质上的节点都可以接收含有广播地址的数据帧。

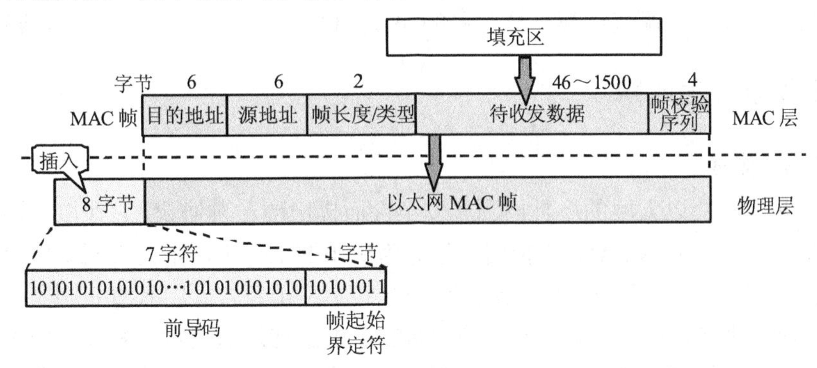

图 4-3　以太网基本帧结构

（4）源地址（Source Address）：源地址为 6 字节，用于表示帧的源节点地址。

（5）帧长度/类型（Length/Type）：这个区域为 2 字节，用于表示 MAC 帧内不包括任何填充的数据字段长度或 MAC 帧内数据字段的数据类型。若这个区域的取值小于或等于 1 500 字节，则这个区域表示的是 MAC 帧内数据的字段长度。若这个区域的取值大于 1 500 字节，则表示协议类型。

（6）待收发数据（MAC Data）：此区域为要传送的数据，一般在 46～1 500 字节之间。

（7）填充区（Pad）：填充区占用的字节根据需要而定，这个区域的功能是确保帧的尺寸不少于 64 字节。若帧尺寸已经达到 64 字节，则该区域字节数为零。

（8）帧校验序列（Frame Check Sequence，FCS）：占用 4 字节，用于对整个帧进行差错校验。计算的范围包括目的/源地址、帧长度/类型、待收发数据、填充区。

以太网 MAC 层还有一定的流量控制功能。当通过一个端口的流量过大，超过了它的处理能力时，就会发生端口阻塞。流量控制的作用是防止在出现阻塞的情况下丢帧。网络拥塞一般是由于线速不匹配（如 100 Mbit/s 向 10 Mbit/s 端口发送数据）和突发的集中传输，它可能导致这几种情况：延时增加、丢包、重传增加，网络资源不能有效利用。

在半双工方式下，目前有两种方法可以进行流量控制。第一种方法基于 CSMA/CD 协议，强行与将要到达的帧发生冲突，这种方法虽然可行，但是存在不利因素。第二种方法是采用伪载波技术。这种方法使用“拖延”策略而不是以太网 MAC 的冲突退避策略。只要节点发现信道忙，它将延迟传输。它不增加后退延迟时间，而且该帧保留在队首，并且不管时间有多长，该帧都不会被丢弃。让共享式 LAN 的载波侦听作出“信道忙”判断。要阻塞信道时，生成一段前导码，把它放到需要的输入端口上。这段前导码的结尾没有 SFD，这保证接收站不会把它解释为一个真正的帧。

在全双工通信模式下，为了实现对数据流量的控制，规定了一种暂停帧（Pause Frame）。应用发送暂停帧的方法，通告所有发送数据的节点暂停发送信息，以防止堵塞。例如，在有两个节点的 A、B 链路中，当 B 节点缓存器已经无法再接收时，若 A 节点继续向 B 发送数据，将导致 B 进入拥堵状态。此时，B 节点可以发送一个暂停帧到 A。A 将停止发送数据，直到规定的暂停时间结束为止，从而避免链路堵塞的出现。暂停帧是可双向工作的，链路两端节点都可以向对端发送暂停帧，并且在对端节点已处于暂停发送状态时，仍然可以向其发送暂停帧，以便延长对端节点停发 MAC 数据时间。在全双工通信模式中，可以两端节点都支持暂停帧协议，也可以只有一个节点支持暂停帧协议。

4.1.3　虚拟以太局域网

1．VLAN 概述

VLAN 是为解决以太网的广播问题和安全性而提出的一种协议，它在以太网帧的基础上增加了 VLAN 头，用 VLAN ID 把用户划分为更小的工作组，限制不同工作组间的用户互访，每个工作组就是一个虚拟局域网。每一个 VLAN 都包含一组有着相同需求的计算机工作站，与物理上形成的 LAN 有着相同的属性。由于它是从逻辑上划分，而不是从物理上划分，所以同一个 VLAN 内的各个工作站没有限制在同一个物理范围中，即这些工作站可以在不同物理 LAN 网段。一个 VLAN 内部的广播和单播流量都不会转发到其他 VLAN 中。虚拟局域网的好处是可以限制广播范围，减少设备投资、简化网络管理、提高网络的安全性。IEEE 于 1999 年颁布了用于标准化 VLAN 实现方案的 802.1Q 协议标准草案。

在共享网络中，一个物理的网段就是一个广播域。而在交换网络中，广播域可以是有一组任意选定的第二层网络地址（MAC 地址）组成的虚拟网段。这样，网络中工作组的划分可以突破共享网络中的地理位置限制，而完全根据管理功能来划分。这种基于工作流的分组模式，大大提高了网络规划和重组的管理功能。

在同一个 VLAN 中的工作站，不论它们实际与哪个交换机连接，它们之间的通信就好像在独立的交换机上一样。同一个 VLAN 中的广播只有 VLAN 中的成员才能听到，而不会传输到其他的 VLAN 中，这样可以很好地控制不必要的广播风暴的产生。同时，若没有路由，不同 VLAN 之间不能相互通信，这样可以增加企业网络中不同部门之间的安全性。

VLAN 网络可以是有混合的网络类型设备组成，比如：10 Mbit/s 以太网、100 Mbit/s 以太网、令牌网、FDDI、CDDI 等，可以是工作站、服务器、集线器、网络上行主干等。一个 VLAN 实例如图 4-4 所示。

2．VLAN 的优点

（1）广播风暴防范，限制网络上的广播。将网络划分为多个 VLAN 可减少参与广播风暴的设备数量。LAN 分段可以防止广播风暴波及整个网络。VLAN 可以提供建立防火墙的机制，防止交换网络的过量广播。使用 VLAN，可以将某个交换端口或用户赋予某一个特定的 VLAN 组，该 VLAN 组可以在一个交换网中跨接多个交换机，在一个 VLAN 中的广播不会送到 VLAN 之外。同样，相邻的端口不会收到其他 VLAN 产生的广播。这样可以减少广播流量，释放带宽给用户应用，减少广播的产生。

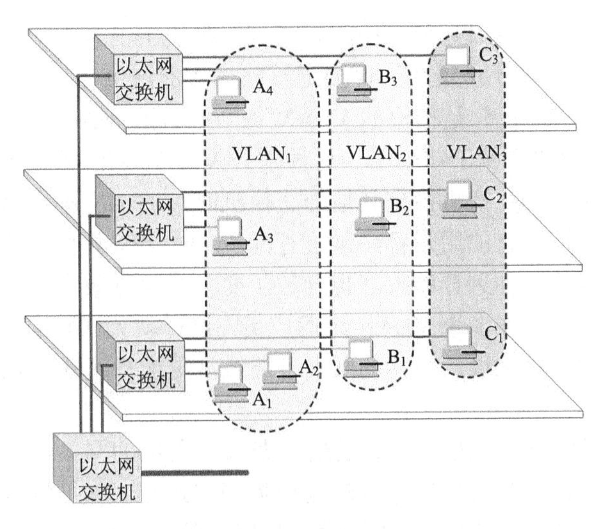

图 4-4　VLAN

（2）增强局域网的安全性。含有敏感数据的用户组可与网络的其余部分隔离，从而降低泄露机密信息的可能性。不同 VLAN 内的报文在传输时是相互隔离的，即一个 VLAN 内的用户不能和其他 VLAN 内的用户直接通信，如果不同 VLAN 要进行通信，则需要通过路由器或三层交换机等三层设备。

（3）成本降低。成本高昂的网络升级需求减少，现有带宽和上行链路的利用率更高，因此可节约成本。

（4）性能提高。将第二层平面网络划分为多个逻辑工作组（广播域）可以减少网络上不必要的流量并提高性能。

（5）提高 IT 员工效率。VLAN 为网络管理带来了方便，因为有相似网络需求的用户将共享同一个 VLAN。

（6）方便应用管理。VLAN 将用户和网络设备聚合到一起，以支持商业需求或地域上的需求。通过职能划分，项目管理或特殊应用的处理都变得十分方便，例如可以轻松管理教师的电子教学开发平台。此外，也很容易确定升级网络服务的影响范围。

（7）增加网络连接的灵活性。借助 VLAN 技术，能将不同地点、不同网络、不同用户组合在一起，形成一个虚拟的网络环境，就像使用本地 LAN 一样方便、灵活、有效。VLAN 可以降低移动或变更工作站地理位置的管理费用，特别是一些业务情况有经常性变动的公司使用了 VLAN 后，这部分管理费用将大大降低。

3. VLAN 的划分方法

VLAN 的划分方法有很多种，包括：根据端口划分，根据 MAC 地址划分，根据网络层协议或地址划分，根据 IP 组播划分，基于规则的 VLAN 划分，基于用户定义、非用户授权划分。其中，根据端口划分 VLAN 是最主要的方法。

（1）根据端口划分 VLAN 是指将交换机的端口划分为不同 VLAN 的成员，被设定的端口都在同一个广播域中。例如，一个交换机的 1、2、3、4、5 端口被定义为虚拟网 VLAN1，同一交换机的 6、7、8 端口组成虚拟网 VLAN2。根据端口划分 VLAN 允许跨越多个交换机的多个不同端口划分 VLAN，不同交换机上的若干个端口可以组成同一个虚拟网。不同 VLAN 之间不能通信，需要通过路由才能通信。

（2）根据 MAC 地址划分是指根据 VLAN 每个主机的 MAC 地址来划分，即对每个 MAC 地址的主机都配置它属于哪个组。这种划分 VLAN 方法的最大优点是：当用户物理位置移动时，即从一个交换机换到其他的交换机时，VLAN 不用重新配置。这种方法的缺点是：初始化时，所有的用户都必须进行配置，如果有几百个甚至上千个用户，配置是非常烦琐的。而且这种划分的方法也导致了交换机执行效率的降低，因为在每一个交换机的端口都可能存在很多个 VLAN 组的成员，这样就无法限制广播包了。另外，对于使用笔记本电脑的用户来说，他们的网卡可能经常更换，这样，VLAN 就必须不停地配置。

（3）根据网络层协议或地址划分，是指根据每个主机的网络层地址或协议类型（如果支持多协议）划分，虽然这种划分方法是根据网络地址，如 IP 地址，但它不是路由，与网络层的路由毫无关系。这种方法的优点是用户的物理位置改变了，不需要重新配置所属的 VLAN，而且可以根据协议类型来划分 VLAN，这对网络管理者来说很重要，还有，这种方法不需要附加的帧标签来识别 VLAN，这样可以减少网络的通信量。这种方法的缺点是效率低，因为检查每一个数据包的网络层地址需要消耗处理时间（相对于前面两种方法），一般的交换机芯片都可以自动检查网络上数据包的以太网帧头，但要让芯片能检查 IP 帧头，需要更高的技术，同时也更费时。当然，这与各个厂商的实现方法有关。

（4）根据 IP 组播划分是指认为一个组播组就是一个 VLAN。这种划分的方法将 VLAN 扩大到了广域网，因此这种方法具有更大的灵活性，而且也很容易通过路由器进行扩展，当然这种方法不适合局域网，主要是效率不高。

（5）基于规则的 VLAN，又称基于策略的 VLAN。这是最灵活的 VLAN 划分方法，具有自动配置的能力，能够把相关的用户连成一体，在逻辑划分上称为“关系网络”。网络管理员只需在网管软件中确定划分 VLAN 的规则（或属性），那么当一个站点加入网络中时，将会被“感知”，并被自动地包含进正确的 VLAN 中。同时，对站点的移动和改变也可自动识别和跟踪。采用这种方法，整个网络可以非常方便地通过路由器扩展网络规模。有的产品还支持一个端口上的主机分别属于不同的 VLAN，这在交换机与共享式 Hub 共存的环境中显得尤为重要。自动配置 VLAN 时，交换机中软件自动检查进入交换机端口的广播信息的 IP 源地址，然后软件自动将这个端口分配给一个由 IP 子网映射成的 VLAN。

（6）基于用户定义、非用户授权来划分 VLAN，是指为了适应特别的 VLAN 网络，根据具体的网络用户的特别要求来定义和设计 VLAN，而且可以让非 VLAN 群体用户访问 VLAN，但需要提供用户密码，在得到 VLAN 管理的认证后才可以加入一个 VLAN。

4．VLAN 的标准

1996 年 3 月，IEEE 802.1 Internetworking 委员会进一步完善了 VLAN 的体系结构，统一了 Frame-Tagging 方式中不同厂商的标签格式，制定了 802.1q VLAN 标准，它成为 VLAN 史上的一个里程碑。802.1q 的出现打破了虚拟网依赖于单一厂商的僵局，从一个侧面推动了 VLAN 的迅速发展。另外，来自市场的压力使各大网络厂商立刻将新标准融合到他们各自的产品中。

IEEE 802.1q 协议为标识带有 VLAN 成员信息的以太帧建立了一种标准方法。IEEE 802.1q 标准定义了 VLAN 网桥操作，从而允许在桥接局域网结构中实现定义、运行及管理 VLAN 拓扑结构等操作。

IEEE 802.1q 标准主要用来解决如何将大型网络划分为多个小网络，如此广播和组播流量就不会占据更多带宽的问题。此外，IEEE 802.1q 标准还提供更高的网络段间安全性。IEEE 802.1q 完成这些功能的关键在于标签。支持 IEEE 802.1q 的交换端口可被配置来传输标签帧或无标签帧。

一个包含 VLAN 信息的标签字段可以插入到以太帧中。如果端口有支持 IEEE 802.1q 的设备（如另一个交换机）相连，那么这些标签帧可以在交换机之间传送 VLAN 成员信息，这样 VLAN 就可以跨越多台交换机。Tag 为 IEEE 802.1q 协议定义的 VLAN 的标记在数据帧中的标示。

标签的格式如图 4-5 所示。

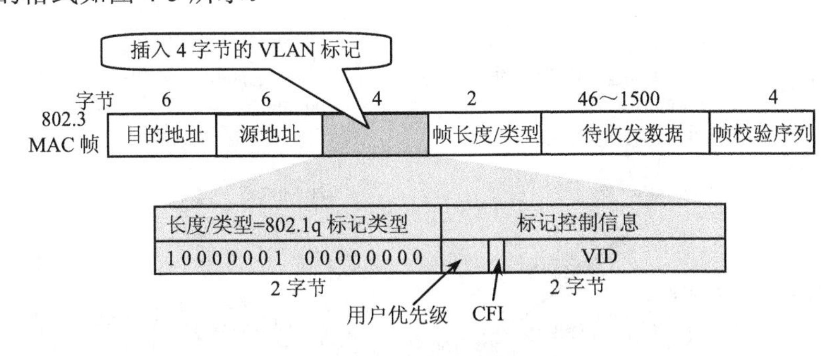

图 4-5　VLAN 标签的格式

ISL（Inter-Switch Link）是 Cisco 公司的专有封装方式，因此只能用于 Cisco 的设备。ISL 是一个在交换机之间、交换机与路由器之间及交换机与服务器之间传递多个 VLAN 信息及 VLAN 数据流的协议，通过在交换机直接的端口配置 ISL 封装，即可跨越交换机进行整个网络的 VLAN 分配和配置。

4.1.4　典型的以太网举例

校园网属于局域网的范畴，校园网的建设是以太网技术构建局域网的典型应用。下面介绍某大学的校园网建设情况，作为以太局域网的一个典型案例。

该大学新老校区占地 1 500 余亩，校舍面积 73 余万平方米，现有全日制在校生 16 000 余人。设有通信与信息工程学院、电子工程学院、计算机学院、自动化学院、理学院、经济与管理学院、管理工程学院、人文社科学院、外国语学院、数字艺术学院、国防教育学院、国际教育学院、继续教育学院、体育部以及研究生学院、马克思主义教育研究院、物联网与两化融合研究院等教学研究机构。

其中心校园网是西安地区最早建成使用的 5 个高校校园网之一，也是第一批接入 CERNET 的高校之一。建设以来，前后经过 3 次大的项目建设，累计投资 1 295 万元。

现已建设成为拥有 10 149 个信息点、线箱（配线间）153 个、13 公里光缆、各类交换机 280 台、服务器 26 台、无线设备 20 套、联网计算机约 4 000 台、多种接入方式的一个中等规模的千兆星形以太网，覆盖新校区行政楼、教学楼、实验一/二/三号楼、学术交流中心。学生活动中心、体育馆、图文信息楼、后勤医疗中心、老校区行政楼、老教学楼、图科楼、继续教育学院、学生宿舍。校园网分别实现与中国教育科研网和中国网通网的百兆接入。校园网上有教学与管理、校务信息管理、图书资料网上检索、网上招生、网络公共服务等大量应用。

该校园网采用了网络三层设计模型，包括接入层、汇聚层和核心层，不同层次应用了不同的交换机。核心层交换机位于信息中心，负责对汇聚层的流量进行高速转发，采用了多核心的冗余设计。汇聚层交换机负责对接入层交换机的流量进行汇聚分流，对 VLAN 进行划分和 VLAN 间的路由。接入层交换机负责对终端进行接入。

校园网拓扑图如图 4-6 所示。

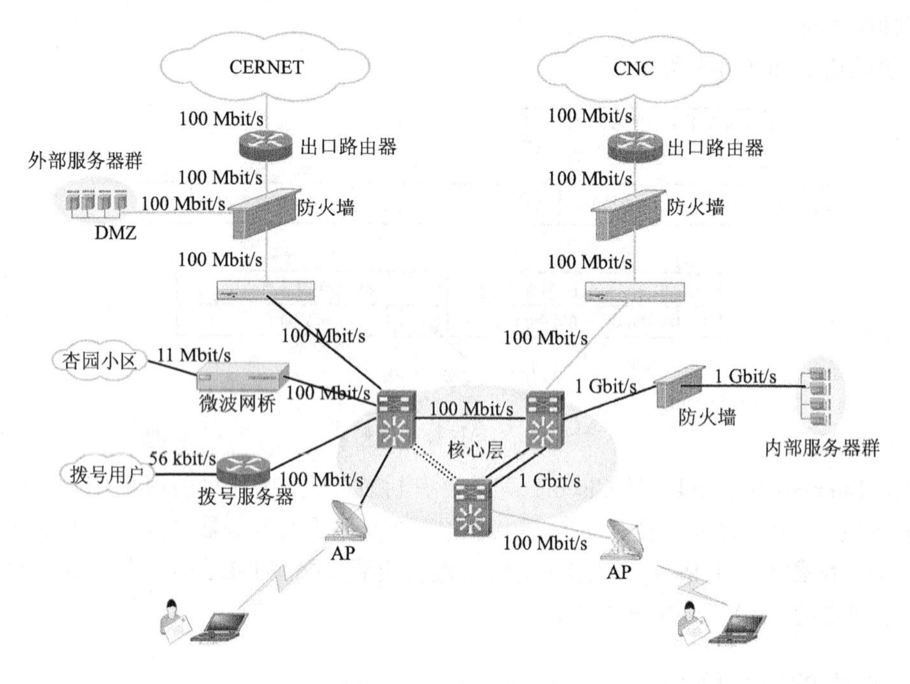

图 4-6 以太局域网案例

4.2 无线局域网

无线局域网是计算机网络与无线通信技术相结合的产物。它利用射频技术，取代旧式的双绞线构成局域网络，提供传统有线局域网的所有功能。无线网络所需的基础设施不需再埋在地下或隐藏在墙里，并且可以随需移动或变化。

4.2.1 IEEE 802.11 标准系列

IEEE 802.11 标准系列是 IEEE 制定的一系列不断发展的无线局域网标准，目前仍然在推出新的技术标准。

最早的 IEEE 802.11 标准于 1997 年 6 月公布，是第一代无线局域网标准。IEEE 802.11 工作在 2.4 GHz 开放频段，支持 1 Mbit/s 和 2 Mbit/s 的数据传输速率。它定义了物理层和媒体访问控制层规范，允许无线局域网及无线设备制造商建立互操作网络设备。标准中物理层定义了数据传输的信号特征和调制。媒体访问控制层定义了共享无线信道的方法。

IEEE 802.11 物理层选择了免许可证的 ISM 频带的 2.4～2.438 5 GHz 频段，引入了新的无线传输技术，即扩频技术。FCC（美国联邦通信委员会）在开放 ISM 频带时规定，在此频带上工作的器件必须采用扩频技术，其目的是为了避免用户之间相互干扰。扩频技术包括两种基本方法：FHSS（跳频扩频技术）和 DSSS（直接序列扩频技术）。和传统的无线调制技术（如 MSK、QPSK）相比，扩频系统里的发射信号占据非常大的带宽，而在传统的无线调制解调器中，发射信号的带宽和基带信号的信号带宽同在一个数量级。

扩频传输具有的主要特点如下：

（1）扩频信号可以在工作频带上已有其他工作系统的情况下占用同一频带，但彼此性能影响最小。

（2）扩频信号占据频带较宽，在频率选择性衰落多路径信道下具有超过传统无线信号的优良性能。在无线传输受到严重多径干扰的环境下，扩频可以提供可靠的服务。

（3）扩频的抗干扰特性在非常恶劣的网络环境中（如制造工地）显得尤为重要。

可以看到，扩频技术的上述特点正好可以用来解决 WLAN 物理层中的问题。扩频技术的这些特点源于其工作原理。

扩频技术的原理如下：

（1）FHSS 系统中，为了避免干扰，发送器改变发射信号的中心频率。信号频率的变化，或者说频率跳跃，总是按照某种随机的模式安排的，这种随机模式只有发送器和接收器才了解。这里需要指出的是，载波频率的跳跃并不影响系统在加性噪声情况下的性能。因为在每一跳中噪声电平仍然和采用传统调制解调器的噪声电平一样，因此，在无干扰情况下 FHSS 系统的性能与不采用跳频的系统是一致的。当出现窄带干扰时，由于 FHSS 系统的载波频率一直处于变化之中，干扰和频率选择性衰落造成只破坏传输信息的一部分，在其他中心频率处传送的信号却不受影响。因此，在出现干扰信号或者系统处于频率选择性衰落信道时系统仍然可以提供可靠的传输。

（2）DSSS 系统中，每一个传输的信息比特被扩展（或映射）成 N 个更小脉冲，叫做码片（Chip）。接下来，所有的码片用传统的数字调制器发送出去。在接收端，收到的码片首先被解调，然后被送到一个相关器进行信号解扩。解扩器把收到的信号和与发射端相同的扩频信号（码片序列）进行相关处理。自相关函数的尖峰被用来检测发射的比特。任何数字系统占据的带宽都和其采用的发射脉冲和符号的持续时间成反比。在 DSSS 系统里，由于发射的码片只有数据比特的 1/N，因此，DSSS 信号的传输带宽是未采用扩频的传统系统的 N 倍。和 FHSS 相似，DSSS 也可以抗多径和抗频率选择性衰落。

802.11 MAC 协议定义了 5 类时序间隔，其中两类是由物理层决定的基本类型：短帧空间（SIFS）和时隙（Slot Time）；其余 3 类时序间隔则基于以上两种基本的时序间隔：优先级帧间空间（PIFS）、分散帧间空间（DIFS）和扩展帧间空间（EIFS）。SIFS 是最短的时序间隔，其次为时隙。时隙可视为 MAC 协议操作的时间单元，尽管 802.11 信道就整体而言并不工作于时隙级时序间隔上。对于 802.11b 网络（即具有 DSSS 物理层的网络），SIFS 和时隙分别为 10 μs 和 20 μs。考虑到信号的传播和处理延迟，通常将时隙选择为 20 μs。PIFS 等于 SIFS 加 1 个时隙，而 DIFS 等于 SIFS 加 2 个时隙。EIFS 比上述 4 类时序间隔都长得多，通常在当收到的数据帧出现错误时才使用。

802.11 MAC 协议支持两种操作模式：单点协调功能（PCF）和分散协调功能（DCF）。PCF 提供了可避免竞争的接入方式，而 DCF 则对基于接入的竞争采取带有冲突避免的载波检测多路访问机制。上述两种模式可在时间上交替使用，即一个 PCF 的无竞争周期后紧跟一个 DCF 的竞争周期。

AP 首先将轮询消息和数据（如果存在）发送至移动站 1（用 S1 表示）。移动站 1 应当在 SIFS 时序间隔内，立即发送确认消息或数据帧（如果数据帧存在）至 AP。在收到来自移动站 1 的 ACK 消息或数据后，AP 将在 SIFS 时序间隔内轮询移动站 2。由于轮询消息丢失或者移动站不需要发送数据至 AP，因此移动站 2 并未作出响应。这种情形中，由于在 SIFS 截止之前 AP 未收到来自移动站 2 的响应，AP 将在 PIFS 时序间隔内继续轮询移动站 3。PIFS 开始于移动站 2 最后一条轮询消息的末尾。

在退避期间，如果在一个时隙中检测到信道繁忙，那么退避间隔将保持不变，并且只当检测到在 DIFS 间隔及其下一时隙内信道持续保持空闲，才重新开始减少退避间隔值。当退避间隔为 0 时，将再次传送分组数据。退避机制有助于避免冲突，因为信道可在最近时刻被检测为繁忙。更进一步，为了避免信道被捕获，在两次连续的新分组数据传送之间，移动站还必须等待一个退避间隔，尽管在 DIFS 间隔中检测到信道空闲。

DCF 的退避机制具有指数特征。对于每次分组传送，退避时间以时隙为单位（即是时隙的整数倍），统一地在 0～n-1 之间进行选取，n 表示分组数据传送失败的数目。在第一次传送中，n 取值为 CWmin=32，即所谓的最小竞争窗（Minimum Contention Window）。每次不成功的传送后，n 将加倍，直至达到最大值 CWmax=1024。

对于每个成功接收的分组数据，802.11 规范要求向接收方发送 ACK 消息。而且为了简化协议头，ACK 消息将不包含序列号，并可用来确认收到了最近发送的分组数据。也就是说，移动站根据间断停起（Stop-and-go）协议进行数据交换。一旦分组数据传送结束，发送移动站将在 10 μs SIFS 间隔内收到 ACK。如果 ACK 不在指定的 ACK_timeout 周期内到达发送移动站，或者检测到信道上正在传送不同的分组数据，最初的传送将被认为是失败的，并将采用退避机制进行重传。

除了物理信道检测，802.11 MAC 协议还实现了网络向量分配（NAV），NAV 的值向每个移动站指示了信道重新空闲所需的时间。所有的分组数据均包含一个持续时间字段，而且 NAV 将对传送的每个分组数据的持续时间字段进行更新。因此，NAV 实际上表示了一种虚拟的载波检测机制。MAC 协议就采用物理检测和虚拟检测的组合以避免冲突。

上面描述的协议称为双向握手机制，此外，MAC 协议也包含 4 通（Four-way）帧交换协议。实际上，4 通协议利用上述竞争过程获得信道接入之后，要求移动站向 AP 发送一个特殊信号：发送请求（RTS）信号，而不是实际的数据分组包。与此相呼应，AP 将在适当的时候，在 SIFS 间隔内发送清除-发送（Clear-to-Send，CTS）消息，以通知请求的移动站立即开始分组传送数据。RTS/CTS 握手的主要目的是解决所谓的隐藏终端（Hidden Terminal）问题。

由于 IEEE 802.11 标准在速率和传输距离上都不能满足人们的需要，因此，IEEE 小组又相继推出了 802.11b 和 802.11a 两个新标准。

1999 年 9 月通过的 IEEE 802.11b 工作在 2.4～2.483 GHz 频段。802.11b 数据速率可以为 11 Mbit/s、5.5 Mbit/s、2 Mbit/s、1 Mbit/s 或更低，根据噪声状况自动调整。当工作站之间距离过长或干扰太大、信噪比低于某个门限时，传输速率能够从 11 Mbit/s 自动降到 5.5 Mbit/s，或者根据直接序列扩频技术调整到 2 Mbit/s 和 1 Mbit/s。802.11b 使用带有防数据丢失特性的载波检测多址连接作为路径共享协议，物理层调制方式为 CCK（补码键控）的 DSSS。

802.11a 标准是得到广泛应用的 802.11b 标准的后续标准。和 802.11b 相比，IEEE 802.11a 在整个覆盖范围内提供了更高的速度，其速率高达 54 Mbit/s。它工作在 5 GHz 频段，与 802.11b 一样采用 CSMA/CA 协议。物理层采用正交频分复用 OFDM 代替 802.11b 的 DSSS 来传输数据。

为了解决 IEEE 802.11a 与 802.11b 的产品因为频段与物理层调制方式不同而无法互通的问题，IEEE 又在 2001 年 11 月批准了 802.11g 标准。802.11g 既适应传统的 802.11b 标准，在 2.4 GHz 频率下提供 11 Mbit/s 的传输速率；也符合 802.11a 标准，在 5 GHz 频率下提供 54 Mbit/s 的传输速率。802.11g 中规定的调制方式包括 802.11a 中采用的 OFDM 与 802.11b 中采用的 CCK。通过规定两种调制方式，既达到了用 2.4 GHz 频段实现 802.11a 54 Mbit/s 的数据传送速度，也确保了与 802.11b 产品的兼容。

上述几种主流无线局域标准的比较如表 4-1 所示。

表 4-1 几种主流无线局域网标准的比较

标准 选项	802.11	802.11b	802.11a	802.11g
标准发布时间	July 1997	Sept 1999	Sept 1999	June 2003
合法频宽	83.5 MHz	83.5 MHz	325 MHz	83.5 MHz
频率范围	2.400 ～ 2.483 GHz	2.400～2.483 GHz	5.150～5.350 GHz 5.725～5.850 GHz	2.400～2.483 GHz
非重叠信道	3	3	12	3
调制技术	FHSS/DSSS	CCK/DSSS	OFDM	CCK/OFDM
物理发送速率（Mbit/s）	1,2	1,2,5.5, 11	6, 9, 12, 18, 24, 36, 48, 54	6, 9, 12, 18, 24, 36, 48, 54
无线覆盖范围	N/A	100 m	50 m	<100 m
理论上的最大UDP 吞吐量(1 500 字节)	1.7 Mbit/s	7.1 Mbit/s	30.9 Mbit/s	30.9 Mbit/s
理论上的 TCP/IP 吞吐量(1 500 字节)	1.6 Mbit/s	5.9 Mbit/s	24.4 Mbit/s	24.4 Mbit/s
兼容性	N/A	与 11g 产品可互通	与 11b/g 不能互通	与 11b 产品可互通

IEEE 除了制定上述的几个主要无线局域网协议之外，还在不断完善这些协议，推出或即将推出一些新协议。它们主要有：

（1）802.11d。它是 802.11b 使用其他频率的版本，以适应一些不能使用 2.4 GHz 频段的国家。这些国家中的多数正在清理这个频段。

（2）802.11e。它的特点是在 802.11 中增加了 QoS 能力。它用 TDMA 方式取代类似 Ethernet 的 MAC 层，为重要的数据增加额外的纠错功能。

（3）802.11f。它的目的是改善 802.11 协议的切换机制，使用户能够在不同的无线信道或者在接入设备间漫游。

（4）802.11h。它能比 802.11a 更好地控制发送功率和选择无线信道，与 802.11e 一起可以适应欧洲的更严格的标准。

（5）802.11i，目的是提高 802.11 的安全性。

（6）802.11j，作用是使 802.11a 和 HiperLAN2 网络能够互通。

4.2.2 IEEE 802.11 组成结构

802.11 体系结构的组成包括：无线站点（STA）、无线接入点（Access Point，AP）、独立基本服务组（Independent Basic Service Set，IBSS）、基本服务组（Basic Service Set，BSS）、分布式系统（Distribution System，DS）和扩展服务组（Extended Service Set，ESS），如图 4-7 所示。

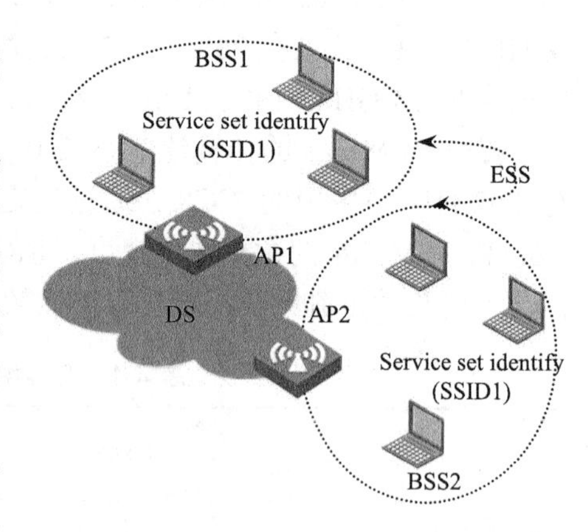

图 4-7 802.11 体系结构

一个无线站点通常由一台 PC 或笔记本电脑加上一块无线网卡构成，无线网卡分为台式机用的 PCI 或 ISA 插槽的网卡和笔记本电脑用的 PCMCIA 网卡，此外无线的终端还可以是非计算机终端上的能提供无线连接的嵌入式设备（如 802.11 手机）。

无线接入点可以看成是一个无线的 Hub，它的作用是提供 STA 和现有骨干网络（有线或无线的）之间的桥接。AP 可以接入有线局域网，也可以不接入有线局域网，但在多数时候 AP 与有线网络相连，以便能为无线用户提供对有线网络的访问。AP 通常由一个无线输出口和一个以太网接口（802.3 接口）构成，桥接软件符合 802.1d 桥接协议。

802.11 在网络构成上采用单元结构，将整个系统分成许多单元，每个单元称为一个 BSS，多个 BSS 构成一个 ESS，不含 AP 的 BSS 称为 IBSS。

802.11 定义了两种工作模式：Ad-Hoc（对等）模式和 Infrastructure（架构）模式。

在 Ad-Hoc 模式中，至少需要包含两个 STA，每两个 STA 之间直接相连实现资源共享，不需要 AP 和分布式系统，由此构成的无线局域网又称 IBSS 网络。

在 Infrastructure 模式中，各 STA 通过 AP 与现有的骨干网相连接，这种配置组成一个 BSS。在 BSS 中，AP 不仅提供 STA 之间通信的桥接功能，还提供 STA 与有线局域网的连接，以便无线用户访问有线网络上的设备或服务（如文件服务器、打印机、互联网链接等）。多个 BSS 互相连接即组成一个 ESS。ESS 支持漫游功能（移动性），STA 可以在 ESS 内不同的 BSS 之间漫游。DS 是用于 BSS 互联的逻辑组成单元，由它提供 STA 在 BSS 之间漫游的分配服务。

802.11 的 MAC 子层负责解决客户端 STA 和 AP 之间的连接。当无线站点 STA 进入一个或多个 AP 的覆盖范围时，它会根据信号的强弱和分组差错率自动选择某个 AP 启动关联过程（这个过程又称加入一个 BSS）。一旦关联成功，STA 就会将发送接收信号的频道切换为该 AP 的频段。在随后的时间内，STA 将周期性地轮询所有频段，以探测是否有其他 AP 能够提供性能更高的服务。

如果发现另一个 AP 能提供更强的信号或更低的差错率，STA 会与新 AP 进行协商，然后将频道切换到新 AP 的服务频道中，这一过程称为“重关联”。发生重关联的主要原因通常是由于 STA 在移动的过程中远离 AP 而导致信号减弱。此外，如果一个 AP 关联了过多 STA 从而发生拥塞或者由于电波干扰而造成信号变化，也会引发重关联。

在拥塞的情况下，重关联实现了“负载平衡”，能够提高整个无线网络的利用率。重关联的这种动态协商处理方式使得人们很容易通过布置多个相互之间有重叠覆盖范围的 AP，来实现扩大整个无线网络覆盖面积的目的。

STA 在移动过程中，自动与不同的 AP 发生关联和重关联，并保持对于用户透明的无缝连接，这就是所谓的漫游功能。漫游包括基本漫游和扩展漫游。

基本漫游是指 STA 的移动仅局限在一个 ESS 内部。

扩展漫游指 SAT 从一个扩展服务组中的某个 BSS 移动到另一个扩展服务组中的某个 BSS，但 802.11 并不保证这种漫游的上层连接。

IEEE 802.11 没有具体定义分配系统，只是定义了分配系统应该提供的服务。整个无线局域网定义了 9 种服务，5 种服务属于分配系统的任务，分别为：连接（Association）、结束连接（Diassociation）、分配（Distribution）、集成（Integration）、再连接（Reassociation）；4 种服务属于站点的任务，分别为：鉴权（Authentication）、结束鉴权（Deauthentication）、隐私（Privacy）、MAC 数据传输（MSDU delivery）。

4.2.3 一个典型的无线局域网构建

本小节以某邮电学院的无线局域网案例来说明一个典型无线局域网构建的过程。

某邮电学院需要用 WLAN 无线局域网对校园进行覆盖，重点覆盖教学、学生公寓楼、图书馆、绿化休息区、体育场等，在覆盖范围内，用户通过无线网络可以随时、随地、随意无线上网。该无线局域网的设计应依据可靠性原则、可扩展原则、易维护原则、可管理原则和安全性原则。

根据该学院建筑物情况，其中图书馆、18 层教学楼等，需采用室内室外相结合进行覆盖，学生公寓区的覆盖，主要靠室外覆盖，后期若容量不够，需增加室内设备分担容量。网络基本结构如图 4-8 所示。

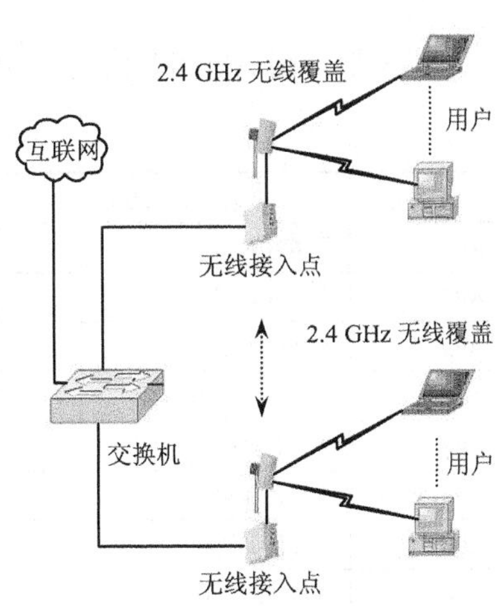

图 4-8 网络基本结构

在 WLAN 的网络规划中，为了实现 AP 的有效覆盖，同时避免信道间的相互干扰，在分配信道时可以使用蜂窝覆盖的原理，进行信道的分配，同一区域内所选的频率应该至少间隔 25 MHz。可以同时使用 3 个不重叠信道（如信道 1、6、11），实现 54 Mbit/s 数据速率接入。

在本方案中，按照上述原则配置 AP 的频点。由于本方案中 AP 比较多，可以考虑降低 AP 的发射功率，减小覆盖半径，提高频率的复用率，以满足 AP 之间的隔离度，减少干扰。

无线接入点 AP 部署情况如图 4-9 所示。

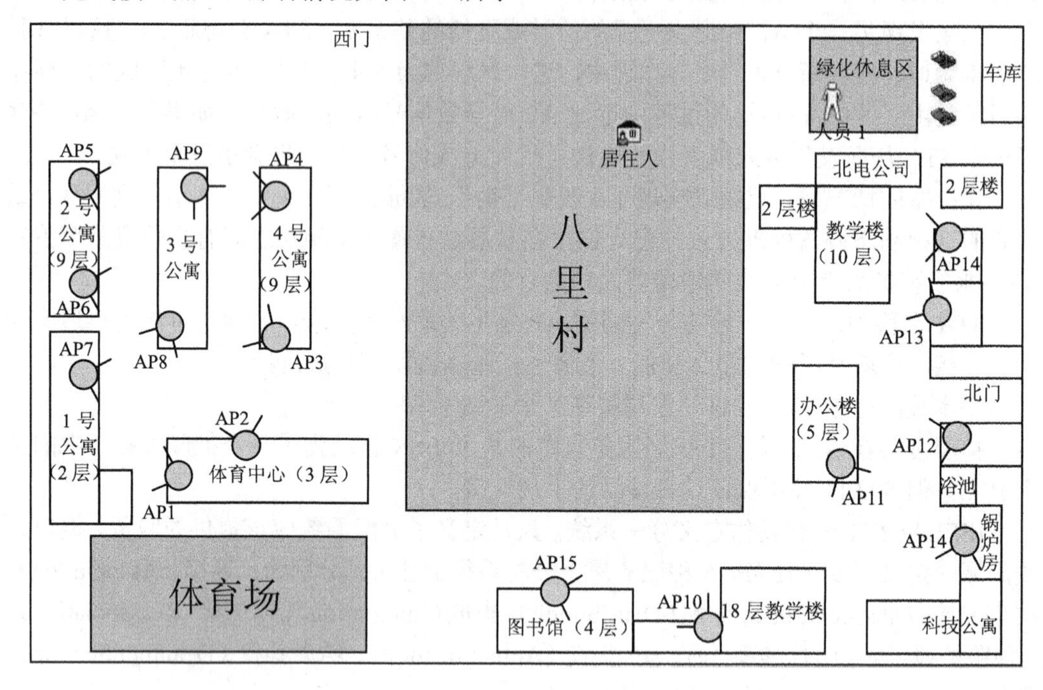

图 4-9

该大学网络 AP 部署信息表如表 4-2 所示。

表 4-2　网络 AP 部署信息表

AP 编号	AP 安装位置	覆盖用户数	AP 带宽容量（Mbit/s）	覆盖范围
AP1	体育中心顶	小于 30	小于 22	1 号公寓楼
AP2	体育中心顶	小于 30	小于 22	3、4 号公寓楼
AP3	4 号公寓楼顶	小于 30	小于 22	3 号公寓楼
AP4	4 号公寓楼顶	小于 30	小于 22	3 号公寓楼
AP5	2 号公寓楼顶	小于 30	小于 22	3 号公寓楼
AP6	2 号公寓楼顶	小于 30	小于 22	3 号公寓楼
AP7	1 号公寓楼顶	小于 30	小于 22	体育中心
AP8	8 号公寓楼顶	小于 30	小于 22	1 号公寓楼
AP9	9 号公寓楼顶	小于 30	小于 22	4 号公寓楼
AP10	图书馆旁边低教学楼顶	小于 30	小于 22	图书馆
AP11	办公楼顶	小于 30	小于 22	科技公寓附近

续表

AP 编号	AP 安装位置	覆盖用户数	AP 带宽容量（Mbit/s）	覆盖范围
AP12	北门口东边三层楼顶	小于 30	小于 22	办公楼
AP13	餐厅楼顶	小于 30	小于 22	10 层教学楼
AP14	食堂旁边二层楼顶	小于 30	小于 22	10 层教学楼
AP15	图书馆楼顶	小于 30	小于 22	18 层教学楼

无线局域网的 AP 接入点主要设备技术指标如表 4-3 所示。

表 4-3　设备技术指标

R2000 AP-II-012　802.11g 高功率室外无线 AP	
简介	R2000 AP-II-012 无线 AP 工作在 2.4 GHz 频段，符合 IEEE 802.11g 标准，采用 OFDM（正交频分复用）技术，具有速率高、距离远等特点。提供多种安全机制保证数据在公共网络的安全性，如支持 WPA、基于 802.1x 认证机制、MAC 访问控制、WEP 加密等，具有独特的防水防尘设计，配备远程供电，并内置 500 mW 11G 双向放大器，尤其适合室外应用
产品特性	
支持标准	IEEE 802.11b (Wi-Fi Compatible), IEEE802.11g (Wi-Fi Compatible) ,IEEE802.3/u 10/100Base-Tx RJ-45, IEEE802.3af (Power Over Ethernet) ,IEEE802.1p (QoS Priority), IEEE802.1q (VLAN) ,IEEE802.1x (Security Authentication) ,IEEE802.11e (Wireless QoS), IEEE802.1d (Spanning Tree Protocol)
支持的协议	TCP/IP, IPX, NetBEUI
速率选择	Best / 54 / 48 / 36 / 24 / 18 / 12 / 9 / 6 Mbit/s
工作模式	AP, Bridge, AP+Bridge
Multi BSSID	8 组
DHCP	WAN 口支持 DHCP Client，LAN 口支持 DHCP Server
WMM	支持
生成树	支持
路由	支持
NAT	支持
负载均衡	支持
VoIP	支持
用户控制	流量、用户数
流量控制	支持
管理特性	
Web 管理	支持
SNMP MIB	支持
SSH	支持
CLI	支持
安全特性	
WEP 加密	64 / 128 / 152 位
WPA	WPA, WPA2, WPA-PSK, WPA2-PSK
802.1x	支持
MAC 控制	支持

4.3　无线传感网

4.3.1　传感网概述

无线传感器网络是由大量无处不在的、具有通信与计算能力的微小传感器节点密集部署在监控区域而构成的自治测控网络系统，是能根据环境自主完成指定任务的智能系统。

传感器是数据采集、数据处理的关键部件，它可以将物理世界中的一个物理量映射到一个定量的测量值，使人们对物理世界形成量化认识。传感器技术是新技术革命和信息社会的重要技术基础。

传感器装备有一个传感模块（如声、光、磁、视觉等），用于感知周围世界中的物理量，一个数字处理模块用于处理传感模块采集的信号及完成网络协议的功能，一个无线电收发模块用于通信和一个电源模块为传感器的各种操作提供能量。

单个传感器由于受到测量范围和测量准确度的限制，一般只能覆盖环境中一个有限的地理区域。而传感器由于体积与成本方面的要求，覆盖范围更小、测量准确度更差。用户要准确、可靠地监测物理世界，必须要综合多个传感器的测量值。为了实现对物理世界的远程监测，每个传感器节点需要具有将采集到的数据发送给远程监测站的能力。在这种实时感知周围物理世界要求的驱动下，无线传感器网络的概念出现了，如图 4-10 所示。

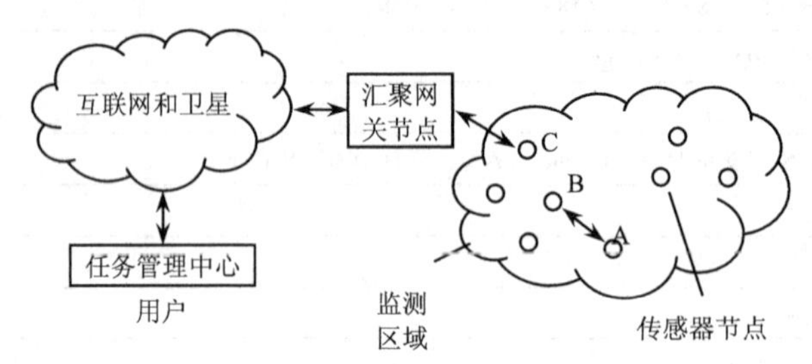

图 4-10　无线传感器网络系统

无线传感器网络系统提供了一种全新的数据采集模式，它将带动测控领域新的革命。传统测控系统一般使用大型、昂贵的传感器通过有线直接连接到监测站来获取数据。例如，在石油工业中，为了勘探石油资源，需要使用大规模由电缆连接在一起的地震检波器阵列来进行地震探测。地震检波器造价昂贵且能耗很高。由于数量的限制，这些传感器必须被布放在特定的位置。由于地形复杂，部署和电缆连接的工作非常困难。一般需要直升机来运送系统，使用推土机来保证传感器被布放在准确的位置。如果使用成本很低且易于部署的无线传感器网络来替代这种由大量昂贵设备构成的探测系统，将节约大量的成本。其中，廉价的传感器降低了设备的成本，传感器节点间通过无线进行通信大大降低了布线的成本。

无线传感器网络的特征：

（1）通信能力有限。传感器节点的通信带宽窄而且经常变化，通信覆盖范围只有几十到几百米。传感器之间的通信断接频繁，经常导致通信失败。由于传感器网络更多地受到地势地貌以及自然环境的影响，传感器可能会长时间脱离网络，离线工作。因此，如何利用有限的通信能力高质量地完成感知任务是设计人员面临的重要挑战。

（2）电源能量有限。传感器由于电源的原因经常失效或废弃。而在大多数应用中，无法给电池充电或更换电池，一旦电池能量用完，这个节点也就失去了作用。因此，在传感器网络设计过程中，任何技术和协议的使用都要以节能为前提。

（3）计算存储能力有限。传感器节点都具有嵌入式处理器和存储器，由于这些器件的限制，传感器的计算和存储能力十分有限。

（4）网络动态性强。网络中的传感器、感知对象和观察者都可能具有移动性，并且经常有新节点加入或已有节点失效，因此网络的拓扑结构动态变化。而且网络一旦形成，人们很少干预其运行，加之物理环境不确定性的影响，使整个系统呈现高度的动态性。传感器网络的硬件必须具有高强壮性和容错性，相应的通信协议必须具有可重构和自适应性。

（5）自组织，无中心，多跳路由。网络的布设和展开无须依赖于任何预设的网络设施，节点协调各自的行为，开机后就可以快速、自动地组成一个独立的网络。传感器网络中没有严格的控制中心，所有节点地位平等，是一个对等式网络。网络中节点只能与它的邻居直接通信。如果希望与其射频覆盖范围之外的节点进行通信，则需通过中间节点进行路由。传感器网络的多跳路由是由普通网络节点完成的，没有专门的路由设备。

（6）节点没有统一的标识。传感器网络节点没有一个全局性的标识，如 IP 地址等。每个节点仅仅知道自己邻近节点的位置和标识，传感器网络通过相邻节点之间的相互协作来进行信号处理和通，具有很强的协作性。

（7）传感器数量大、分布范围广、体积小、成本低。传感器网络的传感器节点密集，数量巨大。此外，传感器网络可以分布在很广的地理区域，维护十分困难甚至不可维护，其软、硬件必须具有高健壮性和容错性。传感器各部分集成度很高，具有体积小的优点，从应用的角度出发，要求传感器网络具有低成本。

（8）数据管理与处理是传感器网络的核心。传感器网络的核心是感知数据，而不是网络硬件。观察者感兴趣的是传感器产生的数据，而不是传感器本身。在传感器网络中，传感器节点不需要地址之类的标识。所以，传感器网络是一种以数据为中心的网络，其基本思想是，把传感器视为感知数据流或感知数据源，把传感器网络视为感知数据空间或感知数据库，把数据管理和处理作为网络的应用目标。此外，由于传感器节点分布很密集，相邻节点之间的感知数据具有很强的相似度。对于一些具体的传感器网络，工作环境非常恶劣，再加上节点分布密集，环境噪声干扰和节点之间的相互干扰更强。

4.3.2　传感网部署

传感器节点的部署和定位、跟踪一样，是无线传感器网络的一个基本问题，因为它反映了无线传感器网络的成本和监视能力。节点部署的策略很大程度地增强网络感知质量，减少成本和使能耗最小，最终延长节点的寿命。

1. 传感器网络节点的部署策略

传感器网络节点的部署策略需要解决下面的问题：

（1）对于某个特定的应用需要采用多少个节点。

（2）对一个给定节点数的网络，如何精确部署这些节点，以使得网络性能最优，能耗最小。

（3）当数据源改变或网络的某部分出现故障，如何调整网络拓扑和节点部署。

无线传感器节点的部署随应用不同而不同。在某些环境，网络可以预先确定并手工部署，部署也可能是无法预先确定，比如：通过飞机散播。好的部署必须同时考虑覆盖（Coverage）和连通（Connectivity）。覆盖要求在感知域中的每个地方都能至少被一个传感器节点监视到，连通要求在网络通信上不被分割。覆盖受传感器的敏感度影响，而连通则受到传感器的通信距离影响。一般而言，部署的覆盖被认为是反映无线传感器网络服务质量的指标。例如，在火灾监测的例子中，网络能多大程度上观察指定的区域，在某个地点火灾能被监测到的可能性是多大。

部署必须确定最优化的传感器节点、中转节点和基站的部署策略，使其保证覆盖、连通和健壮。关键的挑战是如何确定一个感知域框架体系，使其能够最小化开销，提高覆盖度时间，对节点失效能进行响应，合适的计算和通信权衡。

传感器网络随机部署是最简单的一种部署方式，但可能会带来性能与需求不匹配，以及资源浪费等问题。而高质量的部署有助于将智能从高端、远程向传感器网络自身、本地迁移，从而更好地实现和体现传感器网络本身的智能性。

2. 传感器网络部署的基本方式

从传感器网络部署的基本策略、应用系统整体结构以及网络对象之间关系 3 个角度分析，传感器网络部署有以下 3 组基本方式：

（1）随机部署与确定部署。部署可能以规划方式或者随机方式进行，通常表述为确定性部署随机部署，或者非均匀部署、均匀部署。在最初的研究中，传感器网络均以 Ad-Hoc 方式部署在无任何基础设施的区域，在初始随机冗余部署后，通过切换节点工作状态/休眠状态实现自组织。随着应用需求、系统规模等变化，以及支撑技术的不断发展，当前节点，尤其是特殊节点（如网关、中继等）的规划部署正在成为提高网络性能的关键。

（2）对等部署与分级部署。根据实际情境和具体需求，部署的网络可以对等（Peer-to-Peer）网络或分级/分层（Hierarchical）结构形式存在，而分级结构经常以分簇结构（Cluster Structuring）形式体现。两种系统结构的特点与一般的测控系统对应的结构特点相似。同样，两类结构可以适当结合（尤其是在大规模系统、复杂环境等情境），例如针对具有智能移动传感器网络节点构成的网络，采用分簇结构与对等结构的综合部署策略，进行了能量优化部署研究。

（3）同类与异类对象部署。异类（Heterogeneous）与同类（Homogeneous）对象的区别主要体现在节点及部件的多样性（Multiplicity）与移动性（Mobility）两个方面：多样性属于“不同对象的部署”范畴，移动性属于“部署手段”范畴。在传感器网络中适当放置异类节点是提升网络覆盖性、连通性、生存期和可靠性等性能有效途径。其中，异类节点的数量与位置的确定方法是需要重点解决的问题；同时，该问题往往与应用系统整体结构（如对等部署与分级部署）密切相关。

3．传感器网络不同对象的部署

传感器网络中对象种类很多，各类对象的地位与作用也各不相同。除了普通网络节点以外，一些特殊对象的部署非常重要。比较典型的是中心节点、中继节点、地标与锚节点等。

（1）中心节点部署。中心节点根据具体情境，可能体现为基站（Base Station）、汇点（Sink）、网关（Gateway）等。中心节点优化部署问题影响网络的覆盖性、容错性、节能性和拥塞延时等性能指标；同时，对于多跳传感器网络，应综合考虑基站放置（及重定位）与其他因素（如数据路由策略）。

（2）中继节点部署。中继节点的部署问题与分层网络系统结构密切相关。在分层部署结构中，中继节点或中继器（Re-lay）对于平衡分簇（集聚）数据、缩短数据所需传输距离、提高连通性和容错性等具有显著作用；分簇时，可以将高能量的中继节点作为簇头，其自身及附近节点能耗也是重点关注的问题。

（3）地标与锚节点部署。地标、锚节点、信标互相关联，有时被混用，因此需要对其关系进行明确：锚节点（Anchor Node）是指已知位置，并协助其他节点定位的节点（如装备有 GPS 的节点）；地标（Landmark）又称参考点，可能是节点或者其他参照物；信标（Beacon）通常是锚节点或者地标与其他待定位的节点等对象之间进行定位信息交互的手段，其部署位置及部署密度等通常对于各种定位算法的实际效果具有一定的影响。

（4）其他特殊节点的部署。除上述特殊对象以外，存储节点、执行节点和密钥等也是值得关注的部署对象。部署存储节点可以减轻原来需要将所有数据传送到中心位置的负载压力，并且可以降低查询代价；针对执行节点的部署可以构建 Sensor-Actor 网络；针对传感器网络节点“微”资源的特点，密钥选择、部署的方案与算法需要重点兼顾安全性和网络及节点结构。

4．传感器网络部署区域处理

在对被监控区域（或部署环境）的细分处理方式上，目前主要有以下几种：

（1）栅格（Grid）化。将感知区域处理为栅格，并将节点部署于其上。

（2）条带（Strip）化。将感知区域划分为条带。

（3）行列化。将感知区域进行行列（Rows and Columns）化处理其中，栅格化处理方式较为直观，但计算花费通常较大；行列化方法往往可以得到更好的面向应用的优化效果。

5．传感器网络部署手段

当前的研究主要包括通过移动自组织节点，以及通过相关智能对象协同部署（或者辅助部署）网络节点这两方面工作。

（1）移动自组织节点部署。传感器网络可能会由于初始部署不合适，或者意外的节点出错等因素造成性能下降；利用节点的移动性是修复此类问题的重要方法。

（2）机器人协同部署。通过机器人可以实现传感器网络及其节点的逐渐扩展式部署，这一优势在未知环境探索等情境下尤为重要。

4.3.3 传感网系统设计

1. 系统的设计原则

（1）节点的小型化。节点不能太大，主要是为了方便节点的部署和不易暴露。

（2）节点适应性强。监视目标区域的环境往往是十分恶劣、危险的，节点被部署到目标区域后，可以适应周围环境，并能进入工作状态。

（3）网络的拓扑管理能力。由于多数节点布置在室外或环境条件比较恶劣的地方，对众多节点进行手动配置是比较困难的，所以要求系统能自动配置，所谓的配置，即在单个系统内，计算机、软件和硬件模块及外围设备的一种特定的组合，它们互相连接起来以支持某种应用（系统）；此外，系统中有节点因能源耗尽或物理损伤而不能正常工作时，系统应能对新加入节点进行重新配置，重新组网，使系统继续正常工作；针对网络需求和任务的变化，系统会做出自动调节以适应这种变化。

（4）数据路由。节点采集到数据后，可以及时、准确地传输到基站，这就要求数据的路由可靠、路由时间短、节点的能耗低。

（5）数据压缩处理。网络中由于传感器数量的巨大、无线带宽有限，如果在传输过程中不对传输的数据进行必要的压缩，那么会造成网络通信的“拥塞”，甚至会使网络通信崩溃。为此，有必要在数据传输时对数据进行压缩以减少通信的数据量，使得数据的实时性得到进一步的保证。

（6）健壮性。当一些传感器节点由于能源匮乏、物理损伤或外部环境干扰而出现故障和阻塞时，要求不会对整个传感器网络的检测任务产生影响，即系统所应具有的健壮性或容错性；健壮性需要进一步地模型化和定量化，健壮性和能源有效性之间存在着密切关系。在设计无线传感器网络系统时，需要权衡两者的利弊。

（7）能源管理的有效利用。无线传感器节点完全脱离了导线连接，也就没有了外部的直接电源供应，而且针对布置在危险区域中的节点，对其所带电池进行更换是一项庞大的工作。所以，针对节点的功耗和通信要求，需对能源进行智能管理以高效使用，使单个节点和整个网络系统尽可能长时间的保持正常工作。

（8）系统成本。由于传感器是大批量地放置在目标区域，这样就造成单个传感器的制造成本决定了整个网络系统的造价。因此要尽可能降低单个节点的成本。

2. 系统设计的关键技术

（1）无线传感器节点设计。无线传感器节点的计算模块具有计算、数据存储及与系统中其他节点间的双向通信功能。它的采集模块则具有与数字或模拟传感器的接口，可以进行基本的数据处理和转换，并根据应用需求进行数据的发送。无线传感器技术的硬件研究在增强传感器的性能同时要减少能耗，目前的 MEMS 技术不仅极大地缩小了传感器的尺寸，并降低了无线传感器的造价。

（2）拓扑管理。拓扑管理的目的是在减少能耗的同时维持网络具有较高的连通性。

它主要通过尽可能地关闭冗余节点的无线收发器，使得数据中继任务能均衡地分布在所有节点上，以达到网络整体节能的目的，此外，拓扑管理还要在部分节点失效或有新节点加入的情况下，保证网络正常工作。

（3）路由技术。网络层协议负责路由发现和维护，对传感器网络的性能好坏有着重大影响，一个网络设计的成功与否，路由协议非常关键。无线传感器网络中，大多数节点无法直接与基站通信，需要通过中间节点或 SNIK 节点进行多跳路由，网络层应当执行使得网络生存时间最长的路由。

（4）数据压缩。研究表明，网络中节点的能量有 85%以上是消耗在无线通信中，同时那些承担数据转发任务的节点，由于所要转发的数据量比别的节点多，造成它们的生命周期往往比别的节点更短。所以人们常常通过将要传输的数据压缩的方法，以达到能减少转发的数据量，降低节点能量的消耗，同时更有效利用信道带宽，避免数据传输中的“拥塞”问题。

（5）基站用户界面软件。一个好的用户界面软件，不但为操作人员实现对整个网络系统进行控制提供了便利，也加强了对系统的认识程度；此外，网络系统软件还应该为用户提供基于图形用户界面的查询、控制以及管理等功能，并根据用户的指令做出快捷的反应。

（6）其他可能出现的问题。

① 能量管理和高效节能：在无线传感器网络系统的大多数应用补充能量是不可能的，同时因为节点的尺寸限制，其中存储能力是有限的。这样，传感器节点电池系统的容量决定其生命周期，设计时必须认真地对功耗问题进行考虑。目前，传感器节点的能源消耗主要集中在两方面，即数据检测、数据处理，所以要针对这两个方面采取相应的节能算法和技术从外部环境中获得供传感器节点运行的能源，即设计能源转以将外界的太阳能、热能、机械振动或其他能源转换为电能。

② 定位技术：大多数传感任务中都需要节点的位置信息，因此，准确定位是无线传感器网络应用的重要条件。传感器网络中包括两部分：节点自身的定位和外部坐标的定位，前者是后者的在无线传感器网络系统的应用，解决的问题是以最小的通信开销和硬件代价实现节点定位。获得节点位置的一个直接想法是全球定位系统（GPRS）来实现，但是，在无线传感器网络中使用 GPRS 来获得所有节点的位置受到价格、体积、功耗等因素限制，存在着一些困难。因此，目前主要是利用少量已知位置节点（参考节点，采用 GPRS 定位或者预先放置的节点），来获得其他节点的位置信息。

③ 网络安全协议问题：传感器网络受到的安全威胁和移动 Ad-Hoc 网所受到的安全威胁不同，所以现有的网络安全机制不适合此领域，要开发针对无线传感器网络的专门协议。这种思想是从维护路由安全的角度出发，寻找尽可能安全的路由以保证网络的安全。

3. 无线传感器节点体系结构

（1）无线传感器节点组成原理。20 世纪 80 年代以来，随着网络通信技术、无线通信和数字电路逐步走向成熟并渗透各行各业，尤其是微电子机械系统技术的飞速发展给现代加工工艺注入新的活力，各种高可靠、低功耗、低成本、微体积的网络接口芯片被开发出来，人们把网络接口芯片与智能传感器集成起来并把通信协议固化到智能传感器的 ROM 中，导致了网络传感器的产生。网络传感器继承了智能传感器的全部功能，并且能够和计算机网络进行通信，无线传感器则是利用无线通信技术连接到计机网络的一种完全脱离连接导线的网络传感器。无线传感器的实现机理是以无线传输模块代替传统的有线串行通信模块，将集的数据以无线方式发送出去。在不同的应用中，传感器节点设计也各不相同，但是它们的基本结构是一样的。一个无线传感器节点主要包括微控制器模块、无线通信模块、传感器模块及接口、电源模块以及外部存储器等。

无线通信模块负责数据的无线收发，主要包括射频和基带两部分，前者提供数据通信的空中接口，后者主要提供链路的物理信道和数据分组。微控制器负责链路管理与控制，执行基带通信协议和相关的处理过程，包括建立链接、频率选择、链路类型支持、媒体接入控制、功率模式和安全算法等。经过调理的传感器模拟信号经过 A/D 转换后暂存于缓存中，由无线通信模块通过无线信道发送到基站，再进行特征提取、信息融合等高层决策处理，传感器模块上可以集成有多个不同类型的传感器，因此一个无线传感器节点可同时具有多种检测功能。整个节点可由所携带的外部电池供电（如锂电池、太阳能电池等）。若要增加通信距离，可添加功率放大器以提高天线发射功率。

（2）硬件组成。随着传感器技术、低功耗电子设备及低功耗射频芯片设计技术的进步，使低能耗、价格相对低廉的无线传感器节点越来越容易制造。无线传感器节点硬件系统的设计、制造及组成模块的选择，是其提供所需功能同时降低整个系统成本的关键所在。一个典型的无线传感器节点硬件平台包括 3 个子系统：嵌入式微处理器、无线收发器、传感器和电源。

4.3.4　传感网广域互联

无线传感网一般不以孤立网络的形式存在，而是需要通过一定的方式与其他外部网络互联，以便通过外部网络上的设备方便地对其进行管理、控制与访问，或借助已有网络设施实现无线传感网的大规模组网。

使用 TCP/IP 协议的互联网是全球最大的广域互联网络，通过将无线传感器网络接入互联网，就能够实现无线传感器网络的广域互联。

当前，实现无线传感网与 IP 网络互联的方式主要包括对等方式、重叠方式以及全 IP 方式等，其中，全 IP 方式是发展方向。

对等方式通过设置特定的网关节点在无线传感器网络和 IP 网络的相同协议层次之间进行协议转换，实现无线传感器网络和 IP 网络之间的互联。按照网关节点所工作的协议层次的不同，可进一步细分为应用网关和 NAT（Net-work Address Translation）网关两种方式。

重叠方式在无线传感器网络和 IPv6 网络采用不同协议栈的情况下，它们之间通过协议承载而不是协议转换实现彼此之间的互联，即是重叠方式。WSN 与 IPv6 网络之间的重叠方式也可细分为两种：WSN over TCP/IP 和 IP over WSN。

全 IP 互联方式能够更方便地实现 WSN 与 IPv6 网络的互联。该方式要求每个普通的传感器节点都支持 IP 协议，无线传感器网络和 IP 网络通过采用统一的网络层协议实现彼此之间的互联，是 WSN 与 IP 网络之间的一种无缝结合方式。

全 IP 方式是实现 WSN 与 IPv6 网络互联最简单、最方便的方式，通过现有的有线网络或者类似于 GPRS 的无线网络将一个或者多个无线传感器接入到 IPv6 网络，即可实现 WSN 与外部 IP 网络的互联，非常简单方便。现在已有很多基于 IP 的技术存在，IP 网络无处不在，这些特性都可以更好地为 WSN 接入提供方便。从知识产权的角度来看，IP 组网技术相对其他专用或新型组网技术更容易被人们理解与接受。

但对于对单一节点非常关注的特殊系统，一个或一组传感器节点通常都对应着一个特殊的节点，而且这些节点又处于不断的变化之中，此时，若要求单独地对每个节点的工作状况或周围环境进行访问，以了解其各自的信息，就要求每个节点配置的 WSN 节点应具有一个全局 IP 地址。另外，对于某些具有特殊执行能力的主要节点而言，由于控制者通常需要对他们单独进行访问与控制，因此这些节点具有全局 IP 地址也是必要的。因此，在这种系统中采用全 IP 方式实现互联是可行的，其结果将有助于对单个节点的访问和控制，为控制整个系统提供有力的支持。

IPv6 为下一代网络的核心协议，IPv6 协议因为自身的所以将无线传感器网络与 IPv6 网络互联起来已是当前的一个研究热点。在 WSN 中应用 IPv6 的有以下优势：

（1）IPv6 提供了非常大的地址空间。这个特点对于 WSN 的某些应用是非常有吸引力的，例如智能家居。如果将来实现家居智能化，一个城市至少需要几十万的地址来区分不同的家庭，而 IPv6 则为此类应用提供了可行性。

（2）IPv6 提供了很好的安全性。对安全服务的一个建议是根据不同的用户名进行身份验证并加以访问控制，同时还提出了关于一致性的强制措施，其中包括一些方法来防止传输过程中数据被修改及对于传输源的欺骗和抵制重播攻击。安全性在国防方面的 WSN 应用中非常重要。工业控制中也有可能出于商业机密保护的角度而要求一定的安全性。

（3）IPv6 提供了移动性。不论设备平常是通过有限媒体或者无线媒体连接到网络，当设备移动时，其他设备都能够通过同一个 IP 地址来访问该设备，非常方便。而且，在某些应用场合下，这种能力还是必需的，例如医疗监控、健康监控等。

4.4　其他链路层技术

4.4.1　蓝牙技术

1. 蓝牙概述

“蓝牙”（Bluetooth）原是一位在 10 世纪统一丹麦的国王，他将当时的瑞典、芬兰与丹麦统一起来。用他的名字来命名这种新的技术标准，含有将四分五裂的局面统一起来的意思。

蓝牙技术使用高速跳频（Frequency Hopping，FH）和时分多址（Time Divesion Muli-access，TDMA）等先进技术，在近距离内最廉价地将几台数字化设备（各种移动设备、固定通信设备、计算机及其终端设备、各种数字数据系统，如数字照相机、数字摄像机等，甚至各种家用电器、自动化设备）呈网状链接起来。蓝牙技术将是网络中各种外围设备接口的统一桥梁，它消除了设备之间的连线，取而代之以无线连接。

蓝牙的创始人是瑞典爱立信公司，爱立信早在 1994 年就已进行研发。1997 年，爱立信与其他设备生产商联系，并激发了其对该项技术的浓厚兴趣。1998 年 2 月，5 个跨国大公司，包括爱立信、诺基业、IBM、东芝及 Intel 组成了一个特殊兴趣小组（SIG），其共同目标是建立一个全球性的小范围无线通信技术，即现在的蓝牙。

蓝牙工作于全球可用的 2.4 GHz ISM 频段，采用了跳频技术来克服干扰和衰落，跳频带宽 79 MHz，共 79 个射频信道，其符号传输率为 1 Mbit/s。采用时分双工（TDD）方案进行全双工通信。在信道上以分组的形式交换信息，每个分组在不同的跳频频率上传输，占用 1～5 个时隙，每个时隙长 625 μs。

蓝牙协议将电路交换与分组交换相结合，可支持 1 个异步数据信道，最多 3 个同时同步话音信道，或 1 个同时支持异步数据和同步话音的信道。每个话音信道在每个方向支持 64 kbit/s 比特传输率，异步信道支持最大 723.2 kbit/s 的非对称比特传输率，或 433.9 kbit/s 的对称比特传输率。

2．蓝牙网络拓扑结构

蓝牙系统采用一种灵活的无基站的组网方式，使得一个蓝牙设备可同时与 7 个其他的蓝牙设备相连接。基于蓝牙技术的无线接入简称为 BLUEPAC（Bluetooth Public Access），蓝牙系统的网络拓扑结构有两种形式：微微网（Piconet）和分布式网络（Scatternet）。

微微网是通过蓝牙技术以特定方式连接起来的一种微型网络，一个微微网可以只是两台相连的设备，比如一台便携式电脑和一部移动电话，也可以是 8 台连在一起的设备。在一个微微网中，所有设备的级别是相同的，具有相同的权限。

蓝牙采用自组式组网方式（Ad-Hoc），微微网由主设备（Master）单元（发起链接的设备）和从设备（Slave）单元构成，有一个主设备单元和最多 7 个从设备单元。主设备单元负责提供时钟同步信号和跳频序列，从设备单元一般是受控同步的设备单元，接受主设备单元的控制。

在这种网络模式下，最简单的应用就是蓝牙手机与蓝牙耳机，在手机与耳机间组建一个简单的微微网，手机作为主设备，而耳机充当从设备。同时在两个蓝牙手机间也可以直接应用蓝牙功能，进行无线的数据传输。办公室的 PC 可以是一个主设备单元，无线链盘、无线鼠标和无线打印机可以充当从设备单元的角色。

分布式网络是由多个独立的非同步的微微网组成的，以特定的方式连接在一起。一个微微网中的主设备单元同时也可以作为另一个微微网中的从设备单元，这种设备单元又称复合设备单元。

蓝牙独特的组网方式赋予了它无线接入的强大生命力，同时可以有 7 个移动蓝牙用户通过一个网络节点与因特网相连。它靠跳频顺序识别每个微微网。同一微微网所有用户都与这个跳频顺序同步。

蓝牙分布式网络是自组网的一种特例。其最大特点是可以无基站支持，每个移动终端的地位是平等的，并可独立进行分组转发的决策，其建网灵活性、多跳性、拓扑结构动态变化和分布式控制等特点是构建蓝牙分布式网络的基础。

3. 蓝牙技术的特点

（1）全球范围适用。蓝牙工作在 2.4 GHz 的 ISM 频段，使用该频段无须向各国的无线电资源管理部门申请许可证。

（2）同时可传输语音和数据。蓝牙采用电路交换和分组交换技术，支持异步数据信道、三路语音信道以及异步数据与同步语音同时传输的信道。每个语音信道数据速率为 64 kbit/s，语音信号编码采用脉冲编码调制（PCM）或连续可变斜率增量调制（CVSD）方法。当采用非对称信道传输数据时，速率最高为 721 kbit/s，反向为 57.6 kbit/s；当采用对称信道传输数据时，速率最高为 342.6 kbit/s。蓝牙有两种链路类型：异步无连接（Asynchronous Connection-Less，ACL）链路和同步面向连接（Synchronous Connection-Oriented，SCO）链路。

（3）可以建立临时性的对等连接（Ad-Hoc Connection）。根据蓝牙设备在网络中的角色，可分为主设备与从设备。主设备是组网连接主动发起连接请求的蓝牙设备，几个蓝牙设备连接成一个微微网时，其中只有一个主设备，其余的均为从设备。微微网是蓝牙最基本的一种网络形式，最简单的微微网是一个主设备和一个从设备组成的点对点的通信连接。

通过时分复用技术，一个蓝牙设备便可以同时与几个不同的微微网保持同步，具体来说，就是该设备按照一定的时间顺序参与不同的微微网，即某一时刻参与某一微微网，而下一时刻参与另一个微微网。

（4）具有很好的抗干扰能力。工作在 ISM 频段的无线电设备有很多种，如家用微波炉、无线局域网（Wireless Local Area Network，WLAN）和 HomeRF 等产品，为了很好地抵抗来自这些设备的干扰，蓝牙采用了跳频（Frequency Hopping）方式来扩展频谱（Spread Spectrum），将 2.402～2.48 GHz 频段分成 79 个频点，相邻频点间隔 1 MHz。蓝牙设备在某个频点发送数据之后，再跳到另一个频点发送，而频点的排列顺序则是伪随机的，每秒频率改变 1 600 次，每个频率持续 625 μs。

（5）蓝牙模块体积很小、便于集成。由于个人移动设备的体积较小，嵌入其内部的蓝牙模块体积就应该更小，如爱立信公司的蓝牙模块 ROK101008 的外形尺寸仅为 32.8 mm×16.8 mm×2.95 mm。

（6）低功耗。蓝牙设备在通信连接（Connection）状态下，有 4 种工作模式：激活（Active）模式、呼吸（Sniff）模式、保持（Hold）模式和休眠（Park）模式。Active 模式是正常的工作状态，另外 3 种模式是为了节能所规定的低功耗模式。

（7）开放的接口标准。SIG 为了推广蓝牙技术的使用，将蓝牙的技术标准全部公开，全世界范围内的任何单位和个人都可以进行蓝牙产品的开发，只要最终通过 SIG 的蓝牙产品兼容性测试，就可以推向市场。

（8）成本低。随着市场需求的扩大，各个供应商纷纷推出自己的蓝牙芯片和模块，蓝牙产品价格飞速下降。

4．蓝牙协议规范

SIG 所颁布的蓝牙规范（Specification of the Bluetooth System）就是蓝牙无线通信协议标准，它规定了蓝牙应用产品应遵循的标准和需要达到的要求。

蓝牙规范包括核心协议（Core）与应用框架（Profiles）两个文件。协议规范部分定义了蓝牙的各层通信协议，应用框架指出了如何采用这些协议实现具体的应用产品。蓝牙协议规范遵循 OSI/RM，从低到高地定义了蓝牙协议堆栈的各个层次。

按照蓝牙协议的逻辑功能，协议堆栈由下至上分为 3 部分：传输协议、中介协议和应用协议。

传输协议负责蓝牙设备间相互确认对方的位置，以及建立和管理蓝牙设备间的物理和逻辑链路。这一部分又进一步分为低层传输协议和高层传输协议。

（1）低层传输协议侧重于语音与数据无线传输的物理实现及蓝牙设备的物理和逻辑链路。低层传输协议包括蓝牙的射频（Radio）部分、基带与链路管理协议（Baseband && Link Manager Protocol，LMP）。

（2）高层传输协议包括逻辑链路控制的物理实现及蓝牙设备间的连接于组网。高层传输协议包括逻辑链路控制与适配协议（Logical Link Control and Adaptation Protocol，L2CAP）和主机控制器接口（Host Controller Interface，HCI）。这部分为高层应用程序屏蔽了诸如跳频序列选择等低层传输操作，并为高层应用传输提供了更加有效和更有利于实现的数据分组格式。

中介协议为高层应用协议或程序在蓝牙逻辑链路上工作提供了必要的支持，为应用层提供了各种不同的标准接口。这部分协议包括以下几部分：

（1）串口仿真协议（RFCOMM）。基于欧洲电信标准化协会（European Telecommunication Standardization Institute，ETSI）的 TS07.10 标准制定。该协议用于模拟串行接口环境，使得基于串口的传统应用仅进行少量的修改或者不做任何修改即可以直接在该层上运行。

（2）服务发现协议（Service Discovery Protocol，SDP）。为实现蓝牙设备之间相互查询及访问对方提供的服务。

（3）IrDA（Infrared Data Association）互操作协议。蓝牙规范采用了 IrDA 的对象交换协议（OBEX），使得传统的基于红外技术的对象，如电子名片（vCard）和电子日历（vCal）等，交换应用同样可以运行在蓝牙无线接口之上。网络访问协议：该部分协议包括点对点协议（Point to Point Protocol，PPP）、网际协议（Internet Protocol，IP）、传输控制协议（Transfer Control Protocol，TCP）和用户数据报协议（User Datagram Protocol，UDP）等，用于实现蓝牙设备的拨号上网，或通过网络接入点访问 Internet 和本地局域网。

（4）电话控制协议。该协议包括 TCS、AT 指令集和音频。电话控制协议性能（Telephone Control Protocol Specification，TCS）是基于国际电信联盟电信标准化部门（International Telecommunication Union-Telecommunication，ITU-T）的 Q.931 标准制定的，用于支持电话功能；蓝牙直接在基带上处理音频信号（主要指数字语音信号），采用 SCO 链路传输语音，可以实现头戴式耳机和无绳电话等的应用。

应用协议是指那些位于蓝牙协议堆栈之上的应用软件和其中所涉及的协议，包括开发驱动各种诸如拨号上网和通信等功能的蓝牙应用程序。蓝牙规范提供了传输层及中介层定义和应用框架，在传输层及中介层之上，不同的蓝牙设备必须采用统一符合蓝牙规范的形式；而在应用层上，完全由开发人员自主实现。事实上，许多传统的应用都可以几乎不用修改就在蓝牙协议堆栈之上运行，如基于串口和 OBEX 协议的应用。通常蓝牙技术应用程序接口（Application Programming Interface，API）函数的开发由开发工具的设计人员来完成，这样有利于蓝牙技术与各类应用的紧密结合。

蓝牙规范的应用模式有很多，其中 4 种应用模式是所有用户模式和应用的基础，也为以后可能出现的用户模式和应用提供了基础。

（1）通用访问应用（GAP）模式：定义了两个蓝牙单元如何互发现和建立连接，它是用来处理连接设备之间的相互发现和建立连接的。它保证两个蓝牙设备，不管是哪一家厂商的产品，都能够发现设备支持何种应用，并能够交换信息。

（2）服务发现应用（SDAP）模式：定义了发现注册在其他蓝牙设备中的服务的过程，并且可以获得与这些服务相关的信息。

（3）串口应用（SPP）模式：定义了在两个蓝牙设备间基于 RFCOMM 建立虚拟的串口连接的过程和要求。

（4）通用对象交换应用（GOEP）模式：定义了处理对象交换的协议和步骤，文件传输应用和同步应用都是基于这一应用的，笔记本电脑、PDA、移动电话是这一应用模式的典型应用。

4.4.2　ZigBee 技术

1．ZigBee 协议概述

ZigBee 是一种短距离、低复杂度、低功耗、低数据速率、低成本的无线通信新技术，它依据 IEEE 802.15.4 标准，协调数千个微小的传感器之间的相互通信。这些传感器只需要很少的能量，以接力的方式通过无线电波将数据从一个传感器传到另一个传感器，通信效率高。相对于现有的各种无线通信技术，ZigBee 技术是最低功耗和成本的技术。

ZigBee 技术的特点：

（1）数据传输速率低，专注于低传输应用。无线传感器网络不传输语音、视频之类的大数据量的采集数据，仅仅传输一些采集到的温度、湿度之类的数据，所以对传输速率的要求不是很高。

（2）功耗低。通信距离短的工作状态下的耗电量为几十 mW，在低耗电待机模式下，两节普通 5 号干电池可使用 6 个月以上。

（3）网络容量大。每个 ZigBee 网络最多可支持 65 000 个节点，由于无线传感器网络的能力很大程度上取决于节点的多少，因此基于 ZigBee 的无线传感器网络功能比较强大。

（4）覆盖范围广。虽然设备之间直接通信范围在 40～135 m 之间，但是通过加入多级 ZigBee 路由设备，网络覆盖范围可以拓展到数百米甚至上千米，具体依据实际发射功率的大小和各种不同的应用模式而定，基本上能够覆盖普通的家庭或办公室环境。

（5）工作频段灵活。使用的频段分别为 2.4 GHz、868 MHz（欧洲）及 915 MHz（美国），均为免执照频段，具有 16 个扩频通信信道。

（6）安全。ZigBee 技术提供了数据完整性检查和鉴权功能，硬件本身支持 CRC 校验和 AES-128 加密技术，这一安全特性能很好地满足工业、军事等领域的要求。

（7）动态组网、自动路由。无线传感器网络是动态变化的，无论是节点的能量耗尽，或者是被俘获，都会使节点退出网络，而且网络的使用者也希望在需要的时候向网络中加入新的传感器节点，这就希望无线传感器网络具有动态组网、自动路由功能，ZigBee 技术正好满足了这一需要。

2．ZigBee 协议的基本架构

相对于常见的无线通信标准，ZigBee 协议比较紧凑、简单，从总体框架来看，可以分为 3 个基本层次：物理层/数据链路层、ZigBee 堆栈层和应用层。物理层/数据链路层位于最底层，应用层位于最高层。各层的基本功能如下：

（1）物理层/数据链路层。物理层与物理传输媒介（这里主要指无线电波）相关，负责物理媒介与数据比特的相互转化，以及数据比特与上层—数据链路层数据帧的相互转化。数据链路层负责寻址功能，发送数据时决定数据发送的目的地址，接收数据时判定数据的源地址。此外也负责数据包或数据帧的装配以及接收到的数据帧的解析。

（2）ZigBee 堆栈层。ZigBee 堆栈层由网络层与安全平台组成，提供应用层与物理层/数据链路层的连接，由与网络拓扑结构、路由、安全相关的几个堆栈层次组成。

（3）应用层。应用层包含在网络节点上运行的应用程序，赋予节点自己的功能。应用层的主要功能是将输入转化为数字数据，或者将数字数据转化为输出。

3．ZigBee 的网络结构

Zigbee 支持星形网、对等网和混合网 3 种网络拓扑结构。每种网络都有各自的优点。星形网以一个功能强大的主器件作为网络的中心，负责协调全网的工作，其他的主器件或从器件分布在其覆盖范围内。这种网络的控制和同步都比较简单，适用于设备数量比较少的场合。

对等网又分为点对点和簇树形两种，是由主器件连接而成的。这种网络能提供更高的可靠性。

星形网和对等网相结合形成了混合网，各子网内部以星形连接，主器件又以对等方式相连。这种网络适用于对网络要求最复杂的情况。一般在现实的应用环境中，混合型具有更大的实用性。

ZigBee 技术将节点从器件上分为 3 类：

（1）RFD（简化功能器件）。RFD 内存小，功耗低，在网络中作为源节点，只发送与接收信号，并不起转发器/路由器的作用。

（2）FFD（全功能器件）。在网络中，FFD 是具有转发与路由能力的节点，拥有足够的存储空间来存放路由信息，并且处理控制能力也相应有所增强。

（3）网络主机或网关。ZigBee 还支持第 3 种节点，即网络主机或网关节点，起到与外部系统接口或协调与其他网络的路由作用。FFD 有时起网关的作用。

一个网络只需要一个网络协调者，其他终端设备可以是RFD，也可以是FFD。RFD的价格要比FFD便宜得多，其占用系统资源仅约为4 KB，因此网络的整体成本比较低。

通常，底层FFD和RFD将由MCU（微控制器）控制，该MCU通过队列QSPI（串行外设接口）与ZigBee收发器相连。MCU的选择取决于该设备是否作为一个其下仍辖有ZigBee网络层的FFD。基础的RFD通常由一个8位MCU控制，但对FFD来说，根据其复杂程度及所连接的网络，其控制单元可以是8位、16位或低端的32位MCU。

PAN协调器负责协调整个网络以及与中央控制点的通信，所以它是构建一个ZigBee网络的关键所在。对PAN协调器的关键要求包括：

（1）在更大更复杂的系统（如一个制造场所），其中央控制点很可能超出ZigBee网络的覆盖范围，甚至可能被安放在另一幢建筑中。所以，PAN协调器可能需通过有线连接与中央控制点进行通信。因为以太网在工业市场的应用越来越普及，所以在大多数场合，以太网是最可能的选择。系统中以太网的应用为网络设计带来两个潜在影响：一是要考虑处理以太网接口所需的处理器带宽；二是为驱动以太网接口，网络将需要相应的底层驱动程序和协议栈，这就增加了系统内PAN控制器对程序存储器的需求。

（2）驱动整个PAN网络的通信。因为一个大的PAN网络将使通信量增加，所以PAN协调器需要更高的带宽。

（3）标记整个ZigBee PAN。PAN协调器必须存储整个网络的“地图”，并识别网络内哪些节点是FFD或RFD以及各部分的功能。对复杂的大型工业系统来说，为存储这样一张图将需要更多的存储器。

（4）具备与网络中的新节点建立动态链接的能力。在大型系统的使用周期中，系统可能需要添加新节点。PAN协调器必须能容易地与这些新节点建立连接，无论它们在网络中的任何一点，也无论它们是FFD还是RFD。此外，PAN协调器要能确定这些新节点在网络中的职责。为使PAN协调器有效地履行这种任务，它需要更大的小地程序存储器，因而也必须具备访问这些存储器的能力。

一个基于ZigBee的WPAN（无线个域网）能支持高达254个节点，外加一个全功能器件，即可实现双向通信完全协议用于一次可直接连接到一个设备的基本节点的4 KB或者作为Hub或路由器的协调器的32 KB。每个协调器可连接多达255个节点，而几个协调器则可形成一个网络，对路由传输的数目则没有限制。

4.4.3 UWB技术

1. UWB技术概述

UWB（Ultra Wideband）是一种新兴的无载波通信技术，采用纳秒级的非正弦窄脉冲来传输数据，适用于近距离高速无线通信。美国国防部高级研究计划署在1990年首次对UWB信号进行了定义，UWB信号指的是相对带宽大于25%或者总带宽不小于1.5 GHz的信号，其中的信号带宽为-20 dB带宽，但是由于UWB信号允许的发射功率很低，功率大小可以接近噪声功率，-20 dB带宽点不易检测。UWB技术最初是被作为军用雷达技术开发的，早期主要用于雷达技术领域。2002年2月，美国FCC批准了UWB技术用于民用。在UWB批准民用后，美国FCC对UWB的定义进行了修改。按照美国FCC的定义，UWB 信号指的是相对带宽大于 20%或者总带宽不小于 500 MHz 的信号。

2. UWB 技术的特点

（1）系统功耗低。利用扩频多址技术，UWB 系统具有较大的扩频处理增益，UWB 通信设备可以采用小于 1 mW 的发射功率实现通信，此外，传统的无线通信系统在连续发射载波时需要消耗一定的电量，而 UWB 不使用载波，只是发出瞬间短时脉冲，也就是直接按 0 和 1 发送出去，并且在需要时才发送脉冲，所以消耗电能小。因此 UWB 技术极大地降低了系统的功耗，延长了系统的持续工作时间，满足了无线传感器网络节点的低功耗要求。同时，低的发射功率其所产生的电磁辐射对人体的影响也会很小，有利用 UWB 技术的推广和应用。相比于其他无线通信设备的功耗，民用的 UWB 设备功率一般是传统移动电话所需功率的 1/100 左右，是蓝牙设备所需功率的 1/20 左右。因此，UWB 系统在电池寿命和电磁辐射上，相对于传统无线设备有着很大的优越性。

（2）系统结构简单，设备成本低。由于 UWB 系统直接发射短时脉冲序列，UWB 发射器直接用脉冲小型激励天线，不需要上下变频，不需要功率放大器与混频器，降低了发射器的成本。对于 UWB 的接收端，不需要中频处理，简化了接收端的设计。因此在工程实现上，UWB 比其他无线通信系统更加集成化和简单化，可全数字化实现。它只需要以一种数学方式产生脉冲，并对脉冲进行调制，脉冲发射机和接收机前端都可以集成到一个芯片上，再加上时间基准信号和一个微控制器就可以构成一个 UWB 通信设备，系统复杂度大为降低，减小了收发端设备的体积和成本，对于降低需要大量节点部署的无线传感器网络的成本无疑是一个很好的选择。

（3）多径分辨能力强。对于传统的无线通信系统而言，其射频信号大多为连续信号，其持续时间远大于多径传播时间，多径传播效应限制了通信质量和数据传输速率。由于 UWB 采用纳秒级短时脉冲，其时间分辨率很高，多径信号在时间上可分离，因此系统的多径分辨率很高。如果多径脉冲要在时间上发生交叠，其多径传输路径长度应该小于脉冲宽度和射频信号传播速度的乘积。由于脉冲多径信号在时间上不重叠，在解扩时能排除多径时延小于最小跳时间隔的多径分量的影响，通过分离出各多径分量，以充分利用发射信号的能量，且各个多径分量的时延大小在时域上很容易估计出来，然后进行最大比合并来收集多径分量的能量，即采用 Rake 接收技术来提高系统性能。

（4）定位精度。UWB 采用的短时冲激脉冲在理论上可以达到厘米级甚至更高的测距定位精度，在高精度定位应用中具有极大的应用潜力，而结合 UWB 的短距高速数据通信能力，在构建要求具有通信和定位功能的无线传感器网络节点中具有巨大的应用价值。同时，实验系统标明，UWB 信号具有很强的穿透树叶和障碍物的能力，可在室内、地下或者野外进行精确定位和通信，为 UWB 在复杂环境下的定位和通信提供了有力支持，扩展了基于 UWB 的传感器节点的应用范围。相比 GPS 定位系统，GPS 定位系统只能工作在 GPS 定位卫星视距通信场合之中，即室外无遮挡环境，用户节点通常能耗高、体积大并且成本高，不适合低成本自组织特性的无线传感器网络，而 UWB 技术则弥补了 GPS 对于室内定位的不足，UWB 定位系统可以给出相对位置，提供短距厘米级精确定位。

（5）数据传输速率高，空间容量大。增大信道容量可以通过增加信号功率或者增加信道传输带宽两种方法来实现，UWB 技术就是通过增加信道传输带宽来实现高速数据传输的。UWB 系统使用数 GHz 的频带，在将发送信号功率谱密度控制很低的情况下，依然能够实现高达 100～500 Mbit/s 的传输速率。

（6）安全性高，抗干扰能力强。由于 UWB 通信系统采用跳时扩频信号，系统具有较大的处理增益，能够抑制干扰信号，在发射时能够将传输的信号能量扩展到很宽的发射频谱中去，在接收时将信号能量还原出来，解扩过程中会产生扩频增益，在相同码速率的情况下，UWB 通信系统比一般的扩频系统的扩频增益大 20 dB 左右，具有更强的抗干扰特性。同时，UWB 将低功率的射频信号分布在极宽的频带范围内，其他窄带无线通信系统所接收到的 UWB 信号强度一般都低于其背景噪声，相当于白噪声信号，并且在大多数情况下，UWB 信号的功率谱密度低于自然的电子噪声，从电子噪声中将脉冲信号检测出来是一件非常困难的事，并且采用编码对脉冲信号参数进行伪随机化后，进一步增加了脉冲检测的困难，而在接收端，接收机也只有在已知发送端扩频码的条件下才能解出发送数据，因此 UWB 信号具有很高的安全性和保密性，不易被截获和破解。FCC 对 UWB 发射功率谱密度的限定使其对现有无线通信系统的干扰也较小，在设计中可以保证不对相同频段内的其他无线通信系统产生干扰，保证了 UWB 系统与现有的无线通信系统共享频谱资源，对于提高频谱资源利用率和缓解日益紧张的频谱资源大有好处。

3. UWB 技术应用

2002 年 4 月，FCC 公布了超宽带设备在 3 类民用领域应用的初步规范，规定了工作频段、功率限制、开放范围和使用对象。限定的 3 类民用超宽带设备为：成像系统，包括透地探测雷达（GPRS）、墙内、穿墙和医用成像以及监视设备；车辆雷达系统；通信和测量系统。这些设备的功率和频谱都受到严格的限制，只能作用于短距离、小范围。但 FCC 指出，今后经过更充分的测试和研究，有可能有条件地逐步放宽对超宽带设备应用的限制。相信更多新的超宽带应用领域将会出现，造福于社会进步和人类的幸福生活。

超宽带技术在下列应用领域已显现出或估计会有很大的发展潜力：

（1）短距离（10 m 以内）高速无线多媒体智能家域网/个域网。在家庭和办公室中，各种计算机、外设和数字多媒体设备根据需要，利用超宽带无线技术，在小范围内动态（即需即用）地组成分布式自组织网络，协同工作，相互联接，传送高速多媒体数据，并可通过宽带网关，接入高速互联网或其他宽带网络。这一领域将融合计算机、通信和消费娱乐业，被视为具有超过移动电话的最大市场发展潜力。

（2）智能交通系统。超宽带系统同时具有无线通信和定位的功能，可方便地应用于智能交通系统中，为车辆防撞、电子牌照、电子驾照、智能收费、车内智能网络、测速、监视、分布式信息站等提供高性能、低成本的解决方案。

（3）军事、公安、消防、医疗、救援、测量、勘探和科研等领域。用做隐秘安全通信、救援应急通信、精确测距和定位、透地探测雷达、墙内和穿墙成像、监视和入侵检测、医用成像、贮藏罐内容探测等。

（4）传感器网络和智能环境。这种环境包括生活环境、生产环境、办公环境等，主要用于对各种对象（人和物）进行检测、识别、控制和通信。

4．UWB 技术与其他技术的比较

除了 UWB 受到众多开发商、制造商和运营商的追捧外，其他一些技术如 WLAN、蓝牙和 ZigBee 等也是无线通信的热点，下面就 UWB 和它们做一些分析比较。

（1）UWB 与 WLAN。无线局域网技术 WLAN（Wi-Fi）可实现十几兆至几十兆的无线接入。WLAN 最大的特点是便携性，主要解决用户"最后 100 m"的通信需求，定位于热点地区的高速数据接入，不支持高速移动性，主流应用是商务用户在酒店、机场等热点使用便携电脑上网浏览或访问企业的服务器。WLAN 制定有一系列标准，有 802.11b/a/g/n 等。UWB 的发射功率要比 WLAN 标准的低，但是其数据传输容量却要比 WLAN 高得多，包括视频流文件。现有的无线技术，包括 WLAN 和蓝牙都有相似的功能，但是它们却不能处理数字视频这些大文件。从安全上考虑，UWB 的保密性好，UWB 无线通信系统的射频带宽可达 1 GHz 以上，且所需平均功率很小，信号被隐蔽在环境噪声和其他信号中，难以被敌方检测。而 WLAN 存在一些安全隐患。从通信距离来看，IEEE 802.11 通信距离可以达到 100 m，而在目前 UWB 发射功率受限的情况下，UWB 只能用于 10 m 以内的高速率数据通信，而 10 m 到 100 m 无线局域网从通信，还需要 IEEE 802.11 来完成。因此与 UWB 是基本上互补关系。所以 IEEE 802.11 适合于室内和小区应用，而 UWB 则可以更多地应用到办公室和家庭网络。例如，配备了 UWB 技术的电视机顶盒，能够把视频信号发送给附近配备有这种技术的电视或电视幕墙。而对于企业办公室，UWB 技术能取代数据中心中杂乱的电线。

（2）UWB 与蓝牙。蓝牙工作在 2.4 GHz 的频段，采用 FHSS 扩频方式，目前蓝牙信道带宽为 1 MHz，异步非对称连接最高数据速率 723.2 kbit/s；连接距离多半为 10 m 左右。蓝牙速率也进一步增强，新的蓝牙标准 2.0 版拟支持高达 10 Mbit/s 以上速率，使用蓝牙技术的无线电收发器的链接距离可达 10 m，使用高增益天线可以将有效通信范围扩展到 100 m。鉴于蓝牙在睡眠状况下消耗的电流，及其激活延迟，一般电池使用寿命为 2～4 个月。由于蓝牙的上述特性，使得它可以应用于无线设备、图像处理设备，如智能卡、身份识别等安全产品，消费娱乐，家用电器，医疗健身和建筑、玩具等领域。有人认为 UWB 将是"蓝牙终结者"，因为从性能价格比上看，蓝牙是无线通信方式中最接近 UWB 的，但是 UWB 并不能完全取代蓝牙。首先从应用领域来看，蓝牙工作在 2.4 GHz ISM 频段，主要用来连接打印机、PDA 等设备，通信速率通常在 1 Mbit/s 以下，通信距离可以在 10 m 以上。而 UWB 通信速率通常在几百 Mbit/s，通信距离在 10 m 以内，因此两者的应用领域不尽相同。其次，从技术上看，蓝牙经过多年发展已经比较成熟，而 UWB 的相关标准制定及产品开发还存在一些比较大的分歧，蓝牙产品不会很快被 UWB 技术取代。但是，随着 UWB 产品的投入市场，可能会对蓝牙造成一定的冲击，而且随着蓝牙的发起者爱立信停止蓝牙相关研究，也会对蓝牙的发展带来一变数。

（3）UWB 与 ZigBee。ZigBee 技术是一种近距离、低复杂度、低功耗、低数据速率、低成本的双向无线通信技术，主要适合于自动控制和远程控制领域，可以嵌入各种设备中，同时支持地理定位功能。相对于现有的各种无线通信技术，ZigBee 技术是最低功耗和成本的技术。同时由于 ZigBee 技术低数据速率和通信范围较小的特点，也决定了 ZigBee 技术适合于承载数据流量较小的业务。UWB 和 ZigBee 的应用场景不同，UWB

可以用于数据量大的如家庭多媒体无线通信等，而 ZigBee 技术将主要用于这几种场景：

① 设备成本很低，传输的数据量很小。

② 设备体积很小，不便放置较大的充电电池或者电源模块。

③ 没有充足的电力支持，只能使用一次性电池。

④ 频繁地更换电池或者反复地充电无法做到或者很困难。

⑤ 需要较大范围的通信覆盖，网络中的设备非常多，但仅仅用于监测或控制。

UWB 和 ZigBee 不存在较大的冲击，它们可以互为补充构成很多种应用如智能家庭网络系统。UWB 技术以其高速、窄覆盖的特点，适合组建家庭的高速信息网络。它对蓝牙技术具有一定的冲击，但对当前的移动技术、WLAN 等技术的威胁不大，甚至可以成为其良好的能力补充。

无线通信领域各种技术的互补性日趋鲜明，这主要表现在不同的接入技术具有不同的覆盖范围，不同的适用区域，不同的技术特点，不同的接入速率。比如 3G、WiMax 和 WLAN、UWB 等，都可实现互补效应。3G 可解决广域无缝覆盖和强漫游的移动性需求，WiMax 可解决无线城域网的覆盖和高速移动接入，WLAN 可解决中距离的较高速数据接入，而 UWB 可实现近距离的超高速无线接入，构建无线局域网 WPAN。从市场和应用范围看，各种无线技术的发展，将推进组网的一体化进程，通过建网的接入手段多元化，实现对不同用户群体的需求覆盖，达到市场细分和业务的多元化，实现各种技术间的互补与融合。

小结

物联网数据链路层处于物联网体系结构中底层，是实现物联网节点间互联的重要基础，目前有很多成熟的数据链路层技术可应用于物联网中，这些技术各有特点，应根据不同物联网应用场景来选择不同的数据链路层技术。本章主要对现有的物联网可使用的数据链路互联技术进行了论述，详细介绍了几种主要的数据链路层技术，包括以太网技术、无线局域网技术、无线传感网技术和链路层的其他几种技术（蓝牙技术、超宽带和 ZigBee 技术）。

习题

1. 什么是传统以太网？它和交换型以太网的区别在哪里？
2. CSMA/CD 协议是如何工作的？
3. 划分虚拟局域网的方法有哪些？最常用的是什么方法？
4. 无线局域网的介质访问控制方法有什么特点？
5. 简述无线局域网的体系结构。
6. 什么是无线传感器网络？有什么特点？
7. 无线传感器节点部署需要解决哪些问题？
8. 无线传感器系统设计的关键技术有哪些？
9. 比较蓝牙技术、超宽带（UWB）技术和 ZigBee 技术的各种优缺点。

第5章 物联网规划与综合布线

学习重点

本章介绍了物联网规划的基础、物联网综合布线标准及物联网的布线与安装等知识。对于本章的学习，掌握物联网规划设计的基本原则、物联网应用系统设计过程及物联网系统集成，并在此基础上结合实例理解物联网规划的基本内容。对于物联网布线与安装的内容，应了解各子系统的基本概念，对常见的故障现象能进行简单的处理。

物联网技术的核心是利用各种通信设备（包括有线和无线）将分布在不同地理位置、功能各异的物品连接起来，用功能完善的软件系统（包括通信协议）实现数据传输及资源共享。将物品有机地组成一个物联网的过程称为组网。构建一个物联网需要考虑许多问题，在构建之前要根据用户需要进行很好的规划设计。

5.1　物联网规划基础

由物联网的英文名 Internet of Things 可知，物联网就是物物互联的信息网络。这样表述有两层含义：一是物联网的核心承载网络是互联网；二是物联网的客户端延伸和扩张到了任何物品与物品之间，并能进行数据交换和通信。这里的“物”要满足以下条件才能被纳入物联网的范围：有相应信息的接收器和发送器；有数据传输通路；有一定的存储功能；有 CPU；有操作系统；有专门的应用程序；遵循物联网的通信协议；在网络中有可被识别的唯一编号。

5.1.1　物联网规划设计原则

概括而言，物联网是一种信息网络。借鉴互联网建设的经验和教训，任何网络建设方案的设计都应坚持实用性、先进性、安全性、标准化、开放性、可扩展性、可靠性与可用性等原则。

1．实用性和先进性原则

在设计物联网系统时首先应该注重实用性，紧密结合具体应用的实际需求。在选择具体的网络通信技术时一定要同时考虑当前及未来一段时间内的主流应用技术，不能一味追求新技术和新产品，一方面新的技术和产品还有一个成熟的过程，立即选用可能会出现各种意想不到的问题；另一方面，最新技术的产品价格肯定非常昂贵，会造成不必要的资金浪费。

组建物联网时，尽可能地采用先进的传感网技术以适应更高的多种数据、语音（VoIP）、视频（多媒体）的传输需要，使整个系统在相当一段时期内保持技术上的先进性。

性价比高，实用性强，这是对任何一个网络系统最基本的要求。组建物联网也一样，特别是在组建大型物联网系统时更是如此。否则，虽然网络性能足够了，但如果企业目前或未来相当长一段时间内都不可能有实用价值，就会造成投资的浪费。

2．安全性原则

根据物联网自身的特点，它除了需要解决通信网络的传统网络安全问题之外，还存在一些与已有网络安全不同的特殊安全问题。例如，物联网机器、感知节点的本地安全问题，感知网络的传输与信息传输安全问题，核心承载网络的传输与信息安全问题，以及物联网业务的安全问题等。物联网安全问题涉及许多方面，最明显、最重要的就是对外界入侵、攻击的检测与防护。现在的互联网几乎时刻受到外界的安全威胁，稍有不慎就会被病毒、黑客入侵，致使整个网络陷入瘫痪。在一个安全措施完善的网络中，不仅要部署病毒防护系统、防火墙隔离系统，还可能要部署入侵检测、木马查杀和物理隔离系统等。当然，所选用系统的具体等级要根据相应网络规模大小和安全需求而定，并不一定要求每个网络系统都全面部署这些防护系统。

除了病毒、黑客入侵外，网络系统的安全性需求还体现在用户对数据的访问权限上，一定要根据对应的工作需求为不同用户、不同数据域配置相应的访问权限。同时，用户账户（特别是高权限账户）的安全也应受到重视，要采取相应的账户防护策略（如密码复杂性策略和账户锁定策略），保护好用户账户，以防被非法用户盗取。

3．标准化、开放性和可扩展性原则

物联网系统是一个不断发展的应用信息网络系统，所以它必须具有良好的标准化、开放性、互联性与扩展性。

标准化是指积极参与国际国内相关标准制定。物联网的组网、传输、信息处理、测试、接口等一系列关键技术标准应遵循国家标准化体系框架及参考模型，推进接口、架构、协议、安全、标识等物联网领域标准化工作；建立起适应物联网发展的检测认证体系，开展信息安全、电磁兼容、环境适应性等方面监督检验和检测认证工作。

开放性和互联性是指凡是遵循物联网国家标准化体系框架及参考模型的软硬件、智能控制平台软件、系统级软件或中间件等都能够进行功能集成、网络集成，互联互通，实现网络通信、资源共享。

扩展性是指设备软件系统级抽象，核心框架及中间件构造、模块封装应用、应用开发环境设计、应用服务抽象与标准化的上层接口设计、面向系统自身的跨层管理模块化设计、应用描述及服务数据结构规范化、上下层接口标准化设计等需要有一定的兼容性，保障物联网应用系统以后扩容、升级的需要，能够根据物联网应用不断深入发展的需要，易于扩展网络覆盖范围、扩大网络容量和提高网络功能，使系统具备支持多种通信媒体、多种物理接口的能力，可实现技术升级、设备更新等。

在进行网络系统设计时，在有标准可执行的情况下，一定要严格按照相应的标准进行设计，而不要我行我素，特别是节点部署、综合布线和网络设备协议支持等方面。只有基于开放性标准，包括各种传感器、局域网、广域网等，再坚持统一规范的原则，才能为未来的发展奠定基础。

4．可靠性与可用性原则

可靠性与可用性原则决定了所设计的网络系统是否能满足用户应用和稳定运行的要求。网络的可用性体现在网络的可靠性及稳定性方面。网络系统应能够长时间稳定运行，而不应经常出现这样或那样的运行故障，否则给用户带来的损失可能是非常巨大的，特别是大型、外贸、电子商务类型的企业。当然，这里所说的可用性还包括所选择产品要能真正用得上。

电源供应在物联网系统的可用性保障方面也居于重要位置，尤其是关键网络设备和关键用户机，需要为他们配置足够功率的不间断电源（UPS），以免数据丢失。

为保证各项业务应用，物联网必须具备高可靠性，尽量避免系统的单点故障。要在网络结构、网络设备、服务器设备等各个方面进行高可靠性设计和建设。在采用硬件备份、冗余等可靠性技术的基础上，还需要采用相关的软件技术提供较强的管理机制、控

制手段和事故监控与网络安全保密等技术措施，以提高整个物联网系统的可靠性。

另外，可管理性也是值得关注的。由于物联网系统本身具有一定复杂性，随着业务的不断发展，物联网管理的任务必定会日益繁重。所以，在物联网规划设计中，必须建立一套全面的网络管理解决方案。物联网需要采用智能化、可管理的设备，同时采用先进的网络管理软件，实现先进的分布式管理，最终能够实现监控、检测整个网络的运行情况，并做到合理分配网络资源、动态配置网络负载、迅速确定网络故障等。通过先进的管理策略、管理工具来提高物联网的运行可靠性，简化网络的维护工作，从而为维护和管理提供有力的保障。

5.1.2 物联网应用系统设计

在物联网中，由末梢节点与接入网络完成数据采集和控制功能。按照接入网络的复杂性不同，可分为简单接入和多跳接入。简单接入是在采集设备获取信息后通过有线或无线方式将数据直接发送至承载网络。目前，RFID 读写设备主要采用简单接入方式。简单接入方式可用于终端设备分散、数据量少的业务应用。多跳接入是利用传感网技术，将具有无线通信与计算能力的微小传感器节点通过自组织方式，使各节点能够根据环境的变化，自主完成网络自适应组织和数据的传递。多跳接入方式适用于终端设备相对集中、终端和网络间传递数据量较小的应用。通过采用多跳接入方式可以降低末梢节点，减少接入层和承载网络的建设投资和应用成本，提高接入网络的健壮性。

对于近距离无线通信，IEEE 802.15 委员会制定了 3 种不同的无线个人局域网（WPAN）标准。其中，IEEE 802.15.3 标准是高速率的 WPAN 标准，适合于多媒体应用，有较高的网络服务质量（QoS）保证；IEEE 802.15.1 标准即蓝牙技术，具有中等速率，适合于蜂窝电话和 PDA 等的通信，其 QoS 机制适合于语音业务。IEEE 802.15.4 标准和 ZigBee 技术完全融合，专为低速率、低功耗的无线互联应用而设计，对数据速率和 QoS 的要求不高。目前，对应小范围内的物品、设备联网，ZigBee 技术以其复杂度低、功耗低、数据速率低及成本低等特点在传感网应用系统中引起了越来越多的关注；尤其在控制系统中，ZigBee 自组网技术已经成为传感网的核心技术。

1. 基于 ZigBee 技术的传感网

ZigBee 是一种近距离、高可信度、大网络容量的双向无线通信技术。ZigBee 技术主要应用于小范围的基于无线通信的控制和自动化等领域，包括工业控制、消费性电子设备、汽车自动化、农业自动化和医用设备控制等，同时也支持地理定位。

在消费性电子设备中嵌入 ZigBee 芯片后，可实现信息家用电器设备的无线互联。例如，利用 ZigBee 技术可较容易地实现照相机或摄像机的自拍、窗户远距离开关控制、室内照明系统的遥控，以及窗帘的自动调整等。尤其是当在手机或 PDA 中嵌入 ZigBee 芯片后，可用来控制电视开关、调节空调温度及开启微波炉等。基于 ZigBee 技术的个人身份卡能够代替家居和办公室的门禁卡，记录所有进出大门的个人信息，若附加个人电子指纹技术后，可实现更加安全的门禁系统。嵌入 ZigBee 芯片的信用卡可以较方便地实现无线提款和移动购物，商品的详细信息也能通过 ZigBee 向用户广播。

把 ZigBee 技术与传感器结合起来，就可形成传感网。一般，传感网有感知节点、汇聚（Sink）节点、网关节点构成。感知节点、汇聚节点完成数据采集和多跳中继传输。网关节点具有双重功能，一是充当网络协调器，负责网络的自动建立和维护、数据汇聚；二是作为监测网络与监控中心的接口，实现接入互联网、局域网，与监控中心交换传递数据的功能。基于 ZigBee 技术的传感网由应用层、网络层、介质接入控制层和物理层组成。

ZigBee 网络中的设备分为全功能设备（Full Function Device，FFD）和简化功能设备（Reduced Function Device，RFD）两种。FFD 设备又称全功能器件，是具有路由与中继功能的网络节点；它具有控制器的功能，不仅可以传输信号，还可以选择路由。在网络中 FFD 可作为网络协调器、网络路由器，有时也可作为终端设备。RFD 设备又称简化功能器件，它作为网络终端感知节点，相互间不能直接通信，只能通过汇聚节点发送和接收数据，不具有路由和中继功能。FFD 和 RFD 的硬件结构完全相同，只是网络层不一样。协调器是网络组织者，负责网络组建和信息路由。

2．传感网软硬件相同设计

ZigBee 接收由于具有成本低、功耗小、组网灵活、协议软件较为简单及开发容易等优点，被广泛应用于自动监测、无线数据采集等领域。

（1）基于 ZigBee 技术的传感网的组成。基于 ZigBee 技术的传感网，对于不同的具体应用，其节点的组成有所不同。通常，就一项具体应用而言，感知节点、感知对象和观察者是传感网的 3 个基本要素。一个传感网系统组成示意图如图 5-1 所示。

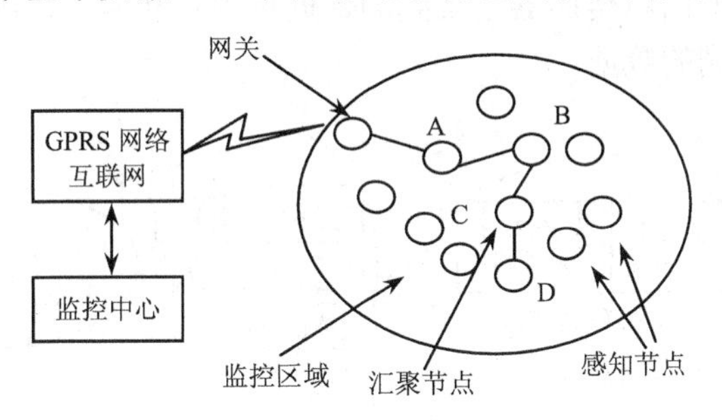

图 5-1　传感网系统组成示意图

图 5-1 所示的传感网系统，主要由 ZigBee 感知节点（探测器）、若干具有路由功能的汇聚节点和 ZigBee 中心网络协调器（网关节点）组成，是传感网测控系统的核心部分，负责感知节点的管理。在图 5- 1 中，A、B、C 和 D 为具有路由功能的汇聚节点，感知节点与汇聚节点自主形成一个多跳的网络。感知节点（传感器、探测头）分布于需要监控的区域内，将采集到的数据发送给就近的汇聚节点，汇聚节点根据路由算法选择最优传输路径，通过其他的汇聚节点以多跳的方式把数据传送到网络协调器（网关节点），最后通过 GPRS 网络或互联网把接收到的数据传送给监控中心。

此系统具有自动组网功能，网络协调器一直处于监听状态，新添加的感知节点会被网络自动发现，这时汇聚节点会把感知的数据送给协调器，由协调器进行编址并计算其路由信息更新数据转发表和设备关联表等。

（2）网络节点的硬件设计。对于不同的应用，网络节点的组成略有不同，但均应具有端节点和路由功能：一方面实现数据采集和处理；另一方面实现数据融合和路由。因此，网络节点的设计至关重要。

目前，国内外已开发出多种传感器网络节点，其组成大同小异，只是应用背景不同，对节点的要求不尽相同，所采用的硬件组成也有差异。典型的节点系列包括 Mica 系列、Sensoria WINS、Toles 等，实际上各平台最主要的区别是采用了不同的处理器、无线通信协议和应用相关的不同传感器。最常用的无线通信协议有 IEEE 802.11b、IEEE 802.15.4（ZigBee）、蓝牙和超宽带（UWB），以及自定义的协议。处理器从 4 位的微控制器到 32 位 ARM 内核的高端处理器都有应用。通常，就 ZigBee 网络而言，感知节点由 RFD 承担，汇聚节点、网关节点由 FFD 实现。由于各自的功能不同，在硬件构成上也不尽相同，通常选用 CC2430 作为 ZigBee 射频芯片。

（1）感知节点硬件结构。基于 ZigBee 技术的感知节点硬件结构框图如图 5-2 所示。由该图可以看出，感知节点主要由传感器模块和无线发送/接收模块组成。在实际应用中，例如对温度和湿度测量的模拟信号需要经过一个多路选择通道控制，依次送入微处理器后由微处理器进行校正编码，然后传送到基于 ZigBee 技术的收发端。

（2）网关节点硬件结构。网关节点主要承担传感网的控制和管理功能，实现数据的融合处理，它连接传感网与外部网络，实现两种协议之间的通信协议转换，同时还承担发布监测终端的任务，并把收集的数据转发到外部网络。一个网关节点的硬件结构框图如图 5-3 所示，网关节点包含有 GPRS 通信模块和 ZigBee 射频芯片模块。GPRS 通信模块通过现有的 GPRS 网络将传感器采集到的数据传到互联网上，用户可以通过个人计算机来观测传感器采集到的数据。

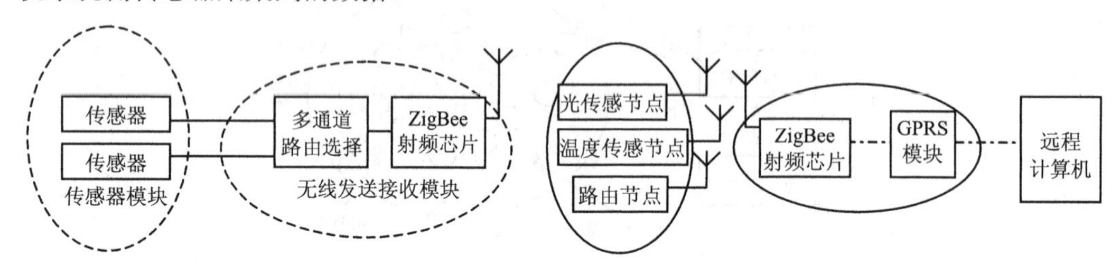

图 5-2　感知节点硬件结构框图　　图 5-3　网关节点硬件结构框图

（3）软件设计。ZigBee 网络属于无线自组网络，有全功能节点（FFD）和简化功能节点（RFD）两种设备类型。RFD 一般作为终端感知节点，FFD 可以作为协调器或路由汇聚节点。因此，软件设计包括 RFD 程序和 FFD 程序两部分，且均包括初始化程序、发射程序和接收程序、协议栈配置、组网方式配置程序及各处理层设置程序。初始化程序主要是对 CC2430、USAR 串口、协议栈、LCD 等进行初始化；发射程序将所采集的数据通过 CC2430 调制并通过 DMA 直接送至射频输出；接收程序完成数据的接收并进行显示、远传及返回信息处理；PHY、MAC、网络层、应用层程序设置数据的底层、上层的处理和传输方式。

例如，对于一个温湿度控制系统，若采用主从节点方式传送数据，可将于 GPRS 连接的网关节点作为主节点，其他传感器节点作为从节点，从节点可以向主节点发送中断请求。传感器节点打开电源，初始化，建立关联连接之后直接进入休眠状态，等待有请求时再次激活。若有多个从节点同时向主节点发送请求，主节点来不及处理响应而丢掉一些请求时，则从节点在发现自己的请求没有得到响应后几秒再次发送请求直到得到主节点的响应为止。在程序设计中可采用中断的方法来实现数据的接收与发送。系统通信（包括汇聚节点、传感器节点）的一般流程图如图 5-4 所示。

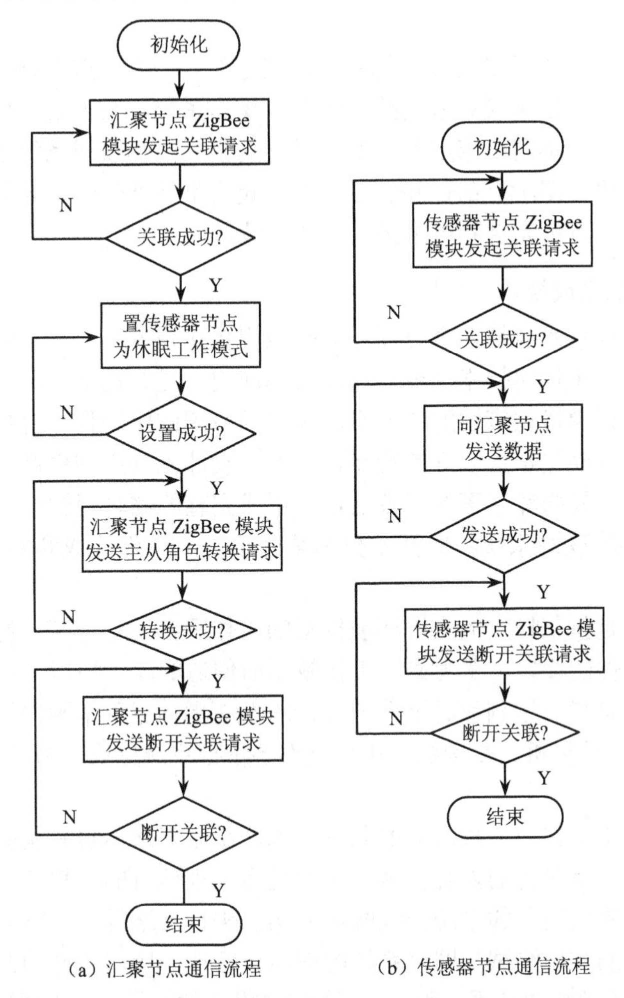

（a）汇聚节点通信流程　　（b）传感器节点通信流程

图 5-4　系统通信的一般流程框图

在这种系统通信模式中，只允许在网关节点和汇聚节点之间交换数据，即汇聚节点向网关节点发送数据、网关节点向汇聚节点发送数据。当网关节点和汇聚节点之间没有数据交换时，感知节点处于休眠状态。

另外，一个完整的传感网软件系统还要包括用户端的数据库系统设计。

5.1.3　物联网系统集成

1. 物联网系统集成的目的

物联网系统集成的主要目的就是用硬件设备和软件系统将网络各部分连接起来，不仅要求实现网络的物理连接，还要求能实现用户的相应应用需求，也就是应用方案。因此，物联网系统集成不仅涉及技术，也涉及企业管理、工程技术等方面的内容。目前，物联网系统集成技术可划分为两个域：一个是接口域，即路由网关；另一个是服务域。服务域的作用主要是为路由网关提供一个统一访问物联网的界面，简化两者的集成难度，更重要的是，通过服务界面能有效控制和提高物联网的服务质量，保证两者集成后的可用性。

物联网系统集成的本质就是最优化的综合统筹设计一个大型的物联网系统。物联网系统集成包括感知节点数据采集系统的软硬件、操作系统、数据融合处理技术、网络通信技术等的集成，以及不同厂家产品选型、搭配的集成。物联网系统集成所要达到的目标就是整体性能优化，即所有部件和成分合在一起后不但能工作，而且系统是低成本、高效率、性能匀称、可扩充性和可维护性好的系统。

2. 物联网系统集成技术

物联网系统集成技术包括两个方面：一是应用优化技术；二是多物联网应用系统的中间件平台技术。应用优化技术主要是面向具体应用，进行功能集成、网络集成、软硬件操作界面集成，以及优化应用解决方案。物联网应用的中间件平台技术是针对物联网不同应用需求和共性底层平台软件的特点，研究、设计系列中间件产品及标准，以满足物联网在混合组网、异构环境下的高效运行，形成完整的物联网软件系统架构。

通常也可以将物联网系统集成技术分为软件集成、硬件集成和网络系统集成 3 种类型。

（1）软件集成是指某特定的应用环境框架的工作平台，是为某一特定应用环境提供解决问题的架构软件的接口，是为提高工作效率而创造的软件环境。

（2）硬件集成是指以达到或超过系统设计的性能指标把各个硬件子系统集成起来，例如，OA 制造商把计算机、复印机、传真机设备进行系统集成，为以后创造一种高效、便利的工作环境。

（3）网络系统集成作为一种新兴的服务方式，是近年来信息系统服务业中发展比较迅速的一个行业。它所包含的内容较多，主要是指工程项目的规划和实施；决定网络的拓扑结构；向用户提供完善的系统布线解决方案；进行网络综合布线系统的设计、施工和测试，网络设备的安装测试；网络系统的应用、管理；应用软件的开发和维护等。物联网系统集成就是在系统“体系、秩序、规律和方法”的指导下，根据用户的需求优选各种技术和产品，整合用户资源，提出系统性组合的解决方案，并按照方案对系统性组合的各个部件或子系统进行综合组织，使之成为一个经济、高效、一体化的物联网系统。

3. 物联网系统集成的主要内容

物联网系统集成需要在信息系统工程方法的指导下，按照网络工程的需求及组织逻辑，采用相关技术和策略，将物联网设备、系统软件系统性地组合成一个有机整体。具体来说，物联网系统集成包含的内容主要是软硬件产品、技术集成和应用服务集成。

（1）物联网软硬件产品、技术集成。物联网软硬件集成不仅是各种网络软硬件产品的组合，更是一种产品与技术的融合。无论是传感器还是感知节点的元器件，无论是控制器还是自动化软件，本身都需要进行单元的集成和功能上的融合，而执行机构、传感单元和控制系统之间的更高层次的集成，需要先进适用、开放稳定的工业通信手段来实现。

① 硬件集成。所谓硬件集成就是使用硬件设备将各个子系统连接起来，例如，环境节点设备把多个末梢节点感知设备连接起来；使用交换机连接局域网用户计算机；使用路由器连接子网或其他网络等。一个物联网系统会涉及多个制造商生产的网络产品的组合使用。例如，传输信道由传输介质（电缆、光缆、蓝牙、红外及无线电等）组成、感知节点设施、通信平台由交换和路由设备（交换机、路由器等）组成。在这种组合中，系统集成者要考虑的首要问题是不同品牌产品的兼容性或互换性，力求这些产品在集成为一体后，产生的合力最大、内耗最小。

② 软件集成。这里所说的软件，不仅包括操作系统平台，还包括中间件系统、企业资源计划系统、通用应用软件和行业应用软件等。软件集成要解决的首要问题是异构软件的相互接口，包括物联网信息平台服务器和操作系统的集成应用。

（2）物联网应用服务集成。从应用角度看，物联网是一种与实际环境交互的网络，能够通过安装在微小感知节点上的各种传感器、标签等从真实环境中获取相关数据，然后通过自组织的无线传感网将数据传送到计算能力更强的通用计算机互联网上进行处理。物联网应用服务系统集成就是指在物联网基础应用平台上，应用系统开发商或网络系统集成商为用户开发或用户自行开发的通用或专用应用系统。

一个典型的物联网应用的目的是对真实世界的数据进行采集，其手段总是通过射频识别技术来实现多跳的无线通信，并使用网络管理手段来保证物联网的稳定性。基于这一特点，物联网应用系统涵盖了三大服务域：

① 满足用户需求的数据服务域，该服务域对物联网的数据进行融合，进行网内数据处理。

② 提供基础设施的网络通信服务域。

③ 保障网络服务质量的网络管理服务域，包括网络拓扑结构控制、定位服务、任务调度、继承学习等。

这些服务相互之间是松散的，没有必然的联系，可依据一定的方式进行组合、替换，并通过一个高度抽象的服务接口呈现给应用程序。对这些服务单元进行组合、集成，可灵活地构造出适合应用需求的新的服务元。

物联网应用服务集成具体包含以下内容：

① 数据和信息集成。数据和信息集成建立在硬件集成和软件集成之上，是系统集成的核心，通常要解决的主要问题有：合理规划数据信息、减少数据冗余、更有效地实现数据共享和确保数据信息的安全保密。

② 人与组织机构集成。组建物联网的主要目的之一是提高经济效益，如何使各部门协调一致地工作，做到市场销售、产品生产和管理的高效运行，是系统集成的重要目标。

5.1.4　智能家居物联网系统示例

物联网是面向应用的、贴近客观物理世界的网络系统，它的发展和应用密切相关。

经过不同领域研究人员多年来的努力，传感网已经在军事领域、精细农业、安全监控、环保监测、建筑领域、医疗监护、工业监控、智能交通、物流管理、自由空间探索、智能家居等领域得到了充分的肯定和初步应用。传感网、RFID 技术是物联网目前应用研究的热点，两者相结合组成物联网可以以较低的成本应用于物流和供应链管理、生产制造和装配，以及安防等领域。下面简单介绍一下物联网在智能家居领域的系统应用示例（基于无线网络）。

作为一个标准的智能家居，需要覆盖多方面的应用，但前提条件一定是任何一个普通消费者都能够非常简单快捷地自行安装部署甚至扩展应用，而不需要专业的安装人员上门安装。一个典型的智能家居系统通常需要下列设备：

（1）无线网关。

（2）无线智能调光开关。

（3）无线温湿度传感器。

（4）无线智能插座。

（5）无线红外转发器。

（6）无线红外防闯入探测器。

（7）无线空气质量传感器。

（8）无线门铃。

（9）无线门磁、窗磁。

（10）太阳能无线智能阀门。

（11）无线床头睡眠按钮。

（12）无线燃气泄漏传感器。

无线网关是所有无线传感器和无线联动设备的信息收集控制终端。所有传感、探测器将收集到的信息通过无线网关传到授权手机、平板电脑、计算机等管理设备，另外控制命令由管理设备通过无线网关发送给联动设备。比如家中无人时门被打开，门磁侦测到有人闯入，则将闯入报警通过无线网关发送给用户手机，手机收到信息发出震动铃声提示，用户确认后发出控制指令，电磁门锁自动落锁并触发无线声光报警器发出报警。

无线智能调光开关：该开关可直接取代家中的墙壁开关面板，通过它不仅可以像正常开关一样使用，更重要的是它已经和家中的所有物联网设备自动组成了一个无线传感控制网络，可以通过无线网关向其发出开关、调光等指令。其意义在于用户离家后无须担心家中所有的电灯是否忘了关掉，只要用户离家，所有忘关的电灯会自动关闭。或者在用户睡觉时无须逐个房间去检查灯是否开着，需要做的只需按下装在床头的睡眠按钮，所有灯光会自动关闭，同时夜间起床时，灯光会自动调节至柔和，从而保证睡眠的质量。

无线温湿度传感器：主要用于探测室内、室外温湿度。虽然绝大多数空调都有温度探测功能，但由于空调的体积限制，它只能探测到出风口空调附近的温度，这也正是很多用户感觉其温度不准的重要原因。有了无线温湿度探测器，就可以确切地知道室内准确的温湿度。其现实意义在于当室内温度过高或过低时能够提前启动空调调节温度。比如，在回家的路上，家中的无线温湿度传感器探测出房间温度过高则会启动空调自动降温，等用户回家时，家中已经是一个宜人的温度了。另外，无线温湿度传感器对于早晨出门也有着特别意义，当呆在空调房间时，对户外的温度是没有感觉的，这时候装在墙壁外的温湿度传感器就可以发挥作用，它可以告知现在户外的实时温度，根据这个准确温度就可以决定自己的穿着了，而不会出现出门后才发现穿多或者穿少的尴尬了。

无线智能插座：主要用于控制家电的开关，比如通过它可以自动启动排气扇排气，这在炎热的夏天对于密闭的车库是一个有趣的应用。当然，它还可以控制任何用户想控制的家电，只要将家电的插头插上无线智能插座即可，比如饮水机、电热水器等。

无线门磁、窗磁：主要用于防入侵。当用户在家时，门、窗磁会自动处于撤防状态，不会触发报警；当用户离家后，门、窗磁会自动进入布防状态，一旦有人开门或开窗就会通知用户的手机并发出报警信息。与传统的门窗磁相比，无线门窗磁无须布线，装上电池即可工作，安装非常方便，安装过程一般不超过 2 min。另外，对于有保险柜的家庭来说，这种传感器还能够侦测并记录下保险柜每次被打开或者关闭的时间并及时通知授权手机。限于篇幅关系，不再一一介绍。

以上是一个典型的物联网智能家居系统。当然物联网带来的神奇之处在于用户可以根据自身的需要自由组合或 DIY，所有的安装都不需要专业人员的参与，一个普通的消费者即可完成，而整过系统的安装完成过程一般不超过半个小时，这也是物联网型智能家居产品与传统智能家居产品的一个重要区别。

5.2　物联网综合布线标准

5.2.1　EIA/TIA-568A 标准

EIA/TIA-568A 标准确定了一个可以支持多品种、多厂家的商业建筑的综合布线系统，同时也提供了为商业服务的电信产品的设计方向。即使对随后安装的电信产品不甚了解，该标准也可帮用户对产品进行设计和安装。这个标准确定了各种各样布线系统配置的相关元器件的性能和技术标准。为达到一个多功能的布线系统，已对大多数电信业务的性能要求进行了审核。业务的多样化及新业务的不断出现会对所需性能作某些限制，用户为了了解这些限制应知道所需业务的标准。

标准分为强制性和建议性两种。所谓强制性是指要求是必须的，而建议性要求意味着也许可能或希望。强制性标准通常适于保护、生产、管理，兼容。它强调了绝对的最小限度可接受的要求；建议性或希望性的标准通常针对最终产品。在某种程度上在统计范围内确保全部产品同使用的设施设备相适应体现了这些准则。另一方面，建议性准则是用来在产品的制造中提高生产率，无论是强制性的要求还是建议性的都是同一标准的技术规范。建议性的标准是为了达到一个目的，就是未来的设计要努力达到特殊的兼容性或实施的先进性。

这个标准对于一座建筑直到包括通信插口和校园内各建筑物间的综合布线规定了最低限度的要求，它对一个带有被认可的拓扑和距离的布线系统，对以限定实施参数为依据的媒体进行了说明。并对连接器及插头引线间的布置连接也做了说明。由这些标准限定的建筑的综合布线目的在于尽可能地支持不同类型的商业区，办公面积从 3 000 m^2 到 10^6 m^2，可为多达 5 万人同时工作。

由这些标准规定的综合布线系统的使命寿命为 10 年以上。

这个标准适于办公地点要求的商业建筑的综合布线。为工业企业服务的综合布线标准准备在其他文件中进行说明。

水平布线是综合布线结构的一部分，它从工作区的信息插口一直到管理区，内有工作区的管理区，水平电缆的终端跳线架。完成水平布线的设计后，就要考虑以下的日常业务和系统：

（1）语音通信业务。

（2）室内交换设备。

（3）数据通信。

（4）局域网。

为了满足当今电信的需求，水平布线应便于维护和改进适应新的设备和业务变化。水平缆线的类型和设计的选择对于大楼布线的设计来说相当重要，为避免和减少因需求变化带来水平布线的变动，应考虑水平布线应用的广泛性。同时，还要考虑水平布线离电气设备多远会造成高强度的电磁干扰。大楼内的机械设备如发电机和变压器及工作区的复印设备都属于这类电气设备。

水平布线是星形拓扑结构，每个工作区的信息插座都要和管理区相连。

在水平布线系统中有 4 种类型的电缆：

（1）4 对 100 Ω 无屏蔽双绞线电缆（UTP）。

（2）2 对 150 Ω 有屏蔽双绞线电缆（STP）。

（3）50 Ω 同轴电缆。

（4）62.5/125 m 光纤电缆。

光缆的相关硬件及交叉连接还待研究。混合电缆，指在同一普遍护套下有一种以上的上述电缆，如果符合要求，就能用于水平布线。注意标有这些名称的电缆不一定符合技术标准。

该标准使人们认识到商业大楼内语音和数据通信的重要性。

对于每个专门的工作区需要提供两种信息插座（不必用专用的插板）：一种和语音有关，一种和数据有关。下面列出两种通信插座：

第一种是由 UTP 电缆支持。

第二种是由下列任一种水平电缆支持，依据实际和设计的需要选择：

（1）UTP 电缆。

（2）STP 电缆。

（3）50Ω 同轴电缆。

如有需要，光缆可安装在上述信息插座中，光缆的安装可由一条专用的电缆或混合缆组成。

除了其他有关标准有更严格的规定外，接地方法必须符合 NEC 要求。接地系统一般是商业建筑楼内保护专用信号或通信布线系统不受干扰的一个完整部分。为了保护强电环境中的人员和设备，接地系统必须减少对通信布线系统的电磁干扰的影响和由它所带来的电磁干扰的影响。错误的接地装置会产生感应电压破坏其通信电路。在符合电气标准的同时，还必须遵守设备厂家的接地规程和要求。专用数据和通信网的接地标准要优于国内和当地的标准。在设计系统时要考虑以下因素：

（1）确保安装遵守正确的操作规范。

（2）保证每一个设备室有一适当的接地口。

（3）保证接地装置适用于跳接跳线架，接插件机架，电话和数据设备及维修和测量设备。

主干布线的作用是提供管理区之间，设备之间和综合布线系统结构中如靠入口设备的相互联接。主干布线由设备间有入口设备所需的传输媒体中间和主跳线箱，机械终端组成通信设备的相互联接。计算机、设备间、分界点也许分布在不同建筑内，主干布线就是建筑物间的传输媒体。

很显然，对于一个永久性的综合布线系统，预先安装全部主干线是不可能也是不经济的。有效地安装主干线一般希望分 1～7 个设计阶段，每个阶段要 3～10 年。在每个阶段不能安装其他的布线，保证适应业务需求的增长和变化。每个阶段的长短依使用单位的稳定性和变化而定。

在每个设计阶段开始之前，需要规划一下该阶段所需的最大规模的主干布线总量，对每个管理区、设备间和不同类型的服务，应该估计一下在设计阶段大规模连接的总量。为铜或光纤媒体进行充分的主干布线，以便直接或通过辅助的电子设备满足大量的接连。在设计线路和支持主干电缆结构时，应注意避开发动机和变压器等产生的电磁干扰的地方。

基于业务范围和场地大小，需要进行主干布线。就传输介质来区分，这个标准对 4 种介质做了说明，它们在主干布线中，或是单独使用或是混合使用。它们是：

（1）100 Ω 的多对数主干电缆。

（2）100 Ω 的 UTP 或 STP 电缆。

（3）50 Ω 的同轴电缆。

（4）62.5/125 m 光纤电缆。

由这个标准限定的主干布线能满足不同用户的需求。根据应用特点，选择传输介质，需要考虑以下因素：

（1）业务的灵活性。

（2）主干布线的使用寿命。

（3）地区范围和用户量。

商业大楼的用户信息业务的需求各不相同。对于主干布线的全面考虑是从其可预见性到不可预见性，无论可能与否都首先要满足不同的业务需求。将相近的业务和其他的网络连接在一起，每一部分的不同业务种类要进行划分并做好计划。当不可预见时考虑改动主干布线是最坏的打算，不可预见性越大就越需要主干布线有较好的灵活性。每条可识别电缆都有其他的作用，一种类型的电缆也许满足同一地区所有用户的需要。在主干布线中使用多媒体是必要的，这时不同的媒体就要使用同种设备结构才能用于主跳线箱、终端和大楼间的入楼设备等。

当符合电气标准时，应遵守设备厂家的接地说明和要求。专用收据和通信网的接地要求应符合接入网的有关规定。

当设计接地系统时，要考虑下列元素：

（1）保证按照符合正确的操作规程。

（2）保证管理区、设备室和入楼设备有止确的接地入口。

（3）保证接地适用于跳接箱、配线架、电话和数据设备以及维修和测试设备。

工作区的构成从水平布线的通信插座开始，到工作区的设备终端。设备可以是仪器仪表，并不局限于电话、数据终端和计算机。设计时要考虑其灵活性。

管理区是为布线系统有关的大楼设备而设置的一个布线连接空间。是为不同的设备提供连接手段。

设备室是用来将建筑内的通信系统和部分布线系统的机械终端放置在一起。它与管理区的区别在于装有设备的特性和复杂性。设备室可提供管理区的任何功能，一个大楼内必须有一个管理区或设备室，若需要可以有多个设备室。

入楼设备构成了通往大楼的通信业务，包括大楼入口处的输入点至其他大楼相连的主干电缆。入楼设备起到了连接内部主干电缆和外部主干电缆的作用，它为符合标准的金属电缆提供电气保护。

网络接地点是本地通信部门的通信设备和用户终端的通信系统布线及设备之间的连接点。

5.2.2　综合布线设计规范

综合布线系统应为开放式网络拓扑结构，应能支持语音、数据、图像、多媒体业务等信息的传递。

综合布线系统工程宜按下列 7 个部分进行设计：

（1）工作区：一个独立的需要设置终端设备（TE）的区域宜划分为一个工作区。工作区应由配线子系统的信息插座模块（TO）延伸到终端设备处的连接缆线及适配器组成。

（2）配线子系统：配线子系统应由工作区的信息插座模块、信息插座模块至电信间配线设备（FD）的配线电缆和光缆、电信间的配线设备及设备缆线和跳线等组成。

（3）干线子系统：干线子系统应由设备间至电信间的干线电缆和光缆，安装在设备间的建筑物配线设备（BD）及设备缆线和跳线组成。

（4）建筑群子系统：建筑群子系统应由连接多个建筑物之间的主干电缆和光缆、建筑群配线设备（CD）及设备缆线和跳线组成。

（5）设备间：设备间是在每幢建筑物的适当地点进行网络管理和信息交换的场地。对于综合布线系统工程设计，设备间主要安装建筑物配线设备。电话交换机、计算机主机设备及入口设施也可与配线设备安装在一起。

（6）进线间：进线间是建筑物外部通信和信息管线的入口部位，并可作为入口设施和建筑群配线设备的安装场地。

（7）管理：管理应对工作区、电信间、设备间、进线间的配线设备、缆线、信息插座模块等设施按一定的模式进行标识和记录。

各子系统的系统配置设计大体如下：

（1）工作区。工作区适配器的选用宜符合下列规定：

① 设备的连接插座应与连接电缆的插头匹配，不同的插座与插头之间应加装适配器。

② 在连接使用信号的数模转换，光、电转换，数据传输速率转换等相应的装置时，采用适配器。

③ 对于网络规程的兼容，采用协议转换适配器。

④ 各种不同的终端设备或适配器均安装在工作区的适当位置，并应考虑现场的电源与接地。

每个工作区的服务面积，应按不同的应用功能确定。

（2）配线子系统。根据工程提出的近期和远期终端设备的设置要求，用户性质、网络构成及实际需要确定建筑物各层需要安装信息插座模块的数量及其位置，配线应留有扩展余地。

配线子系统缆线应采用非屏蔽或屏蔽 4 对对绞电缆，在需要时也可采用室内多模或单模光缆。

（3）干线子系统。干线子系统所需要的电缆总对数和光纤总芯数，应满足工程的实际需求，并留有适当的备份容量。主干缆线宜设置电缆与光缆，并互相作为备份路由。

干线子系统主干缆线应选择较短的安全的路由。主干电缆宜采用点对点终接，也可采用分支递减终接。

如果电话交换机和计算机主机设置在建筑物内不同的设备间，宜采用不同的主干缆线来分别满足语音和数据的需要。

在同一层若干电信间之间宜设置干线路由。

（4）建筑群子系统。CD 宜安装在进线间或设备间，并可与入口设施或 BD 合用场地。

CD 配线设备内、外侧的容量应与建筑物内连接 BD 配线设备的建筑群主干缆线容量及建筑物外部引入的建筑群主干缆线容量相一致。

（5）设备间。在设备间内安装的 BD 配线设备干线侧容量应与主干缆线的容量相一致。设备侧的容量应与设备端口容量相一致或与干线侧配线设备容量相同。

（6）进线间。建筑群主干电缆和光缆、公用网和专用网电缆、光缆及天线馈线等室外缆线进入建筑物时，应在进线间成端转换成室内电缆、光缆，并在缆线的终端处可由多家电信业务经营者设置入口设施，入口设施中的配线设备应按引入的电、光缆容量配置。

电信业务经营者在进线间设置安装的入口配线设备应与 BD 或 CD 之间敷设相应的连接电缆、光缆，实现路由互通。缆线类型与容量应与配线设备相一致。

接入业务及多家电信业务经营者缆线接入的需求，并应留有 2～4 孔的余量。

（7）管理。对设备间、电信间、进线间和工作区的配线设备、缆线、信息点等设施应按一定的模式进行标识和记录，并宜符合下列规定：① 综合布线系统工程宜采用计算机进行文档记录与保存，简单且规模较小的综合布线系统工程可按图纸资料等纸质文档进行管理，并做到记录准确、及时更新、便于查阅。② 文档资料应实现汉化。

综合布线的每一电缆、光缆、配线设备、端接点、接地装置、敷设管线等组成部分均应给定唯一的标识符，并设置标签。标识符应采用相同数量的字母和数字等标明。

电缆和光缆的两端均应标明相同的标识符。

设备间、电信间、进线间的配线设备宜采用统一的色标区别各类业务与用途的配线区。

所有标签应保持清晰、完整，并满足使用环境要求。

对于规模较大的布线系统工程，为提高布线工程维护水平与网络安全，宜采用电子配线设备对信息点或配线设备进行管理，以显示与记录配线设备的连接、使用及变更状况。

综合布线系统相关设施的工作状态信息应包括：设备和缆线的用途、使用部门、组成局域网的拓扑结构、传输信息速率、终端设备配置状况、占用器件编号、色标、链路与信道的功能和各项主要指标参数及完好状况、故障记录等，还应包括设备位置和缆线走向等内容。

5.3 物联网布线与安装

5.3.1 设计原则

1. 工作区子系统的设计原则

在工作区子系统的设计中，一般要遵循以下原则：

（1）优先选用双口插座原则：一般情况下，信息插座宜选用双口插座。不建议使用三口或者四口插座，因为一般墙面安装的网络插座底座和面板的尺寸为长 86 mm，宽为 86 mm，底盒内部空间很小，无法确保和容纳更多网络双绞线的曲率半径。

（2）插座高度 300 mm 原则：在墙面安装的信息插座距离地面高度为 300 mm，在地面设置的信息插座必须选用金属面板，并且具有抗压、防水功能。

（3）信息插座与终端设备 5 m 以内原则：为了保证传输速率和使用方便及美观，GB 50311 规定，信息插座与计算机等终端设备的距离宜保持在 5 m 范围内。

（4）信息插座模块与终端设备网卡接口类型一致原则：GB 50311 规定，插座内安装的信息模块必须与计算机、打印机、电话机等终端设备内安装的网卡类型一致。例如，终端计算机为光模块网卡时，信息插座内必须安装对应的光模块。计算机为 6 类网卡时，信息插座内必须安装对应的 6 类模块。

（5）数量配套原则：一般工程中大多数使用双口面板，也有少量的单口面板。因此，在设计时必须准确计算工程使用的信息模块数量、信息插座数量、面板数量等。

（6）配置电源插座原则：在信息插座附近必须设置电源插座，减少设备跳线的长度。为了减少电磁干扰，电源插座与信息插座的距离应大于 300 mm。

（7）配置软跳线原则：从信息插座到计算机等终端设备之间的跳线一般使用软跳线，软跳线的线芯为多股铜线组成，不宜使用线芯直径 0.5 mm 以上的单芯跳线，长度一般小于 5 m。6 类电缆综合布线系统必须使用 6 类跳线，7 类电缆综合布线系统必须使用 7 类跳线，光纤布线系统必须使用对应的光纤跳线。特别注意：在屏蔽布线系统中，禁止使用非屏蔽跳线。

（8）配置专用跳线原则：工作区子系统的跳线宜使用专业化生产的跳线，不允许现场制作跳线，这是因为现场制作跳线时，往往会使用工程剩余的短线，而这些短线已经在施工过程中承受了较大拉力和多次拐弯，缆线结构已经发生了很大的改变。另外，实际工程经验表明，在信道测试中影响最大的就是跳线，在 6 类、7 类布线系统中尤为明显，信道测试不合格主要原因往往是两端的跳线造成的。

（9）配置同类跳线原则：跳线必须与布线系统的等级和类型相配套。例如，在 6 类布线系统必须使用 6 类跳线，依此类推。

2. 水平子系统的设计原则

在水平子系统的设计中，一般遵循下列原则：

（1）性价比最高原则：因为水平子系统范围广、布线长、材料用量大，对工程总造价和质量影响比较大。

（2）预埋管原则：认真分析布线路由和距离，确定缆线的走向和位置。新建的建筑物优先考虑在建筑物梁和立柱中预埋穿线管，旧楼改造或者装修时考虑在墙面刻槽埋管或者墙面明装线槽。因为在新建的建筑物中预埋线管的成本比明装布管、槽的成本低，工期短，外观美观。

（3）水平缆线最长原则：按照 GB 50311 规定，铜缆双绞线电缆的信道长度不超过 100 m，水平缆线长度一般不超过 90 m。因此在前期设计时，水平缆线最长不宜超过 90 m。

（4）水平缆线最短原则：为了保证水平缆线最短原则，一般把楼层管理间设置在信息点居中的房间，保证水平缆线最短。对于楼道长度超过 100 m 的楼层，或者信息点比较密集时，可以在同一层设置多个管理间，这样既能节约成本，又能降低施工难度。因为布线距离短时，线管和电缆也短，拐弯减少，布线拉力也小一些。

（5）避让强电原则：一般尽量避免水平缆线与 36 V 以上强电供电线路平行走线。在工程设计和施工中，一般原则为网络布线避让强电布线。

（6）地面无障碍原则：在设计和施工中，必须坚持地面无障碍原则。

3. 管理间子系统的设计原则

在管理间子系统的设计中，一般遵循下列原则：

（1）配线架数量的确定原则：配线架端口数量应该大于信息点数量，以确保全部信息点过来的缆线全部端接在配线架中。

（2）标识管理原则：由于管理间缆线和跳线很多，必须对每根缆线进行编号和标识，在工程项目实施中还需要将编号和标识规定张贴在该管理间内，方便施工和维护。

（3）理线原则：对管理间缆线必须全部端接在配线架中，完成永久链路的安装。在端接前先整理好全部缆线，预留出合适长度，重新做好标记，剪掉多余的缆线，按照区域或编号顺序绑扎和整理好，通过理线环端接到配线架。

（4）配置不间断电源原则。

（5）防雷电措施：管理间的机柜应该可靠接地，防止雷电及静电损坏。

4. 设备间子系统的设计原则

（1）位置合适原则：设备间的位置应根据建筑物的结构、布线规模、设备数量和管理方式综合考虑。设备间宜处于干线子系统的中间位置，并考虑主干缆线的传输距离与数量，设备间宜尽可能靠近建筑物竖井位置，有利于主干缆线的引入，设备间的位置宜便于设备接地，设备间还要尽量远离有干扰源存在的场地。

（2）面积合理原则：设备间面积的大小，应该考虑安装设备的数量和维护管理方便。如果面积太小，后期可能出现设备安装拥挤，不利于空气流通和设备散热。设备间内应有足够的设备安装空间，其使用面积不应小于 20 m^2。

（3）数量合适原则：每栋建筑物内应至少设置一个设备间，如果电话交换机与网络设备分别安装在不同的场地或根据安全需要，也可设置两个或两个以上设备间，以满足不同业务的设备安装需要。

（4）外开门原则：设备间入口门采用外开双扇门，门宽不应小于 1.5 m。

（5）配电安全原则：设备间的供电必须符合相应的设计规范，例如设备专用电源插座、维修和照明电源插座、接地排等。

（6）环境安全原则。

（7）标准接口原则：建筑物综合布线系统与外部配线连接时，应遵循相应的接口标准要求。

5. 垂直子系统的设计原则

（1）星形拓扑结构原则：垂直子系统必须为星形网络拓扑结构。

（2）保证传输速率原则：垂直子系统首先考虑传输速率，一般选用光缆。

（3）无转接点原则：由于垂直子系统中的光缆或者电缆路由比较短，而且跨越楼层或者区域，因此在布线路由中不允许有接头或者 CP 集合点等各种转接点。

（4）语音和数据电缆、控制电缆分开原则。

（5）大弧度拐弯原则：垂直子系统主要使用大对数电缆、组合电缆和光缆传输，同时对数据传输速率要求高，涉及终端用户多，一般会涉及一个楼层的很多用户，因此在设计时，垂直子系统的缆线应该垂直安装。

（6）满足整栋大楼原则。

（7）布线系统安全原则：由于垂直子系统涉及每个楼层，而且连接建筑物的设备间和楼层管理间交换机等重要设备，布线路由一般使用金属桥架，因此在设计和施工中要采取金属桥架可靠接地措施，预防雷电击穿破坏，还要防止缆线遭破坏等措施，并且注意与强电保持较远的距离，防止电磁干扰等。

6. 建筑群子系统的设计原则

（1）地下埋管原则。

（2）远离高温管道原则。

（3）远离强电原则。

（4）预留原则。

（5）管道抗压原则。

（6）大拐弯原则。

5.3.2 各子系统

1. 工作区子系统

综合布线系统工作区的应用在智能建筑中随处可见，就是安装在建筑物墙面或者地面的各种信息插座。墙面安装的插座一般为 86 系列。一般采用暗装方式，把插座底盒暗藏在墙内，只有信息面板突出墙面，暗装方式一般配套使用线管，线管也必须安装在墙内。

按插座底盒内安装的各种信息模块区分：光模块、电模块、数据模块、语音模块等。

按照缆线种类区分：与电缆连接的电模块和与光缆连接的光模块。

按照屏蔽方式分：屏蔽模块和非屏蔽模块。

按照传输速率区分：5 类模块、超 5 类模块、6 类模块、7 类模块。

按照实际用途区分：数据模块和语音模块。

在 GB 50311—2007《综合布线系统工程设计规范》中，明确规定了综合布线系统工程工作区的基本概念，工作区就是需要设置终端设备的独立区域。这里的工作区是指需要安装计算机、打印机、复印机、考勤机等网络终端设备的一个独立区域。在实际工程应用中一个网络插口为一个独立的工作区，也就是一个网络模块对应一个工作区，而不是一个房间为一个工作区，在一个房间往往会有多个工作区。

2. 水平子系统

水平子系统指从信息插座至楼层管理间的部分，在 GB 50311 中称为配线子系统。

水平子系统一般指在同一个楼层上，是从工作区的信息插座开始到管理间子系统的配线架，由用户信息插座、水平电缆、配线设备等组成。由于水平子系统最为复杂、布线路由长、拐弯多、造价高，安装实施时电缆承受拉力大，因此水平子系统的设计和安装质量直接影响信息传输率，也是网络应用系统中最为重要组成部分。

目前，网络应用系统全部采用星形拓扑结构，直接体现在水平子系统，也就是从楼层管理间直接向各个信息点布线。在实际工程中，水平子系统的安装布线范围一般全部在建筑物内部，常用的有 3 种布线方式，即暗埋管布线方式、桥架布线方式、地面敷设布线方式。

3. 管理间子系统

管理间子系统又称电信间或者配线间，是专门安装楼层机柜、配线架、交换机和配线设备的楼层管理间。一般设置在每个楼层的中间位置，主要安装建筑物楼层的配线设备。管理间子系统也是连接垂直子系统和水平子系统的设备间。当楼层信息点很多时，可以设置多个管理间。

在综合布线系统中，管理间子系统包括了楼层配线间、二级交接间的缆线、配线架及相关接插跳线等。通过综合布线系统的管理间子系统，可以直接管理整个应用系统的终端设备，从而实现综合布线的灵活性、开放性和扩展性。

4. 设备间子系统

设备间子系统就是建筑物的网络中心，有时也称为建筑物机房，智能建筑物一般都有独立的设备间。设备间子系统是建筑物中数据、语音垂直主干缆线终接的场所，也是建筑群的缆线进入建筑物的场所，还是各种数据和语音设备及保护设施的安装场所，更是网络系统进行管理、控制、维护的场所。

设备间子系统一般设在建筑物中部或在建筑物的一、二层，避免设在顶层，而且要为以后的扩展留下余地，同时对面积、门窗、天花板、电源、照明、散热、接地等有一定的要求。

5．垂直子系统

垂直子系统又称干线子系统，为了便于理解和工程行业习惯叫法，本教材仍然称为垂直子系统，它是综合布线系统中非常关键的组成部分，它连接设备间子系统和管理间子系统，两端分别连接在设备间和楼层管理间的配线架上。它是建筑物内综合布线的主干缆线，垂直子系统一般使用光缆传输。

垂直子系统的布线也是一个星形网络拓扑结构，从建筑物设备间向各个楼层的管理间布线，实现大楼信息流的纵向连接。在实际工程中，大多数建筑物都是垂直向高空发展的，因此很多情况下会采用垂直型的布线方式。但是也有很多建筑物是横向发展的，如飞机场的候机厅、工厂的仓库等建筑，这时也会采用水平型的主干布线方式。因此，主干线缆的布线路由既可能是垂直型的，也可能是水平型的，或是两者的结合。

6．建筑群子系统

建筑群子系统又称楼宇子系统，主要实现建筑物与建筑物之间的通信连接，一般采用光缆并配置光纤配线架等相应设备，它支持建筑物之间通信所需的硬件，包括缆线、端接设备和电气保护装置。设计时应考虑布线系统周围环境，确定建筑物之间的传输介质和路由，并使线路长度符合相关网络标准规定。

5.3.3　综合布线安装

1．工作区

工作区信息插座的安装宜符合下列规定：

（1）安装在地面上的接线盒应防水和抗压。

（2）安装在墙面或柱子上的信息插座底盒、多用户信息插座盒及集合点配线箱体的底部离地面的高度宜为 300 mm。

工作区的电源应符合下列规定：

（1）每 1 个工作区至少应配置一个 220 V 交流电源插座。

（2）工作区的电源插座应选用带保护接地的单相电源插座，保护接地与零线应严格分开。

2．电信间

电信间的数量应按所服务的楼层范围及工作区面积来确定。如果该层信息点数量不大于 400 个，水平缆线长度在 90 m 范围以内，宜设置一个电信间；当超出这一范围时宜设两个或多个电信间；每层的信息点数量数较少，且水平缆线长度不大于 90 m 的情况下，宜几个楼层合设一个电信间。

电信间应与强电间分开设置，电信间内或其紧邻处应设置缆线竖井。

电信间的使用面积不应小于 5 m^2，也可根据工程中配线设备和网络设备的容量进行调整。

电信间的设备安装和电源要求，应符合 GB 50311 第 6.3.8 条和第 6.3.9 条的规定。

电信间应采用外开丙级防火门，门宽大于 0.7 m。电信间内温度应为 10～35 ℃，相对湿度宜为 20%～80%。如果安装信息网络设备时，应符合相应的设计要求。

3. 设备间

设备间位置应根据设备的数量、规模、网络构成等因素，综合考虑确定。

每幢建筑物内应至少设置一个设备间，如果电话交换机与计算机网络设备分别安装在不同的场地或根据安全需要，也可设置两个或两个以上设备间，以满足不同业务的设备安装需要。

建筑物综合布线系统与外部配线网连接时，应遵循相应的接口标准要求。

设备间的设计应符合下列规定：

（1）设备间宜处于干线子系统的中间位置，并考虑主干缆线的传输距离与数量。

（2）设备间宜尽可能靠近建筑物线缆竖井位置，有利于主干缆线的引入。

（3）设备间的位置宜便于设备接地。

（4）设备间应尽量远离高低压变配电、电机、X 射线、无线电发射等有干扰源存在的场地。

（5）设备间室温度应为 10～35 ℃，相对湿度应为 20%～80%，并应有良好的通风。

（6）设备间内应有足够的设备安装空间，其使用面积不应小于 10 m^2，该面积不包括程控用户交换机、计算机网络设备等设施所需的面积在内。

（7）设备间梁下净高不应小于 2.5 m，采用外开双扇门，门宽不应小于 1.5 m。

4. 进线间

进线间应设置管道入口。

进线间应满足缆线的敷设路由、成端位置及数量、光缆的盘长空间和缆线的弯曲半径、充气维护设备、配线设备安装所需要的场地空间和面积。

进线间的大小应按进线间的进局管道最终容量及入口设施的最终容量设计。同时，应考虑满足多家电信业务经营者安装入口设施等设备的面积。

进线间宜靠近外墙和在地下设置，以便于缆线引入。进线间设计应符合下列规定：

（1）进线间应防止渗水，宜设有抽排水装置。

（2）进线间应与布线系统垂直竖井沟通。

（3）进线间应采用相应防火级别的防火门，门向外开，宽度不小于 1 000 mm。

（4）进线间应设置防有害气体措施和通风装置，排风量按每小时不小于 5 次容积计算。

与进线间无关的管道不宜通过。

进线间入口管道口所有布放缆线和空闲的管孔应采取防火材料封堵，做好防水处理。

进线间如安装配线设备和信息通信设施时，应符合设备安装设计的要求。

5. 缆线布放

配线子系统缆线宜采用在吊顶、墙体内穿管或设置金属密封线槽及开放式（电缆桥架，吊挂环等）敷设，当缆线在地面布放时，应根据环境条件选用地板下线槽、网络地板、高架（活动）地板布线等安装方式。

干线子系统垂直通道穿过楼板时宜采用电缆竖井方式。

也可采用电缆孔、管槽的方式，电缆竖井的位置应上、下对齐。

建筑群之间的缆线宜采用地下管道或电缆沟敷设方式，并应符合相关规范的规定。

缆线应远离高温和电磁干扰的场地。

缆线布放在管与线槽内的管径与截面利用率，应根据不同类型的缆线做不同的选择。管内穿放大对数电缆或4芯以上光缆时，直线管路的管径利用率应为50%～60%，弯管路的管径利用率应为40%～50%。管内穿放4对对绞电缆或4芯光缆时，截面利用率应为25%～30%。布放缆线在线槽内的截面利用率应为30%～50%。

6. 电气防护及接地

综合布线系统应根据环境条件选用相应的缆线和配线设备，或采取防护措施，并应符合下列规定：

（1）当综合布线区域内存在的电磁干扰场强低于3 V/m时，宜采用非屏蔽电缆和非屏蔽配线设备。

（2）当综合布线区域内存在的电磁干扰场强高于3 V/m时，或用户对电磁兼容性有较高要求时，可采用屏蔽布线系统和光缆布线系统。

（3）当综合布线路由上存在干扰源，且不能满足最小净距要求时，宜采用金属管线进行屏蔽，或采用屏蔽布线系统及光缆布线系统。

在电信间、设备间及进线间应设置楼层或局部等电位接地端子板。

综合布线系统应采用共用接地的接地系统，如单独设置接地体时，接地电阻不应大于 4 Ω。如布线系统的接地系统中存在两个不同的接地体时，其接地电位差不应大于1 Vr.m.s。

楼层安装的各个配线柜（架、箱）应采用适当截面的绝缘铜导线单独布线至就近的等电位接地装置，也可采用竖井内等电位接地铜排引到建筑物共用接地装置，铜导线的截面应符合设计要求。

缆线在雷电防护区交界处，屏蔽电缆屏蔽层的两端应做等电位连接并接地。

综合布线的电缆采用金属线槽或钢管敷设时，线槽或钢管应保持连续的电气连接，并应有不少于两点的良好接地。

当缆线从建筑物外面进入建筑物时，电缆和光缆的金属护套或金属件应在入El处就近与等电位接地端子板连接。

当电缆从建筑物外面进入建筑物时，应选用适配的信号线路浪涌保护器，信号线路浪涌保护器应符合设计要求。

5.3.4 综合布线系统测试

综合布线工程测试内容主要包括3个方面：工作区到设备间的连通状况测试、主干线连通状况测试、跳线测试。每项测试内容主要测试以下参数：信息传输速率、衰减、距离、接线图、近端串扰等。

1．测试的相关基础知识

（1）接线图（Wire Map）。接线图是用来检验每根电缆末端的 8 条芯线与接线端子实际连接是否正确，并对安装连通性进行检查。

（2）长度〔Length〕。基本链路的最大物理长度是 94 m，通道的最大长度是 100 m。基本链路和通道的长度可通过测量电缆的长度确定，也可从每对芯线的电气长度测量中导出。

（3）衰减（Attenuation）。衰减是信号能量沿基本链路或通道传输损耗的量度，它取决于双绞线电阻、分布电容、分布电感的参数和信号频率。衰减量会随频率和线缆长度的增加而增大。

（4）近端串扰损耗（NEXT）。近端串扰是指在一条双绞电缆链路中，发送线对对同一侧其他线对的电磁干扰信号。NEXT 值是对这种耦合程度的度量，它对信号的接收产生不良的影响。NEXT 值的单位是 dB，定义为导致串扰的发送信号功率与串扰之比，NEXT 越大，串扰越低，链路性能越好。

（5）直流环路电阻。任何导线都存在电阻，直流环路电阻是指一对双绞线电阻之和。

（6）特性阻抗（Impedance）。特性阻抗是衡量电缆及相关连接件组成的传输通道的主要特性的参数。一般来说，双绞线电缆的特性阻抗是一个常数。人们常说的电缆规格 100 Ω UTP、120 Ω FTP、150 Ω STP，其对应的特性阻抗分别为 100 Ω、120 Ω、150 Ω。

（7）衰减与近端串扰比（ACR）。衰减与近端串扰比是双绞线电缆的近端串扰值与衰减的差值，它表示了信号强度与串扰产生的噪声强度的相对大小，单位为 dB。它不是一个独立的测量值，而是衰减与近端串扰（NXET-Attenuation）的计算结果，其值越大越好。

（8）综合近端串扰（Power Sun NEXT，PSNT）。在一根电缆中使用多对双绞线进行传送和接收信息会增加这根电缆中某对线的串扰。综合近端串扰就是双绞线电缆中所有线对对被测线对产生的近端串扰之和。

（9）等效远端串扰（Equal Level FEXT，ELFEXT）。一个线对从近端发送信号，其他线对接收串扰信号，在链路远端测量得到经线路衰减了的串扰值，称为远端串扰（FEXT）。

（10）传输延迟（Propagation Delay）。这一参数代表了信号从链路的起点到终点的延迟时间。电子信号在双绞电缆并行传输的速度差异过大会影响信号的完整性而产生误码。

常用的双绞线、同轴电线，它们所用的介质材料决定了相应的传输延迟。双绞线传输延迟为 56 ns/m，同轴电线传输延迟为 45 ns/m。

（11）回波损耗（Return Loss，RL）。该参数是衡量通道特性阻抗一致性的。通道的特性阻抗随着信号频率的变化而变化。如果通道所用的线缆和相关连接件阻抗不匹配而引起阻抗变化，造成终端传输信号量被反射回去，被反射到发送端的一部分能量会形成噪声，导致信号失真，影响综合布线系统的传输性能。

2．测试标准

目前常用的测试标准为美国国家标准协会 EIA/TIA 制定的 TSB-67、EIA/TIA-568A

等。TSB-67 包含了验证 EIA/TIA-568 标准定义的 UTP 布线中的电缆与连接硬件的规范。

随着超 5 类、6 类系统标准制定和推广，目前 EIA568 和 TSB-67 标准已提供了超 5 类、6 类系统的测试标准。

3．测试模型

（1）TSB-67 测试内容。TSB-67 标准包含主要内容如下：

① 两种测试模型的定义。

② 要测试的参数的定义。

③ 为每一种连接模型及 2 类、3 类和 5 类链路定义 PASS 或 FAIL 测试极限。

④ 减少测试报告项目。

⑤ 现场测试仪的性能要求和如何验证这些要求的定义。

⑥ 现场测试与实验室测试结果的比较方法。

（2）TSB-67 测试模型。TSB-67 定义了两种标准的测试模型：基本链路（Basic Link）和通道（Channel）。

基本链路用来测试综合布线中的固定链路部分。由于综合布线承包商通常只负责这部分的链路安装，所以基本链路又称承包商链路。它包括最长 90 m 的水平布线，两端可分别有一个连接点及用于测试的两条各 2 m 长的跳线。

通道用来测试端到端的链路整体性能，又称用户链路。它包括最长 90 m 的水平电缆，一个工作区附近的转接点，在配线架上的两处连接，以及总长不超过 10 m 的连接线和配线架跳线。

工程验收测试一般选择基本链路测试。从用户的角度来说，用于高速网络的传输或其他通信传输时的链路不仅要包含基本链路部分，而且还要包括用于连接设备的用户电缆，所以他们希望得到一个通道的测试报告。

4．双绞线测试技术

（1）5 类双绞线测试内容。根据 EIA/TIA TSB-67 标准规定，5 类双绞线测试的内容有以下项目：

① 接线图测试，确认一端的每根导线与另一端相应的导线连接的线序，以判断是否正确地绞接。

② 链路长度测试，测试链路布设的真实长度，一般实际测量时会有至少 10%的误差。

③ 衰减测试，测试信号在被测链路传输过程中的信号衰减程度，单位为 dB。

④ 近端串扰 NEXT 损耗测试，测试传送信号与接收同时进行的时候产生干扰的信号，是对双绞线电缆性能评估的最主要的标准。

（2）超 5 类、6 类双绞线测试内容。超 5 类、6 类双绞线测试在 5 类双绞线测试的基础上，增加了 7 项测试项目，具体如下：

① 特性阻抗测试，它是衡量由电缆及相关连接硬件组成的传输通道的主要特性之一。

② 结构回波损耗（SRL）测试，用于衡量通道所用电缆和相关连接硬件阻抗是

否匹配。

③ 等效式远端串扰测试，用于衡量两个以上信号朝一个方向传输时的相互干扰情况。

④ 综合远端串扰（Power Sun ELFEXT）测试，用于衡量发送和接收信号时对某根电缆所产生的干扰信号。

⑤ 回波损耗测试，用于确定某一频率范围内反射信号的功率，与特性阻抗有关。

⑥ 衰减串扰比（ACR）测试，它是同一频率下近端串扰 NEXT 和衰减的差值。

⑦ 传输延迟测试，它代表了信号从链路的起点到终点的延迟时间，两个线对间的传输延迟上的差异对于某些高速局域网来说是十分重要的参数。

5. 双绞线常见问题解决方法

（1）接线图测试未通过。该项测试未通过可能由以下因素造成：

① 双绞线电缆两端的接线相序不对，造成测试接线图出现交叉现象。

② 双绞线电缆两端的接头有短路、断路、交叉、破裂的现象。

③ 跨接错误，某些网络特意需要发送端和接收端跨接，当为这些网络构筑测试链路时，由于设备线路的跨接，测试接线图会出现交叉。

相应的解决问题的方法：

① 对于双绞线电缆端接线序不对的情况，可以采取重新端接的方式来解决。

② 对于双绞线电缆两端的接头出现的短路、断路等现象，应首先根据测试仪显示的接线图判定双绞线电缆哪一端出现的问题，然后重新端接双绞线电缆。

③ 对于跨接错误的问题，只要重新调整设备线路的跨接即可解决。

（2）链路长度测试未通过链路长度测试，未通过的原因可能有：

① 测试仪标称传播相速度设置不正确。

② 实际长度超长，如双绞线电缆通道长度不应超过 100 m。

③ 双绞线电缆开路或短路。

相应的解决问题的方法：

① 可用已知的电缆确定并重新校准标称传播相速度。

② 对于电缆超长问题，只能采用重新布设电缆的方法来解决。

③ 对于双绞线电缆开路或短路的问题，首先要根据测试仪显示的信息，准确地定位电缆开路或短路的位置，然后采取重新端接电缆的方法来解决。

（3）近端串扰测试未通过。近端串扰测试未通过的可能原因有：

① 双绞线电缆端接点接触不良。

② 双绞线电缆远端连接点短路。

③ 双绞线电缆线对扭绞不良。

④ 存在外部干扰源影响。

⑤ 双绞线电缆和连接硬件性能问题或不是同一类产品。

⑥ 双绞线电缆的端接质量问题。

相应的解决问题的方法：

① 端接点接触不良的问题经常出现在模块压接和配线架压接方面，因此应对电缆所端接的模块和配线架进行重新压接加固。

② 对于远端连接点短路的问题，可以通过重新端接电缆来解决。

③ 如果双绞线电缆在端接模块或配线架时线对扭绞不良，则应采取重新端接的方法来解决。

④ 对于外部干扰源，只能采用金属槽或更换为屏蔽双绞线电缆的手段来解决。

⑤ 对于双绞线电缆及相连接硬件的性能问题，只能采取更换的方式来彻底解决，所有线缆及连接硬件应更换为相同类型的产品。

（4）衰减测试未通过。衰减测试未通过的原因可能有：

① 双绞线电缆超长。

② 双绞线电缆端接点接触不良。

③ 电缆和连接硬件性能问题或不是同一类产品。

④ 电缆的端接质量问题。

⑤ 现场温度过高。

相应解决问题的方法：

① 对于超长的双绞线电缆，只能采取更换电缆的方式来解决。

② 对于双绞线电缆端接质量问题，可采取重新端接的方式来解决。

③ 对于电缆和连接硬件的性能问题，应采取更换的方式来彻底解决，所有线缆及连接硬件应更换为相同类型的产品。

小结

本章首先阐述了物联网规划的设计原则、应用系统设计及物联网系统集成的基本知识，其次详细介绍了物联网综合布线的相关标准，最后简略地对物联网布线与安装进行了说明。由于篇幅有限，本章大部分内容都只是作了简单的介绍，需要更进一步详细学习相关知识。

习题

1. 规划设计物联网一般应遵循哪些基本原则？为什么？
2. 简述物联网应用系统设计的基本过程。
3. 简述物联网系统集成的基本过程。
4. 简述物联网布线的基本设计原则。
5. 简述物联网布线系统测试种类。
6. 简述物联网布线常见测试故障及相应处理方法。

第6章 路由器与交换机配置技术

学习重点

本章介绍了IP网络中交换机和路由器的工作过程和组成结构，详细讲述了交换机和路由器的配置技术。对于本章的学习，应了解交换机的工作过程和特点，区分二层交换和三层交换的各自特点，理解路由器的组成结构和路由协议的基本特点，掌握交换机的配置方式和基本配置命令、路由器的基本配置命令。

6.1　路由器内部构造

6.1.1　路由器简介

1. 路由器的作用

路由器是 IP 网络主要的网络设备，用于连接不同的网络，通过路由功能实现数据的转发。作为不同网络之间互相连接的枢纽，路由器构成了基于 TCP/IP 的国际互联网络 Internet 的骨架。

路由器的主要工作就是为经过路由器的每个分组寻找一条最佳传输路径，并将该分组有效地传送到目的站点。选择最佳路径的策略即路由算法是路由器的关键技术。路由器通过路由表作为分组转发的依据。路由表中保存着目的网络地址和下一跳路由器地址等内容。路由表可以由系统管理员设置，也可以由路由器通过路由协议自动计算。

路由器是一种具有多个输入端口和多个输出端口的专用计算机，其任务是转发分组。也就是说，将路由器某个输入端口收到的分组，按照分组要去的目的地（即目的网络），把该分组从路由器的某个合适的输出端口转发给下一跳路由器。下一跳路由器也按照这种方法处理分组，直到该分组到达终点为止。

路由器还具有流量控制功能，不仅具有缓冲区，而且还能控制收发双方数据流量，使两者更加匹配。

路由器是连接多种网络的汇集点，网间分组都要通过它，在这里对网络中的分组、设备进行监视和管理是比较方便的。因此，高档路由器都配置了网络管理功能，以便提高网络的运行效率、可靠性和可维护性。

当多个网络通过路由器互联时，各网络传输的数据分组的大小可能不相同，这就需要路由器对分组进行分段或组装。即路由器能将接收的大分组分段并封装成小分组后转发，或将接收的小分组组装成大分组后转发。如果路由器没有分段组装功能，那么整个互联网就只能按照所允许的某个最短分组进行传输，会大大降低网络传输的效率。

路由器支持多种协议的传输，能够实现不同网络间协议的转换。

2. 路由器的工作流程

路由器工作于网络 7 层协议的第 3 层，根据 TCP/IP 协议，路由器的分组转发具体过程如下：

（1）网络接口接收分组。这一步负责网络物理层处理，即把经编码调制后的信号还原为数据。不同的物理网络介质决定了不同的网络接口，如对应于 10Base-T 以太网，路由器有 10Base-T 以太网接口，对应于 SDH，路由器有 SDH 接口。

（2）路由器调用相应的链路层（网络 7 层协议中的第 2 层）功能模块处理此分组的链路层协议报头。这一步处理比较简单，主要是对数据完整性的验证，如 CRC 校验、帧长度检查。

（3）在链路层完成对数据帧的完整性验证后，路由器开始处理此数据帧的 IP 层。这一过程是路由器功能的核心。根据数据帧中 IP 包头的目的 IP 地址，路由器在路由表中查找下一跳的 IP 地址，IP 分组头的 TTL（Time to Live）域开始减数，并计算新的校验和。如果接收数据帧的网络接口类型与转发数据帧的网络接口类型不同，则 IP 分组还可能因为最大帧长度的规定而分段或重组。

（4）根据在路由表中所查到的下一跳 IP 地址，IP 数据包送往相应的输出链路层，被封装上相应的链路层帧头，最后经输出网络物理接口发送出去。

主机或路由器在接收到 MAC 帧后，剥去其首部和尾部，MAC 层的数据此时变成 IP 数据报，然后交给网络层，网络层在 IP 数据包中找到源 IP 地址和目的 IP 地址，然后转发。依此类推，路由器收到数据后，首先查看路由表，然后根据路由表转发，如果没有该路由条目则从默认路由发或返回目标不可达的信息。

3．路由器的组成结构

路由器的组成包括硬件组件和软件系统。

（1）路由器的基本硬件组件。各个公司生产了多种路由器产品，这些产品在处理能力和所支持的接口数量方面差异很大，所使用的核心硬件也有所不同。图 6-1 是 Cisco 公司路由器的关键组件图。

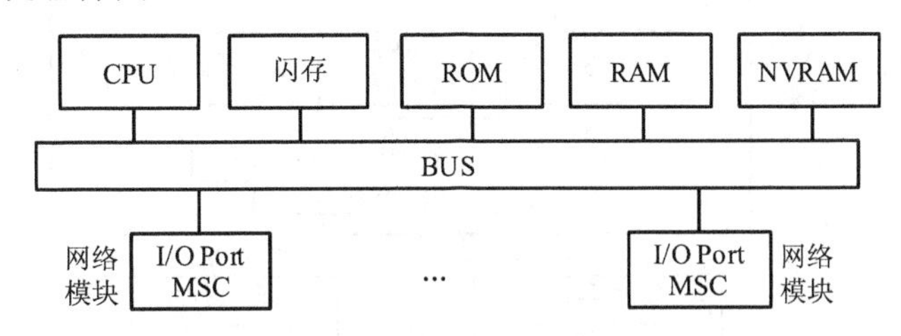

图 6-1　路由器硬件组件

① CPU。CPU 或微处理器负责执行组成路由器操作系统的指令，以及通过控制台或者通过远程登录连接而输入的用户命令。因此，CPU 的处理功能直接与路由器的处理能力相关。

② 闪存。闪存是一种可擦写可编程的 ROM 内存。在许多路由器上，闪存可用来存放操作系统的镜像和路由器的微码。路由器的闪存还可用于将操作系统镜像通过简单文件传输协议传递给另一个路由器。

③ 只读存储器。只读存储器（ROM）中的代码所执行的加电诊断类似于许多 PC 所执行的加电自检。而且，ROM 中的引导程序用于装载操作系统软件。其他路由器可能使用不同类型的存储器来存放操作系统。

④ 随机存储器。随机存储器（RAM）用于存放路由表、执行分组缓冲和当有过许多流量路由至一个公共接口而导致无法直接输出时为分组队列提供一定的缓冲区域，以及当设备在运行时为路由器配置文件提供内存。

⑤ 非易失随机存储器。当路由器关掉电源时，非易失随机存储器（NVRAM）保留其内容。通过将其配置文件的副本存储在 NVRAM 中，路由器可以快速地从电源故障中恢复过来。

⑥ 输入/输出端口以及特定媒体转换器。输入/输出端口（I/O Port）是一个连接点，

分组通过这个连接点进入和退出路由器。每个 I/O 端口都连接到特定媒体转换器（MSC），后者将物理接口提供给特定类型的媒体，如以太网或令牌环 LAN 或 RS-232 或 V.35 WAN 接口。

（2）基本软件系统：

① 操作系统。路由器是一种专用的计算机，正如计算机必须有操作系统才能使用一样，路由器也必须有操作系统。Cisco 公司的路由器（和交换机）专用的操作系统为 IOS（Internetwork Operating System）。

② 配置文件。路由器第二个主要软件是配置文件。此文件由路由器管理员创建，所包含的语句由操作系统解释，并告诉操作系统如何执行内置在 OS 中的各种功能。虽然配置文件提供了使路由器运行的命令语句，但实际上进行这项工作的是操作系统，因为它解释配置文件中的语句，并根据这些语句采取相应的动作。并且，配置文件是以 ASCII 形式存储的语句。

③ 数据流。配置信息的重要性可以通过了解路由器中的数据流看出来，如图 6-2 所示。

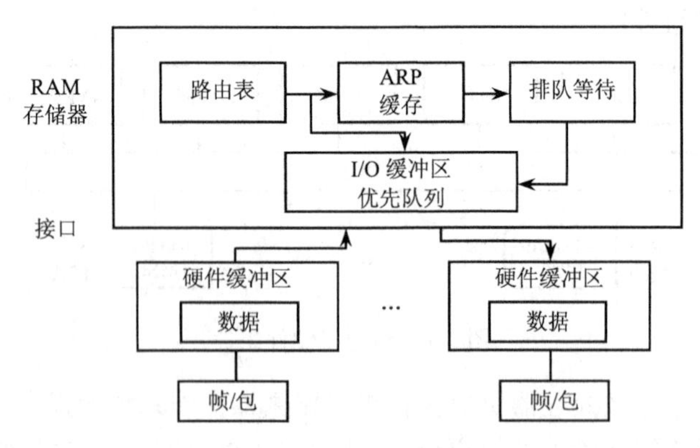

图 6-2　路由器中数据流

输入的配置命令告诉操作系统在媒体接口要处理的帧的类型。接口可能是以太网、光纤分布式数据接口（FDDI），甚至是串行广域网端口等。

一旦路由器知道了它必须支持的接口类型，就可以检验正在到达的数据帧格式，并正确地形成帧以便将它通过此接口或其他接口输出。而且，路由器还可以检查已接收帧的数据完整性。

在主内存中，配置命令用于控制路由表项产生的方法。因为接收或准备数据是为了传输，所以数据可能进入一个或多个优先级队列，其中优先级较低的数据流被暂时延迟，以便路由器处理优先级更高的数据流。

随着数据流入路由器，将由容纳（Hold）队列跟踪位置和状态。一旦目的地址和封装方法被确定下来，分组就可以传输到一个输出接口端口。数据在传输到接口的发送缓冲以传输到连接的媒体之前，将再一次放置在优先级队列中。

4．路由器的分类

（1）按性能档次分。路由器按性能档次分为高、中、低档 3 类。通常将路由器背板吞吐量大于 40 Gbit/s 的路由器称为高档路由器，背板吞吐量在 25～40 Gbit/s 之间的路由器称为中档路由器，而将低于 25 Gbit/s 的称为低档路由器。

（2）按结构分。路由器从结构上分为模块化路由器和非模块化路由器。模块化结构可以灵活地配置路由器，以适应企业不断增加的业务需求，非模块化的只能提供固定的端口。通常中、高端路由器为模块化结构，低端路由器为非模块化结构。

（3）按在网络的位置或使用对象分。按路由器在网络的位置或使用对象分类，路由器可分为骨干（核心）级路由器，企业（分布）级路由器和接入（访问）级路由器。

骨干级路由器是实现 Internet、企业级网络互联的关键设备，其典型的是应用于电信运营商或大 ISP，它的数据吞吐量较大。对骨干级路由器的基本性能要求是高速度和高可靠性。

企业级路由器连接许多终端系统，连接对象较多，其典型的是应用于大企业或园区（校园）网络。

接入级路由器主要是把小型局域网进行远程互联或接入 Internet，主要应用于小型企业客户。

（4）按数据转发性能分。路由器从性能上可分为线速路由器及非线速路由器。所谓线速路由器是完全可以按传输介质带宽进行通畅传输的，基本上没有间断和延时。

（5）按功能分。路由器从功能上可分为通用路由器与专用路由器。一般所说的路由器为通用路由器。专用路由器通常是为实现某种特定功能对路由器接口、硬件等进行专门优化。例如，接入服务器用做接入拨号用户，增强拨号接口以及信令能力；宽带接入路由器强调宽带接口数量及种类；无线路由器则专用于无线网络的路由连接。

5．知名路由器生产厂商

Cisco 公司是全世界最大的网络设备及技术厂商，其提供端到端的网络方案，使客户能够建立起自己的统一信息基础设施或者与其他网络相联。作为美国最成功的公司之一，从 1986 年生产第一台路由器以来，思科公司在其进入的每一个领域都占有第一或第二的市场份额，成为市场领导者。

作为国内网络领域的代表，华为技术有限公司成立于 1988 年，是全球领先的电信解决方案供应商。基于客户需求持续创新，在电信网络、全球服务和终端三大领域都确立了端到端领先地位。凭借在固定网络、移动网络和 IP 数据通信领域的综合优势，华为已成为全 IP 融合时代的领导者。

6.1.2　路由器操作系统及启动

1．路由器的操作系统

路由器作为特殊的计算机，也需要操作系统，这种特殊的操作系统跟计算机的操作系统不尽相同。路由器操作系统的核心功能是在传统操作系统的基础上提供网络服务，实现路由器的各种功能。不同品牌的路由器的操作系统也不尽相同，比如 Cisco 的操作系统 CiscoIOS，华为公司的通用路由平台 VRP，H3C 公司的 Comware。

路由器操作系统可以运行在多种硬件平台之上并拥有一致的网络界面、用户界面和管理界面，为用户提供了灵活丰富的应用解决方案。同时也是一个持续发展的平台，可以最大程度地保护用户投资。

路由器的操作系统以 TCP/IP 协议栈为核心，实现了数据链路层、网络层和应用层的多种协议，在操作系统中集成了路由技术、QoS 技术、VPN 技术、安全技术和 IP 语音技术等数据通信要件，并以 IP 转发引擎作为基础，为网络设备提供了出色的数据转发能力。体系结构如图 6-3 所示。

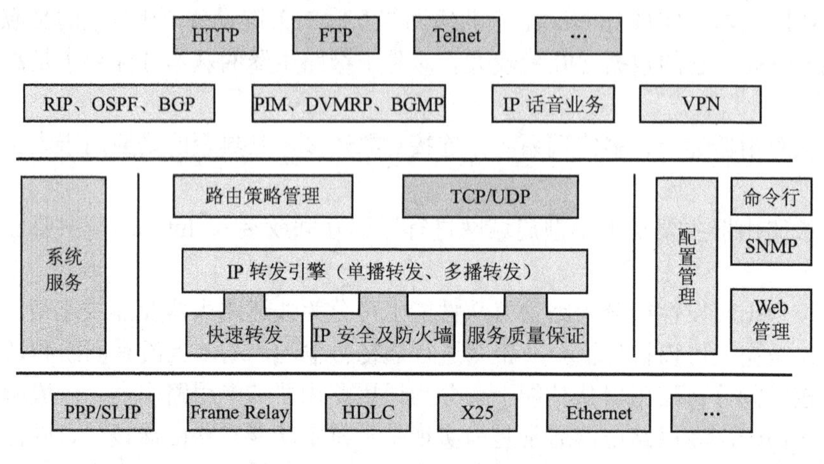

图 6-3　体系结构

路由器操作系统的核心功能有：

（1）IP 转发。包括传统 IP 报文转发、IP 快速转发、QoS 服务质量、策略路由、安全能力及防火墙等。

（2）广域网互联。支持 PPP/MP、SLIP、HDLC/SDLC、X.25、Frame Relay、LAPB、ISDN 和 Ethenet 等。

（3）路由协议。支持 RIP、OSPF、BGP、IGRP、EIGRP、PIM、DVMRP、BGMP 等。

（4）IP 业务。支持 ARP/Proxy ARP、NAT、DNS、DHCP 中继、VLAN、SNA、VoIP 和 VPN 等。

（5）配置管理能力。支持命令行配置、日志告警、调试信息、SNMP 管理等。

2. 路由器 IOS 启动

当路由器启动时，执行一系列步骤，称为启动顺序（Boot Sequence），以测试硬件并加载所需的软件。启动顺序包括下列步骤：

（1）路由器执行 POST（开机自检）。POST 检查硬件，以验证设备的所有组件目前是可运行的。例如，POST 检查路由器的不同接口。POST 存储在 ROM 中并从 ROM 运行。

（2）Bootstrap 查找并加载 CiscoIOS 软件。Bootstrap 是位于 ROM 中的程序，用于执行程序。Bootstrap 程序负责找到每个 IOS 程序的位置，然后加载该文件。默认情况下，所有 Cisco 路由器都是从闪存加载 IOS 软件。（注：IOS 默认的启动顺序是闪存、TFTP 服务器，然后是 ROM。）

（3）IOS 软件在 NVRAM 中查找有效配置文件。此文件称为 startup-config，只有当管理员将 running-config 文件复制到 NVRAM 中时才产生该文件。新的 ISR 路由器中有一个预先加载的小型 startup-config 文件。

如果 NVRAM 中有 startup-config 文件，路由器将此文件复制到 RAM 中并调用 running-config。路由器将使用此文件运行路由器。如果 NVRAM 中没有 startup-config 文件，路由器将向所有进行载波检测（carrier detect，CD）的接口发送广播，查找 TFTP 主机以便寻找设备，如果没找到（一般情况下都不会找到—大部分人不会意识到路由器会尝试这个过程），路由器将启动 setup mode（设置模式）进行配置。

6.2　路由器 CLI 及基本配置技术

6.2.1　基本路由器配置

路由器的正常工作和维护管理都需要对路由器操作系统中软件和协议的参数进行配置，例如，路由器接口的 IP 地址及子网掩码，相应的路由选择协议等。

1．路由器的配置方式

通常来说，可以通过以下 5 种方式来配置路由器，如图 6-4 所示。

（1）控制台。路由器上有 Console 口和 AUX 辅助端口。AUX 是辅助端口不常用，一般用扁平浅蓝色的 Console 配置线缆，通过 Console 口和 PC 相连接，PC 上运行终端仿真软件（常用 CRT）对路由器进行配置。

（2）虚拟终端 VTY。VTY 是虚拟终端，也就是远程配置。通过 Console 口对路由器进行了相关配置之后，可以通过 PC 的 Telnet 程序远程管理路由器，当然，SSH 也是远程管理路由器程序，且要比 Telnet 更加安全。

（3）网络工作站。路由器通过运行一些网络管理软件工作站进行配置，也可以达到对路由器的配置效果，如 Cisco 的 Cisco Works、HP 的 Open View 等。

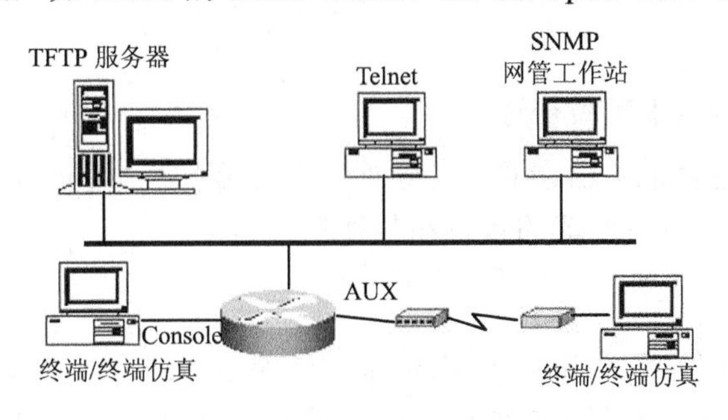

图 6-4　路由器配置方式

（4）TFTP 服务器。通过 TFTP（Trivial File Transfer Protocol，简单文件传输协议）

服务器，路由器可将配置文件保存到 TFTP 服务器上，也可以从 TFTP 服务器上下载配置文件，非常方便。

（5）Cisco ConfigMaker。Cisco ConfigMaker 是 Cisco 公司开发并且免费提供使用的路由器配置工具，可以用 Cisco ConfigMaker 创建所有 Cisco 路由器的配置，做好配置后通过网络传到路由器中。

2．路由器的几种配置模式

（1）普通用户模式（User EXEC）。普通用户模式用于查看路由器基本信息，不能对路由器进行配置。在该模式下，运行极少数命令。提示符为：router>

（2）特权用户模式（Priviledged EXEC）。特权用户模式用于查看路由器的各种状态，大多数命令用于测试网络，检查系统等（常用的一些 show 命令都是在该模式下完成的）。保存配置文件，重启路由器也是在本模式下进行。提示符为：router#

（3）全局配置模式（Global Configuration）。在特权用户模式下输入 config terminal 进入，提示符为：router(config)#

（4）接口配置模式（Interface Configuration）。其用于对指定端口进行相关配置，该模式可看成全局模式下的子模式。因为其要通过全局模式下进入。提示符为：router (config-if)#

（5）子接口配置模式（Subinterface Configuration）。子接口是一种逻辑接口，可在某一个物理端口上配置多个子接口，提示符为：router(config-subif)#

（6）终端线路配置模式（Line Configuration）。用于配置终端线路的登录权限，提示符为：router(config-line)#

（7）路由协议配置模式（Router Configuration）。用于对路由器进行动态的路由配置。提示符为：router(config-router)#

（8）ROM 检测模式。若是路由器启动时找不到一个合适的 IOS 镜像，就会自动进入 ROM 检测模式。在这个模式下，路由器只能进行软件升级和手工引导。提示符为：>或者 rommon>

（9）初始配置模式（Setup Mode）。系统以对话框提示用户设置路由器，可完成一些基本配置，简单方便。进入方法：未配置过的路由器启动时自动进入；特权用户模式下用 setup 命令进入。

3．路由器的一些基本配置命令

（1）进入一台路由器的 CLI 界面，在普通用户模式下输入 enable 进入特权用户模式，特权用户模式下能够查看路由器的状态和各种配置等。

```
Router>enable
Router#
```

（2）在特权用户模式下，show version 能查看路由器的 IOS 版本，有多少个插接口，配置寄存器等很多信息。如图 6-5 所示，IOS 版本是 12.2（28），ROM 版本 12.1（3r）T2、配置寄存器的值是 0x2102 等。

```
Router#show version
Cisco Internetwork Operating System Software
IOS (tm) PT1000 Software (PT1000-I-M), Version 12.2(28), RELEASE SOFTWARE (fc5)
Technical Support: http://www.cisco.com/techsupport
Copyright (c) 1986-2005 by cisco Systems, Inc.
Compiled Wed 27-Apr-04 19:01 by miwang
Image text-base: 0x8000808C, data-base: 0x80A1FECC

ROM: System Bootstrap, Version 12.1(3r)T2, RELEASE SOFTWARE (fc1)
Copyright (c) 2000 by cisco Systems, Inc.
ROM: PT1000 Software (PT1000-I-M), Version 12.2(28), RELEASE SOFTWARE (fc5)

System returned to ROM by reload
System image file is "flash:pt1000-i-mz.122-28.bin"

PT 1001 (PTSC2005) processor (revision 0x200) with 60416K/5120K bytes of memory
.
Processor board ID PT0123 (0123)
PT2005 processor: part number 0, mask 01
Bridging software.
X.25 software, Version 3.0.0.
4 FastEthernet/IEEE 802.3 interface(s)
2 Low-speed serial(sync/async) network interface(s)
32K bytes of non-volatile configuration memory.
63488K bytes of ATA CompactFlash (Read/Write)

Configuration register is 0x2102
```

图 6-5 查看路由器基本信息

（3）特权用户模式下，输入 config terminal 进入全局配置模式，hostname R1（名字）可以为路由器改名，方便管理和查看。

```
Router#config terminal
Enter configuration commands, one per line.  End with CNTL/Z.  (系统生成的提示日志)
Router(config)#hostname R1
```

（4）在全局配置模式下，enable password 可以为路由器配置一个进入特权用户模式的密码。然后再从普通用户模式进入特权用户模式的时候就要输入密码才能登入。（enable password 配置的密码是明文的可以被看到，enable secret 配置的密码是加密的）

```
R1(config)#enable password 123456
R1>enable
Password:
R1#
```

（5）在全局配置模式下，为虚拟终端线路 VTY 配置登录密码 123456，0～4 表示支持的远程登录线路数量从最少到最多。

```
R1(config)#line vty 0 4
R1(config-line)#password 123456
```

（6）可以在全局配置模式下配置远程登录时的账户和密码，然后在 VTY 下调用，更加细化了对路由器的管理。

```
R1(config)#username student password 123456     (全局模式下配置账户和密码)
R1(config)#line vty 0 4
R1(config-line)#login local                        (调用本地的用户名和密码)
```

（7）全局配置模式下，输入 interface fa0/0 进入到接口配置模式下，ip address 是为该接口配置一个 IP 地址和子网掩码。no shutdown 是激活该接口。（路由器默认所有接口都是关闭的都需要激活）

```
R1(config)#interface fa0/0
```

```
R1(config-if)#ip address 192.168.1.1 255.255.255.0
R1(config-if)#no shutdown
R1(config-if)#
%LINK-5-CHANGED: Interface FastEthernet0/0, changed state to up  (系统日志消息提示)
R1(config-if)#exit
```

（8）在全局配置模式下配置路由协议。配置命令为 router　eigrp 1（1 为自制系统号码，范围可以是 1～65 535，不同的自制系统号用来区分路由器路由信息的集合）。进入了路由协议配置模式，再宣告路由器连接的直连网段即可。

```
R1(config)#router eigrp ?
  <1-65535>  Autonomous system number
R1(config)#router eigrp 1
R1(config-router)#network 23.0.0.0
R1(config-router)#network 193.23.23.0
```

6.2.2　构造路由表

路由器的主要工作就是为经过其的每个数据包寻找一条最佳的传输路径，并将该数据包有效的送到目的地。为了完成这项工作，在路由器中保存着各种传输路径的相关数据——路由表（Routing Table）。路由表相当于人们平时使用的地图，对路由器的重要性不言而喻，

可以说有了路由表，路由器才知道转发数据包的方向，它是路由器工作的依据。

1．路由表项组成

路由表中每项都由以下信息字段组成：

（1）网络 ID。主路由的网络 ID 或网络地址。在 IP 路由器上，从目标 IP 地址决定 IP 网络 ID 的其他子网掩码字段。

（2）转发地址（Forwarding　Address）。数据包转发的地址是硬件地址或者是网络地址。对于路由器的直连网络，是连接到网络的接口地址。

（3）接口（Interface）。当将数据包转发到网络 ID 时所使用的网络接口。

（4）度量值（Metric）。路由首选项的度量，表示到目标网络的代价多少。每种路由协议算法不同，如 RIP 协议的度量是基于条数的。

（5）管理距离（Administrative Distance）。路由选择信息源的可信度的级别。数值越高，可信度级别越低。如 RIP 协议是 120；OSPF 协议是 110。

2．动静两种形式的路由条目

（1）静态路由表项。一般是由网络工程师根据实际拓扑和网络需求手动给路由器添加的表项，称为静态路由表，它不会随未来网络结构改变而变化，除非管理员手动修改。

（2）动态路由。动态是指路由器根据网络系统运行的情况从而进行自动调整，根据不同路由选择协议，来自动学习和记忆网络运行情况，自己计算出到目标网络的最佳路径。常见的动态路由协议有 RIP、EIGRP、OSPF。

3. 路由表项生成实例

（1）静态添加路由表：

```
ip  route  prefix  mask  {address | interface} {distance} {permanent}
```

其中：

prefix 是目的网络或子网号。

mask 是网络或子网的子网掩码。

address 是下一跳路由器的 IP 地址。

interface 是用来访问目的网络的本地路由器接口的名字，它与 address 任选其一。

distance 是可选项，用来定义本路由条目的管理距离。

permanent 是一个可选项，用于确保本路由条目即使相关路径失效，也会存在路由表中。

例如：R1(config)#ip　route　20.0.0.0　255.255.255.0　12.0.0.2

目标网段是 20.0.0.0 ，目标网段的子网掩码是 255.255.255.0 ，下一跳路由器的 IP 地址是 12.0.0.2。

（2）用动态路由协议 RIP 构建路由表。路由协议主要运行于路由器上，是用来确定到达路径的，起到一个地图导航，负责找路的作用。它工作在网络层。并且大致可以分为距离矢量路由协议、链路状态路由协议、混合路由协议。

RIP（Routing Information Protocol，路由信息协议）是 IGP（Interior Gateway Protocol，内部网关协议）中最先得到广泛使用的一种协议。

RIP 只适用于小型的同构网络，因为它允许的最大站点数是 15，任何超过 15 个站点的目的地均被标记为不可达。其是通过 UDP 520 端口来操作的。

所有的 RIP 消息都被封装在 UDP 用户数据报协议中，源和目的端口字段的值都被设置为 520，定义了两种消息类型：请求消息和响应消息。

请求消息用来向邻居路由器发送一个更新，响应消息用来传送路由更新。当然，每隔 30 s 一次的路由信息广播更新也是造成网络风暴的重要原因之一。RIP 使用一些时钟以保证它所维持的路由的有效性与及时性。但是对于 RIP 来说，它需要相对较长的时间才能确认一个路由是否失效，至少需要经过 3 min 的延迟才能启动备份路由。

老版本的 RIP 不支持 VLSM，使得用户不能通过划分更小网络地址的方法来更高效地使用有限的 IP 地址空间。但在 RIP2 版本中对此做了改进，在每一条路由信息中加入了子网掩码。RIP 是一个国际标准，所有的路由器厂商都支持它，而且 RIP 在各种操作系统中都能很容易地进行配置和故障排除。

如图 6-6 所示，某小型网络中三台路由器运行 RIP 路由协议，要实现 PC1 和 PC2 之间的通信。（PC1 和 PC2 的 IP 地址以及网关和路由器之间的网段如图所示。）

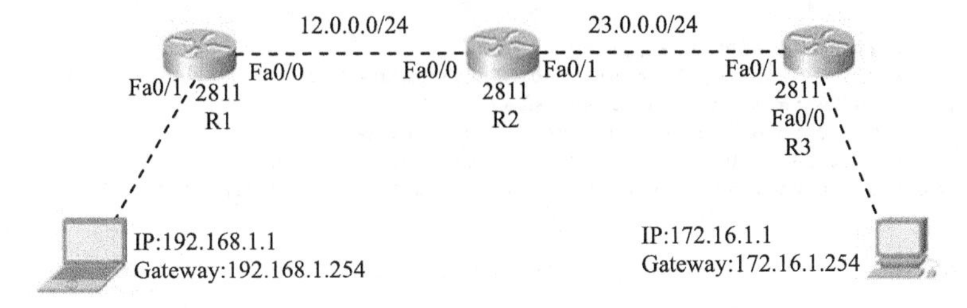

图 6-6　RIP 配置实例

```
R1(config)#interface fa0/1    （首先进入接口配置模式下配置 IP 地址然后激活该接口）
R1(config-if)#ip address 192.168.1.254 255.255.255.0
R1(config-if)#no shutdown
R1(config)#interface fa0/0
R1(config-if)#ip address 12.0.0.1 255.255.255.0
R1(config-if)#no shutdown
R1(config)#router rip     （然后进入路由协议的配置模式下宣告直连网段）
R1(config-router)#network 12.0.0.0
R1(config-router)#network 192.168.1.0

R2(config)#interface fa0/1    （首先进入接口配置模式下配置 IP 地址然后激活该接口）
R2(config-if)#ip address 23.0.0.2 255.255.255.0
R2(config-if)#no shutdown
R2(config)#interface fa0/1
R2(config-if)#ip address 23.0.0.2 255.255.255.0
R2(config-if)#no shutdown
R2(config)#router rip        （然后进入路由协议的配置模式下宣告直连网段）
R2(config-router)#network 12.0.0.0
R2(config-router)#network 23.0.0.0

R3(config)#interface fa0/0    （首先进入接口配置模式下配置 IP 地址然后激活该接口）
R3(config-if)#ip address 172.16.1.254 255.255.255.0
R3config-if)#no shutdown
R3config)#interface fa0/1
R3(config-if)#ip address 23.0.0.3 255.255.255.0
R3(config-if)#no shutdown
R3config)#router rip         （然后进入路由协议的配置模式下宣告直连网段）
R3(config-router)#network 23.0.0.0
R3(config-router)#network 172.16.0.0
```

配置完成后，查看R2的路由表，如图6-7所示。

```
R2#show ip route
Codes: C - connected, S - static, I - IGRP, R - RIP, M - mobile, B - BGP
       D - EIGRP, EX - EIGRP external, O - OSPF, IA - OSPF inter area
       N1 - OSPF NSSA external type 1, N2 - OSPF NSSA external type 2
       E1 - OSPF external type 1, E2 - OSPF external type 2, E - EGP
       i - IS-IS, L1 - IS-IS level-1, L2 - IS-IS level-2, ia - IS-IS inter are
       * - candidate default, U - per-user static route, o - ODR
       P - periodic downloaded static route

Gateway of last resort is not set

     12.0.0.0/24 is subnetted, 1 subnets
C       12.0.0.0 is directly connected, FastEthernet0/0
     23.0.0.0/24 is subnetted, 1 subnets
C       23.0.0.0 is directly connected, FastEthernet0/1
R    172.16.0.0/16 [120/1] via 23.0.0.3, 00:00:00, FastEthernet0/1
R    192.168.1.0/24 [120/1] via 12.0.0.1, 00:00:10, FastEthernet0/0
```

图 6-7　RIP 实验路由表

从图中可以看到，R 代表的就是 RIP 协议的路由，是通过 RIP 这种动态路由协议，路由器之间才互相学习到的路由条目。从路由表中，可以清楚看到管理距离 120，度量值是 1 等有效信息。

6.2.3 路径选择和交换

在进行路由选择计算的时候可能有多条到达目的网络的路径，这就需要在路由发现的基础上进行路径选择，本节以 OSPF 为例来说明路径选择的原理。

OSPF（Open Shortest Path First）是一个内部网关协议，用于在单一自治系统内决策路由。与 RIP 相对，OSPF 是链路状态路由协议，而 RIP 是距离向量路由协议。

链路是路由器接口的另一种说法，因此 OSPF 又称接口状态路由协议。OSPF 通过路由器之间通告网络接口的状态来建立链路状态数据库，生成最短路径树，每个 OSPF 路由器使用这些最短路径构造路由表。

作为一种链路状态的路由协议，OSPF 将链路状态广播数据包 LSA（Link State Advertisement）传送给在某一区域内的所有路由器，这一点与距离矢量路由协议不同。运行距离矢量路由协议的路由器是将部分或全部的路由表传递给与其相邻的路由器。

SPF 算法是 OSPF 路由协议的基础。SPF 算法有时也被称为 Dijkstra 算法，这是因为最短路径优先算法 SPF 是 Dijkstra 发明的。

SPF 算法将每一个路由器作为根来计算其到每一个目的地路由器的距离，每一个路由器根据一个统一的数据库会计算出路由域的拓扑结构图，该结构图类似于一棵树，在 SPF 算法中，被称为最短路径树。

在 OSPF 路由协议中，最短路径树的树干长度，即 OSPF 路由器至每一个目的地路由器的距离，称为 OSPF 的 Cost，其算法为：Cost = 100×106/链路带宽。在这里，链路带宽以 bit/s 来表示。也就是说，OSPF 的 Cost 与链路的带宽成反比，带宽越高，Cost 越小，表示 OSPF 到目的地的距离越近。

举例来说，FDDI 或快速以太网的 Cost 为 1，2M 串行链路的 Cost 为 48，10M 以太网的 Cost 为 10 等。作为一种典型的链路状态的路由协议，OSPF 还得遵循链路状态路由协议的统一算法。

链路状态的算法非常简单，在这里将链路状态算法概括为以下几个步骤：

（1）当路由器初始化或当网络结构发生变化（例如增减路由器，链路状态发生变化等）时，路由器会产生链路状态广播数据包 LSA，该数据包里包含路由器上所有相连链路，也即为所有端口的状态信息。

（2）所有路由器会通过一种被称为刷新（Flooding）的方法来交换链路状态数据。Flooding 是指路由器将其 LSA 数据包传送给所有与其相邻的 OSPF 路由器，相邻路由器根据其接收到的链路状态信息更新自己的数据库，并将该链路状态信息转送给与其相邻的路由器，直至稳定的一个过程。当网络重新稳定下来，也可以说 OSPF 路由协议收敛下来时，所有的路由器会根据其各自的链路状态信息数据库计算出各自的路由表。该路由表中包含路由器到每一个可到达目的地的 Cost 及到达该目的地所要转发的下一个路由器（next-hop）。当网络状态比较稳定时，网络中传递的链路状态信息是比较少的，或者可以说，当网络稳定时，网络中是比较安静的。这也正是链路状态路由协议区别与距离矢量路由协议的一大特点。

以下是一个 OSPF 协议路径选择配置的例子，如图 6-8 所示。

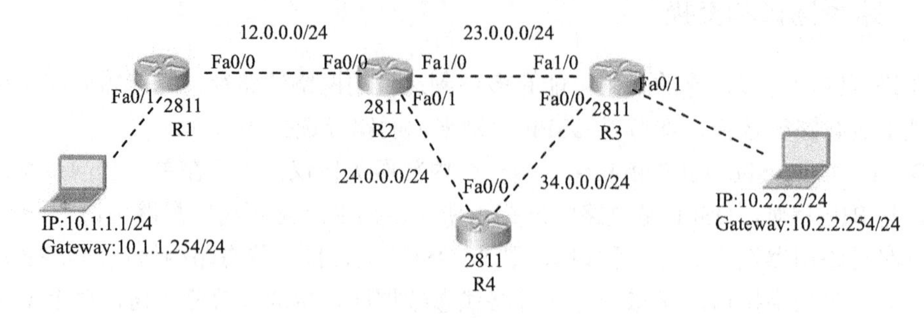

图 6-8　OSPF 配置实例

如上图所示，两台计算机要实现通信，中间 3 台路由器（R1、R2、R3）运行 OSPF 协议。当数据包到路由器 R2 上时，R2 将选择从某个端口转发数据包。

配置详解：

```
R1(config)#interface fa0/0  （到接口配置模式下按拓扑配置 IP 地址和子网掩码）
R1(config-if)#ip address 12.0.0.1 255.255.255.0
R1(config-if)#no shutdown
R1(config-if)#interface fa0/1
R1(config-if)#ip address 10.1.1.254 255.255.255.0
R1(config-if)#no shutdown
R1(config-if)#router ospf 1
```

（到路由协议配置模式下，宣告直连的网段。1 是 OSPF 的进程号，范围也是 1～65 535。同一台或者不同的路由器上进程号都不一定要一致）

```
R1(config-router)#network 10.1.1.0 0.0.0.255 area 0
R1(config-router)#network 12.0.0.0 0.0.0.255 area 0
```

（OSPF 协议在宣告直连网段的时候必须接上反掩码和区域。本例是单区域 OSPF，都是在区域 0 中）

```
R1(config-router)#end
R1#
R2(config)#interface fa0/0  （到接口配置模式下按拓扑配置 IP 地址和子网掩码）
R2(config-if)#ip address 12.0.0.2 255.255.255.0
R2(config-if)#no shutdown
R2(config-if)#interface fa0/1
R2(config-if)#ip address 24.0.0.2 255.255.255.0
R2(config-if)#no shutdown
R2(config-if)#interface fa1/0
R2(config-if)#ip address 23.0.0.2 255.255.255.0
R2(config-if)#no shutdown
R2(config-if)#router ospf 1
```

（到路由协议配置模式下，宣告直连的网段。1 是 OSPF 的进程号，范围也是 1～65 535。同一台或者不同的路由器上进程号都不一定要一致）

```
R2(config-router)#network 12.0.0.0 0.0.0.255 area 0
R2(config-router)#network 24.0.0.0 0.0.0.255 area 0
R2(config-router)#network 23.0.0.0 0.0.0.255 area 0
```

（OSPF 协议在宣告直连网段的时候必须接上反掩码和区域。本例是单区域 OSPF，都是在区域 0 中）

```
R2(config-router)#end
R3(config)#interface fa0/0      (到接口配置模式下按拓扑配置 IP 地址和子网掩码)
R3(config-if)#ip address 34.0.0.3 255.255.255.0
R3(config-if)#no shutdown
R3(config-if)#interface fa0/1
R3(config-if)#ip address 10.2.2.254 255.255.255.0
R3(config-if)#no shutdown
R3(config-if)#interface fa1/0
R3(config-if)#ip address 23.0.0.3 255.255.255.0
R3(config-if)#no shutdown
R3(config-if)#router ospf 1
```

（到路由协议配置模式下，宣告直连的网段。1 是 OSPF 的协议进程号，范围也是 1～65 535。同一台或者不同的路由器上进程号都不一定要一致）

```
R3(config-router)#network 23.0.0.0 0.0.0.255 area 0
R3(config-router)#network 10.2.2.0 0.0.0.255 area 0
R3(config-router)#network 34.0.0.0 0.0.0.255 area 0
```

（OSPF 协议在宣告直连网段的时候必须接上反掩码和区域。本例是单区域 OSPF，都是在区域 0 中）

```
R3(config-router)#end
R4(config)#interface fa0/0     (到接口配置模式下按拓扑配置 IP 地址和子网掩码)
R4(config-if)#ip address 24.0.0.4 255.255.255.0
R4(config-if)#no shutdown
R4(config-if)#interface fa0/1
R4(config-if)#ip address 34.0.0.4 255.255.255.0
R4(config-if)#no shutdown
R4(config-if)#router ospf 1
```

（到路由协议配置模式下，宣告直连的网段。1 是 OSPF 的进程号，范围也是 1～65 535。同一台或者不同的路由器上进程号都不一定要一致）

```
R4(config-router)#network 24.0.0.0 0.0.0.255 area 0
R4(config-router)#network 34.0.0.0 0.0.0.255 area 0
```

（OSPF 协议在宣告直连网段的时候必须接上反掩码和区域。本例是单区域 OSPF，都是在区域 0 中）

```
R4(config-router)#end
```

配置完成之后在 R2 上 show ip route 查看路由表，如图 6-9 所示。

由路由表可以看出，去往 10.2.2.0/24 网段的数据包下一跳都是 23.0.0.3（R3）。也就是说，当左边的数据包过来去往右边的时候，R2 选择了 R3，没有绕一圈从 R4 走。这就是 OSPF 的路径选择，选择了最优的路径。同理，让我们看看 R3 的路由表，如图 6-10 所示。

从路由表中可以看出，去往 10.1.1.0/24 网段的数据包下一跳是 23.0.0.2（R2）而不是 34.0.0.4（R4）。所以说明从右边往左边去也是一样，OSPF 协议选择了最优的路径。

```
R2#show ip route
Codes: C - connected, S - static, I - IGRP, R - RIP, M - mobile, B - BGP
       D - EIGRP, EX - EIGRP external, O - OSPF, IA - OSPF inter area
       N1 - OSPF NSSA external type 1, N2 - OSPF NSSA external type 2
       E1 - OSPF external type 1, E2 - OSPF external type 2, E - EGP
       i - IS-IS, L1 - IS-IS level-1, L2 - IS-IS level-2, ia - IS-IS inter area
       * - candidate default, U - per-user static route, o - ODR
       P - periodic downloaded static route

Gateway of last resort is not set

     10.0.0.0/24 is subnetted, 2 subnets
O       10.1.1.0 [110/2] via 12.0.0.1, 01:01:40, FastEthernet0/0
O       10.2.2.0 [110/2] via 23.0.0.3, 01:01:30, FastEthernet1/0
     12.0.0.0/24 is subnetted, 1 subnets
C       12.0.0.0 is directly connected, FastEthernet0/0
     23.0.0.0/24 is subnetted, 1 subnets
C       23.0.0.0 is directly connected, FastEthernet1/0
     24.0.0.0/24 is subnetted, 1 subnets
C       24.0.0.0 is directly connected, FastEthernet0/1
     34.0.0.0/24 is subnetted, 1 subnets
O       34.0.0.0 [110/2] via 24.0.0.4, 01:01:30, FastEthernet0/1
                 [110/2] via 23.0.0.3, 01:01:30, FastEthernet1/0
R2#
R2#
```

图 6-9 OSPF 路由表一

```
R3#show ip route
Codes: C - connected, S - static, I - IGRP, R - RIP, M - mobile, B - BGP
       D - EIGRP, EX - EIGRP external, O - OSPF, IA - OSPF inter area
       N1 - OSPF NSSA external type 1, N2 - OSPF NSSA external type 2
       E1 - OSPF external type 1, E2 - OSPF external type 2, E - EGP
       i - IS-IS, L1 - IS-IS level-1, L2 - IS-IS level-2, ia - IS-IS inter area
       * - candidate default, U - per-user static route, o - ODR
       P - periodic downloaded static route

Gateway of last resort is not set

     10.0.0.0/24 is subnetted, 2 subnets
O       10.1.1.0 [110/3] via 23.0.0.2, 01:37:41, FastEthernet1/0
C       10.2.2.0 is directly connected, FastEthernet0/1
     12.0.0.0/24 is subnetted, 1 subnets
O       12.0.0.0 [110/2] via 23.0.0.2, 01:37:41, FastEthernet1/0
     23.0.0.0/24 is subnetted, 1 subnets
C       23.0.0.0 is directly connected, FastEthernet1/0
     24.0.0.0/24 is subnetted, 1 subnets
O       24.0.0.0 [110/2] via 34.0.0.4, 01:37:41, FastEthernet0/0
                 [110/2] via 23.0.0.2, 01:37:41, FastEthernet1/0
     34.0.0.0/24 is subnetted, 1 subnets
C       34.0.0.0 is directly connected, FastEthernet0/0
R3#
```

图 6-10 OSPF 路由表二

6.3 交换机基本概念

6.3.1 交换机的特性

交换机是工作在 OSI 7 层模型中第二层（数据链路层）的设备，它的作用是对封装数据包进行转发，并减少冲突域，隔离广播风暴。

交换机拥有许多端口，每个端口有自己的专用带宽，并且可以连接不同的网段。交换机各个端口之间的通信是同时的、并行的，这就大大提高了信息吞吐量。为了进一步提高性能，每个端口还可以只连接一个设备。

为了实现交换机之间的互联或与高档服务器的连接，局域网交换机一般拥有一个或几个高速端口，如 100M 以太网端口、FDDI 端口或 155M ATM 端口，从而保证整个网络的传输性能。

作为一种高效率的联网设备，交换机已经取代了传统集线器地位，而且少数交换机已经工作在 OSI 7 层模型中的第三层（网络层），实现了 IP/IPX 路由。

所谓交换网络，是由交换机而不是由集线器作为集线设备而组建的网络。所谓小型交换网络，是指拥有几台、十几台或几十台计算机，只需要使用少量交换机即可连接局域网络。小型交换网络中的计算机大都位于同一座建筑物内，双绞线就能完成彼此之间的连接。

交换机采用了一种与集线器完全不同的、独特的传输方式。无论是网卡还是交换机端口，都具有独一无二的 MAC 地址，因此，MAC 地址便可用作识别其身份的号码，而交换机上的每个端口都能够在其地址表中记忆若干个 MAC 地址，从而建立一张端口号与 MAC 相对应的地址表。

当交换机从某一端口收到一个包时（广播包除外），对地址表执行两个动作，一是检查该包的源 MAC 地址是否已在地址表中，如果没有，则将该 MAC 地址加到地址表中，这样以后就知道该 MAC 地址在哪一个端口；二是检查该包的目的 MAC 地址是否已在地址表中，如果该 MAC 地址已在地址表中，则将该包发送到对应的端口即可，而不必像 Hub 那样将该包发送到所有端口，只须将该包发送到对应的端口，从而使不相关的端口可以并行通信，从而提供了比 Hub 更高的传输效率。如果该 MAC 地址不在地址表中，则将该包发送到其他端口（源端口除外），相当于该包是一个广播包。

由此可见，交换机与集线器最大差别在于交换机能够记忆用户（即 MAC 地址）连接的端口，因此，除广播包和未知 MAC 地址的数据包外，无须广播即可将该数据包直接转发至目的端口。

这就像是在各端口间建立起了一座立交桥，不同流向的数据各行其道，每个端口均能够独享固定带宽，传输速率几乎不受计算机数量增加的影响。而 Hub 是将所有包都当广播包处理，从而使用户只能串行操作，共享通信带宽。

交换机有很多种类，包括：

（1）从网络覆盖范围划分：广域网交换机和局域网交换机。

（2）根据传输介质和传输速度分：以太网交换机、快速以太网交换机、千兆以太网交换机、10 千兆以太网交换机、ATM 交换机、FDDI 交换机和令牌环交换机。

（3）根据交换机应用网络层次划分：企业级交换机、校园网交换机、部门级交换机和工作组交换机、桌机型交换机。

（4）根据交换机端口划分：固定端口交换机和模块化交换机。

（5）根据工作协议层划分：第二层交换机、第三层交换机、第四层交换机。

（6）根据是否支持网管功能划分：网管型交换机和非网管型交换机。

6.3.2　第二层与第三层交换

第二层交换机是对应于 OSI/RM 的第二协议层来定义的，因为它只能工作在 OSI/RM

开放体系模型的第二层——数据链路层。

第二层交换机依赖于链路层中的信息（如 MAC 地址）完成不同端口数据间的线速交换，主要功能包括物理编址、错误校验、帧序列及数据流控制。这是最原始的交换技术产品，目前桌面型交换机一般是属于这类型，因为桌面型的交换机一般来说所承担的工作复杂性不是很强，又处于网络的最基层，所以也就只需要提供最基本的数据链接功能。

目前第二层交换机应用最为普遍（主要是价格便宜，功能符合中、小企业实际应用需求），一般应用于小型企业或中型以上企业网络的桌面层次。

第二层的交换机必须执行和透明桥一样的功能。一个交换机具有很多端口并且可以执行基于硬件的桥接，并且第二层的帧可以在同种介质类型的第一层两个接口之间进行交换，而不需要对帧进行修改，这些接口可以是两个以太网连接或者是一个快速以太网连接。

第二层交换机主要用于工作组连接和网络分段。可以在交换机中包含同一工作组中用户和服务器之间的流量。另外，通过交换机可以减少一个网络分段经过的站点数，从而使冲突域的规模最小化。在第二层对帧进行转发的设备需要包含下列功能：

（1）通过传入帧的源地址了解相应的 MAC 地址。

（2）通过一个 MAC 地址表建立和保留相关的网桥和交换机端口。

（3）向所有的端口以泛洪的方式进行广播和组播（除了接受该帧的端口以外）。

（4）向所有的端口以泛洪的方式发送目标位置未知的帧（除了接受该帧的端口以外）。

（5）网桥和交换机能够通过生成树协议相互通信来消除桥连接中的循环。

因为在交换机之间可能有冗余的物理链路，这会产生环路，最终导致广播风暴使网络瘫痪，所以开发了生成树协议来防止在第二层交换式局域网中发生环路。

生成树协议（Spanning Tree Protocol，STP）最早是由数字设备公司（Digital Equipment Corporation，DEC）开发的，IEEE 后来开发了它自己的 STP 版本，称为 802.1D。

STP 主要任务就是阻止在第二层网络（网桥或交换机）上产生网络环路。它警惕地监视着网络中的所有链路，通过关闭任何冗余的接口来确保在网络中不会产生环路。

STP 采用生成树算法（STA），它首先创建一个拓扑数据库，然后搜索并破坏掉冗余链路。运行了 STP 算法之后帧就只能被转发到保险的由 STP 挑选出来的链路上。（生成树这里不做过多的讲解）

所谓的三层交换技术，简单的理解就是利用交换技术实现了第三层的功能，而第三层的功能主要是利用第三层的地址实现报文的路由功能。

三层交换机采用硬件技术实现对报文的路由和转发，同时采用快速的背板交换技术，使得三层交换机所提供的报文路由转发效率要比传统的路由器高出许多倍。所以可以说第三层交换机本质上是用硬件实现的一种高速路由器。

一个具有三层交换功能的设备，是一个带有第三层路由功能和第二层交换机，但它是两者的有机结合，而不是简单地把路由器设备的硬件及软件叠加在局域网交换机上。

第三层交换中对所涉及的设备需要执行下列功能：

（1）在第三层中对分组进行转发，就像使用路由器可以完成的工作一样。

（2）通过专门的硬件设备、专用集成电路（ASIC）对分组进行交换以达到高速度和低延迟。

（3）使用第三层的地址信息以保证分组具有安全控制和服务质量保证（QoS）地向前转发。

三层交换技术的有以下特点：

（1）线速路由。和传统的路由器相比，第三层交换机的路由速度一般要快十倍或数十倍，能实现线速路由转发。传统路由器采用软件来维护路由表，而第三层交换机采用 ASIC 硬件来维护路由表，因而能实现线速的路由。

（2）路由功能。第三层交换机不仅路由速度快，而且配置简单，一旦交换机接进网络，只要设置完 VLAN，并为每个 VLAN 设置一个路由接口，第三层交换机就会自动把子网内部的数据流限定在子网之内，并通过路由实现子网之间的数据包交换。管理员也可以通过人工配置路由的方式。

（3）路由协议支持。第三层交换机可以通过自动发现功能来处理本地 IP 包的转发及学习邻近路由器的地址，同时也可以通过动态路由协议 RIP、OSPF 等来计算路由路径。

（4）自动发现功能。第三层交换机可以通过监视数据流来学习路由信息，通过对端口入站数据包的分析，第三层交换机能自动发现和产生一个广播域、VLAN、IP 子网和更新它们的成员。

（5）过滤服务功能。过滤服务功能用来设定界限，以限制不同的 VLAN 成员之间和使用单个 MAC 地址和组 MAC 地址的不同协议之间进行帧的转发。交换机在不做任何配置情况下，就具有过滤服务和扩展过滤服务功能。

（6）VLAN 功能。在交换机上很方便地划分第二层和第二层的 VLAN，并可以实现 VLAN 间路由。第三层交换使用第三层路由协议确定传送路径，此路径可以只用一次，也可以存储起来，供以后使用。

6.3.3　使用交换机转发帧

交换机不同端口的数据包经背板总线进入交换引擎，采用全双工技术通过直通转发、准直通转发和存储转发 3 种模式进行交换。

（1）直通转发模式。直通转发模式（Cut Through）提供非常短的转发反应时间（或称延迟时间）。交换机的延迟时间是指帧的一个比特被一个端口（入站端口）收到和帧的第一个比特由另外一个端口发出两个事件之间的时间间隔。直通式交换机将检查进入端口的数据帧的目的地址，然后搜索已有的地址表，当端口数据包标明的目的地址找到时，交换机将立即在输出和输入两个端口间建立直通连接，并迅速传输数据。通常，交换机在接收到数据包的前 6 个字节时，就已经知道目的地址，从而可以决定向哪个端口转发这个数据包。当转发帧的开始部分正在发送时，该帧的数据部分仍在接收之中。在帧从一个冲突域被转发到另一个冲突域过程中，直通转发模式提供了非常短的反应时间。

（2）存储转发模式。存储转发模式（SAF，Store&Forward）是指交换机首先在缓冲区中存储整个接收到的封装数据包，然后使用 CRC 检测法检查该数据包是否正确，如果正确，交换机便从地址表中寻找目的端口地址，地址得到后 ，即建立两个端口的连接并开始传输数据。若不正确，表明该数据包中包含一个或一个以上的错误，则将予以丢弃。除了检查 CRC 外，存储转发交换机还将检查整个数据帧。当发现超短帧或超长帧等错误时，也会自动将其过滤掉。

（3）准直通转发模式。准直通转发模式是对直通转发模式的一种简单改进，只转发长度至少为 512 位的帧。既然所有残帧的长度都小于 512 位的长度，那么，该中转发模式自然也就避免了残帧的转发。为了实现该功能，准直通转发交换机使用了一种特殊的缓存。当帧被接收时，它被保存在 FIFO 中。如果帧以小于 512 位的长度结束，那么 FIFO 中的内容（残帧）就会被丢弃。

（4）智能交换模式。智能交换模式是指交换机能够根据所监控网络中错误包传输的数量，自动智能地改变转发模式。如果堆栈发觉每秒错误少于 20 个，将自动采用直通式转发模式；如果堆栈发觉每秒错误大于 20 个或更多，将自动采用存储转发模式，直到返回的错误数量为 0 时止，再切换回直通式转发模式。

6.4　交换机基本配置

6.4.1　常见交换机配置方式

运行在 Cisco 互联网络操作系统（Internetwork Operating System，IOS）或华为通用路由器平台（Versatile Routing Platform，VRP）上的交换机，其配置可以采用基于菜单驱动和基于命令行接口（Command-Line Interface，CLI）两种方式，但由于基于菜单驱动方式只能提供有限的功能，所以交换机配置大部分采用命令行方式。

常见交换机配置方式有：

（1）控制台访问。初始状态下，配置交换机都需要使用控制台（Console）端口。可进行网络管理的交换机会有一个 Console 端口，和路由器一样，通过 Console 端口连接并配置管理交换机是必要的，也是不需要借助于 IP 地址、域名或设备名称就能实现的，所以这种方式最常用，必须掌握。

（2）远程配置方式。交换机可以通过 Console 端口与计算机直接相连接，亦可以通过交换机的普通端口进行连接 。这个时候，基本都是以 Telnet 或 Web 浏览器的方式实现与被管理交换机的通信。

① Telnet 方式。Telnet 是一种远程访问协议，用它来登录到远程计算机，网络设备或专用 TCP/IP 网络。在用 Telnet 之前要确保计算机系统中内置或安装了 Telnet 客户端程序，以及计算机和被管理的交换机都配置好了 IP 地址信息，交换机设置了具有管理权限的账户和密码。

② Web 浏览器方式。当给被管理的交换机设置好 IP 地址信息和具有管理权限的账户密码并且启用 HTTP 服务之后，便可通过 Web 浏览器访问交换机，并对计算机进行配置和管理。

6.4.2　交换机管理命令行

本小节，我们将了解交换机配置模式和一些基本配置命令。

1. 交换机配置模式

（1）用户模式（User），也称登录模式。支持大多数交换机的参数查看，但不能更改配置文件。该模式下键入 enable 进入特权模式。提示符为：switch>

（2）特权模式（Privileged），又称 enable 模式。可以查看交换机所有参数，并且可以更改配置文件。该模式下键入 config　terminal 可进入全局模式。提示符为：switch #

（3）全局模式（Global Configuration）。执行很多主要命令，提示符为：switch(config)#

（4）接口配置模式（Interface Configuration）。其用于对指定端口进行相关配置，该模式可看成全局模式下的子模式。因为其要通过全局模式下进入。提示符：switch (config-if)#

（5）终端线路配置模式（Line Configuration）。用于配置终端线路的登录权限，提示符为：switch(config-line)#

（6）VLAN 配置模式（Vlan Configuration）。全局下输入 vlan database 命令进入该模式，进行 vlan 的相关配置。提示符为：switch(vlan)#

2. 交换机一些常用命令

```
Switch(config)#hostname SW1          （将交换机命名为 SW1，便于查看和管理）
SW1(config)#enable password student （设置明文可显示的特权模式口令为 student）
SW1(config)#enable secret student  （设置密文不可显示的特权模式口令为 student）
SW1(config)#exit
SW1#
%SYS-5-CONFIG_I: Configured from console by console   （系统日志提示）
SW1#show  running-config              （查看配置）
Building configuration...
Current configuration : 1113 bytes
version 12.2
no service timestamps log datetime msec
no service timestamps debug datetime msec
no service password-encryption
!
hostname SW1
!
enable secret 5 $1$mERr$R6OFkgKa9A/EYCuuNq6sH.（这里设置的 student 就被加密了）
enable password student
```

根据以上结果，能够看出两种设置特权模式口令方式，一种是明文的，一种是密文的。

```
SW1#copy running-config startup-config(保存交换机的配置到 NVRAM 中，断电不丢失)
Destination filename [startup-config]?
Building configuration...
[OK]
SW1#erase ?
    startup-config  Erase contents of configuration memory
SW1#erase startup-config          (删除交换机的配置文件)
Erasing the nvram filesystem will remove all configuration files! Continue?
[confirm]
[OK]
```

```
Erase of nvram: complete
%SYS-7-NV_BLOCK_INIT: Initialized the geometry of nvram
SW1#reload                    （重启交换机）
Proceed with reload? [confirm]
```

配置交换机过程中可以保存配置，可以看到提示保存配置的文件名是否叫startup-config（默认都为这个）。erase 可以擦除配置，重启生效。reload 可以重启交换机。

```
Switch(config)#
Switch(config)#interface gi0/1  (进入接口配置模式下设置接口的速度和双工模式)
Switch(config-if)#speed ?
    10    Force 10 Mbit/s operation          （接口速率的选择）
    100   Force 100 Mbit/s operation
    1000  Force 1000 Mbit/s operation
    auto  Enable AUTO speed configuration
Switch(config-if)#duplex ?
    auto  Enable AUTO duplex configuration  （双工模式的选择）
    full  Force full duplex operation
    half  Force half-duplex operation
Switch(config-if)#duplex
```

进入接口下，可以设置速率和双工模式（命令后接问号可以看到提示）。

3. VLAN 的配置

VLAN 是一种通过将局域网内的设备逻辑地而不是物理的划分为一个个网段从而实现虚拟工作组的技术。管理员可以将一个物理的 LAN 逻辑地划分成不同的广播域（VLAN，虚拟局域网）。一个 VLAN 内部的广播和单播流量都不会转发到其他 VLAN 中，从而有助于流量的控制、减少设备投资、提高网络的安全性。

（1）全局配置模式下创建 VLAN：

```
Switch(config)#vlan  999  （999 是 VLAN 的 ID 号，Cisco 交换机上这个值范围是1-4094,默认所有接口都在 VLAN 1 下）
Switch(config-vlan)#name manage          （给 VLAN 999 命名）
Switch(config-vlan)#int fa0/1           (进入接口 Fa0/1 配置模式下)
Switch(config-if)#switchport access vlan 999 (将该接口划入到 VLAN 999 下)
Swith#show vlan brief                   (查看 VLAN 划分信息)
```

如图 6-11 所示。

（2）在特权模式下配置 VLAN：

```
Switch#vlan database                    (进入 VLAN 的配置模式)
Switch(vlan)#vlan 123 name student         (创建 VLAN 123 并命名 student )
Switch(vlan)#no vlan 123 name student    (删除该 VLAN)
```

```
Switch#sh vlan brief

VLAN Name                             Status    Ports
---- -------------------------------- --------- -------------------------------
1    default                          active    Fa0/23, Fa0/24, Gig0/1, Gig0/2
100  yonghu                           active    Fa0/2, Fa0/3, Fa0/4, Fa0/5
                                                Fa0/6, Fa0/7, Fa0/8, Fa0/9
                                                Fa0/10
200  caiwubu                          active    Fa0/11, Fa0/12, Fa0/13, Fa0/14
300  shichangbu                       active    Fa0/15, Fa0/16, Fa0/17, Fa0/18
400  xiaoshoubu                       active    Fa0/19, Fa0/20, Fa0/21, Fa0/22
999  manage                           active    Fa0/1
```

图 6-11　交换机上看 VLAN 信息

（3）VLAN 的识别。交换机间链路（Inter-Switch Link，ISL）是 Cisco 私有的封装协议，用于交换机间的 trunk 协议。ISL 在数据帧的前面添加了 26 字节的头，这个帧头包含 10 位的 VLAN ID。此外，在帧末尾还添加了一个 4 字节的循环冗余校验（CRC）。Cisco IOS 软件 11.1 版本之后，都支持 ISL，如图 6-12 所示。

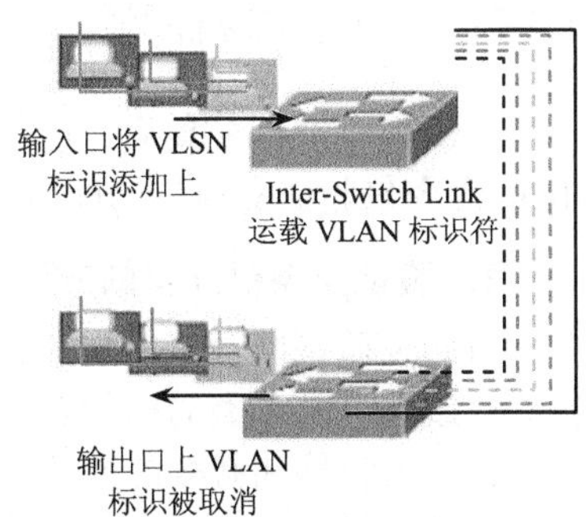

图 6-12　ISL 标示符

4．交换配置实例

如下网络拓扑，4 台 PC 分别连在两个交换机上，IP 地址规划已经给出，需要完成交换机间的 Trunk 干道，并划分 2 个 VLAN，每个 VLAN 里 2 台 PC，最终实现同一 VLAN 下的 PC 计算机能够通信，如图 6-13 所示。

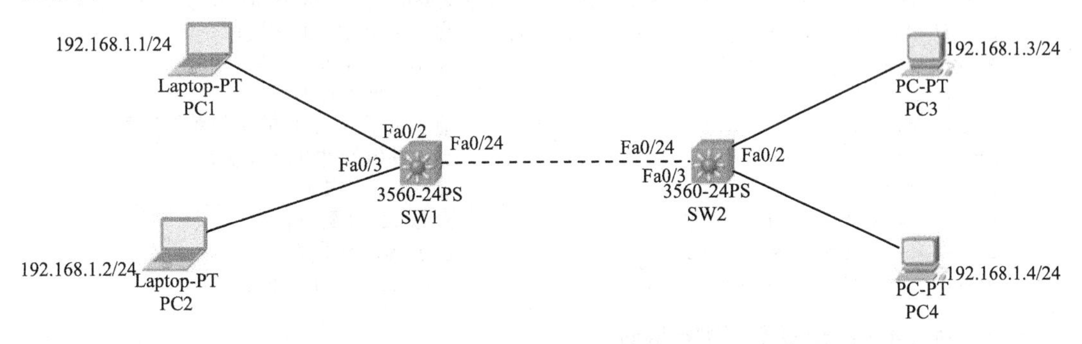

图 6-13　交换机配置实验

配置思路：将 PC1 和 PC3 划入 VLAN 10，PC2 和 PC4 划入 VLAN 20，交换机间 trunk 干道用 dot1q 封装，最后同一 VLAN 下的 PC 计算机能够实现通信（ping 命令测试）

配置清单：

```
SW1(config)#int  fa0/2          （分别进入接口配置模式下，并将接口划入 VLAN）
SW1(config-if)#switchport  access  vlan  10
SW1(config-if)#int  fa0/3
SW1(config-if)#switchport  access  vlan  20
SW1(config-if)#int  fa0/24
SW1(config-if)#switchport  trunk  encapsulation dot1q
SW1(config-if)#switchport  mode  trunk      （封装 dot1q，并配置成 trunk 模式）
SW1(config-if)#end                （直接退回特权模式）

SW2(config)#int  fa0/2          （分别进入接口配置模式下，并将接口划入 VLAN）
SW2(config-if)#switchport  access  vlan  10
SW2(config-if)#int  fa0/3
SW2(config-if)#switchport  access  vlan  20
SW2(config-if)#int  fa0/24
SW2(config-if)#switchport  trunk  encapsulation dot1q
SW2(config-if)#switchport  mode  trunk      （封装 dot1q，并配置成 trunk 模式）
SW2(config-if)#end                （直接退回特权模式）
```

6.4.3 验证交换机配置

对交换机进行配置后，应该确认交换机是否已正确配置。本小节将介绍一些基本的show 命令来验证交换机的配置。

1. 验证交换机配置的方法

（1）要验证交换机的配置很简单，直观上就能表现。当做了相应的需求之后，在进行通信或者登录之类的动作时交换机按照配置满足了要求，便能说明交换机的配置无错。

（2）最直接和必要的方式，通过各种 show 命令来进行验证。在配置交换机的时候，能灵活运用很多的 show 命令也是非常必要的，能及时检测自己的配置是否有误，并有助于记录和了解当前网络的运行状况。

2. 验证交换机常用配置的命令

```
show  interface      {interface-id} 显示交换机上单个或全部可用接口的状态和配置
show  running-config  {interface-id}    显示某个接口的配置命令
show  startup-config                    显示启动配置的内容
show  running-config                    显示当前运行的配置
show  flash:                            显示关于 flash 的文件系统信息
show  version                           显示系统硬件和软件状态
show  history                           显示对话历史记录
show   vlan  brief                      查看 VLAN 配置信息
show  mac-address-table                 显示 MAC 转发表
show  interface  trunk                  查看 trunk 干道信息
```

3. 对 6.4.2 的配置案例进行验证

（1）分别在两台交换机上看 trunk 干道信息　执行 show　interface　trunk 命令，如图 6-14 所示。可以看到 trunk 对应接口，模式是 on（开启的），封装类型是 802.1q 等重要信息。

（2）在 SW1 上执行　show　running-config，如图 6-15 所示。

```
SW1#show int trunk
Port        Mode         Encapsulation  Status        Native vlan
Fa0/24      on           802.1q         trunking      1

Port        Vlans allowed on trunk
Fa0/24      1-1005

Port        Vlans allowed and active in management domain
Fa0/24      1,10,11,20,22

Port        Vlans in spanning tree forwarding state and not pruned
Fa0/24      1,10,11,20,22
SW1#
SW2#show int trunk
Port        Mode         Encapsulation  Status        Native vlan
Fa0/24      on           802.1q         trunking      1

Port        Vlans allowed on trunk
Fa0/24      1-1005

Port        Vlans allowed and active in management domain
Fa0/24      1,10,11,20

Port        Vlans in spanning tree forwarding state and not pruned
Fa0/24      1,10,11,20
SW2#
```

图 6-14　查看 trunk

```
SW1#show running-config
Building configuration...

Current configuration : 1432 bytes
!
version 12.2
no service timestamps log datetime msec
no service timestamps debug datetime msec
no service password-encryption
!
hostname SW1
!
!
!
enable password cisco
!
!
!
!
!
```

图 6-15　查看交换机配置

一直按 Enter 键，可以不断往下看所有的详细配置，在这里，能看到 SW1 上设置了明文的特权模式下密码，为 cisco。

（3）在 SW2 上执行 show　vlan　brief 命令，可以看到如图 6-16 所示。

在 SW2 上创建了 3 个 VLAN，VLAN 10 下面有接口 Fa0/2 及 VLAN 20 下面有接口 Fa0/3。还有 VLAN 11 和其接口对应的关系等有用信息。

```
SW2#show vlan brief

VLAN Name                             Status    Ports
---- -------------------------------- --------- -------------------------------
1    default                          active    Fa0/1, Fa0/4, Fa0/5, Fa0/6
                                                Fa0/7, Fa0/8, Fa0/9, Fa0/17
                                                Fa0/18, Fa0/19, Fa0/20, Fa0/21
                                                Fa0/22, Fa0/23, Gig0/1, Gig0/2
10   VLAN0010                         active    Fa0/2
11   VLAN0011                         active    Fa0/10, Fa0/11, Fa0/12, Fa0/13
                                                Fa0/14, Fa0/15, Fa0/16
20   VLAN0020                         active    Fa0/3
1002 fddi-default                     active
1003 token-ring-default               active
1004 fddinet-default                  active
1005 trnet-default                    active
SW2#
```

图 6-16　查看交换机 VLAN 信息

小结

IP 网络互联技术能够广泛地应用于物联网中，而路由器和交换机是 IP 网络的两种主要设备，掌握这两种设备的工作原理和配置方法有很重要的意义。路由器是工作在第三层的网络设备，实现网络和网络之间的互联。交换机是工作在第二层的网络设备，实现局域网范围内计算机的以太网连接。本章对路由器和交换机的原理和特性进行了论述，详细介绍了路由器和交换机的配置方法和基本配置命令。

习题

1. 简要说明路由器基本硬件构成和启动顺序。
2. 路由表的表项有哪些？各有什么含义？
3. 简述路由器的路径选择过程。
4. 说明交换机对数据帧的转发过程。
5. 交换机三层交换和二层交换的区别是什么？
6. 说明交换机和路由器的区别。
7. 用交换机搭建一个小型局域网，划分 VLAN 隔离用户，用三层交换实现 VLAN 间互联。（可在模拟软件中完成）
8. 用路由器搭建一个小型互联网络，配置路由协议实现网络互联。（可在模拟软件中完成）

第7章 物联网的网络管理

学习重点

本章讨论的是物联网的网络管理问题。在介绍物联网管理功能域的基础上，介绍了常见的网络管理协议，并给出几个典型的网络管理系统和针对网络管理的故障管理、配置管理和性能管理，详细阐述了它们的核心问题和注意事项。核心内容就是网络管理协议的功能及在物联网中的使用。对于本章的学习，应结合实例，深入理解网络管理协议。

7.1　物联网管理功能

物联网由传感器网加上互联网的网络结构构成。传感器网作为末端的信息拾取或者信息馈送网络，是一种可以快速建立，不需要预先存在固定的网络底层构造的网络体系结构。物联网中节点的高速移动性使得节点群快速变化，节点间链路通断变化频繁。物联网或者是传感网具有如下几个特点：

（1）网络拓扑变化快。这是因为传感器网络密布在需要收集信息的环境之中，独立工作。部署的传感器数量较大，设计寿命的期望值长，结构简单。但是，实际上传感器的寿命受环境的影响较大，失效是常事，而传感器的失败，往往会造成传感器网络拓扑的变化。这在复杂和多级的物联网系统中表现尤为突出。

（2）传感器网络难以形成网络的节点中心。传感器网的设计和操作与其他传统的无线网络不同，它基本没有一个固定的中心实体。在标准的蜂窝无线网中，正是靠这些中心实体来实现协调功能，而传感器网络则必须靠分布算法来实现。

（3）通信能力有限。传感器网络的通信带宽窄而经常变化，通信范围覆盖小，一般在几米、几十米的范围。并且传感器之间通信中断频繁，经常导致通信失败，由于传感器网络更多受到高山、障碍物等地势和自然环境的影响，节点可能长时间脱离网络。

（4）节点的处理能力有限。通常，传感器都配备了嵌入式处理器和存储器，这些传感器都具有计算能力，可以完成一些信息处理工作。但是，嵌入式处理器的处理能力和存储器的存储量是有限的，传感器的计算能力十分有限。

（5）物联网网络对数据的安全性有一定的要求。这是因为物联网工作时一般少有人介入，完全依赖网络自动采集数据和传输、存储数据，分析数据并且报告结果和实施应该采取的措施。如果发生数据的错误，必然引起系统的错误决策和行动。这一点与互联网并不一样，互联网由于使用者具有相当的智能和判断能力，所以在发生网络和数据的安全性受到攻击时，往往可以主动采取防御和修复措施。

（6）网络终端之间的关联性较低。节点之间的信息传输很少，终端之间的独立性较大。通常物联网中的传感和控制终端工作时，是通过网络设备或者上一级节点传输信息，所以传感器之间信息相关性不大，相对比较独立。

（7）网络地址的短缺性导致网络管理的复杂性。众所周知，物联网的各个传感器都应该获得唯一的地址，才能正常工作。但是，IPv4 的地址数量即将用完，连互联网上面的地址也已经非常紧张，即将分配完毕。而物联网这样大量使用传感器节点的网络，对于地址的寻求就更加迫切。尽管 IPv6 就是从这一点出发来考虑的，但是由于 IPv6 的部署需要考虑到与 IPv4 的兼容，而巨大的投资并不能立即带来市场的巨大商机，所以运营商至今对于 IPv6 的部署一直是小心谨慎。目前还是倾向于采取内部的浮动地址加以解决。这样更增加了物联网管理技术的复杂性。

国际标准化组织（Internet Standards Organization，ISO）将网络管理的功能划分为 5 个功能域（Management Function Area，MFA）：性能管理（Performance Management）、配置管理（Configuration Management）、故障管理（Fault Management）、安全管理（Security

Management）和计费管理（Accounting Management）。每个功能域完成不同的网络管理功能。在一般情况下，这 5 个功能域基本上涵盖了网络管理的内容，目前的通信网络、计算机网络基本上都是按照这 5 个功能域进行管理的，如表 7-1 所示。

表 7-1 物联网网络管理基本内容和功能域

检测控制			
统计运算	门限告警	监测报告	节点配置管理
资源拓扑	网络状态	业务传输	监测参数配置
拓扑关系	节点故障告警	等效时延抖动	地址分配
CPU 资源	通信链路故障告警	等效分组丢失	时钟同步与管理
存储资源	网络状态信息上报	网络性能报告	网络连接配置

但是，无论对于物联网的接入部分传感器网络，还是对于物联网的主干网络部分，这 5 个功能域已经不能全部反映网络管理的实际情况。因为物联网的接入部分，即传感器网络有许多不同于通信网络和互联网络的地方，如前所述。另外，物联网的主干网络在各种形式的网络结构中，也有许多新的特点。因此以上的功能域不仅不能完成管理的任务，甚至连物联网和传感器网络的覆盖都有许多新的情况需要加以解决。根据物联网网络管理的需要，除了普通的电信网和互联网网络管理的 5 个方面以外，还需要包含其他方面的内容。

7.2 常见网络管理协议

7.2.1 网络管理协议的发展

在网络管理协议产生以前的相当长的时间里，管理者要学习各种从不同网络设备获取数据的方法。因为各个生产厂家使用专用的方法收集数据，相同功能的设备，不同的生产厂商提供的数据采集方法可能大相径庭。在这种情况下，制定一个行业标准的紧迫性越来越明显。

首先开始研究网络管理通信标准问题的是国际上最著名的国际标准化组织 ISO，他们对网络管理的标准化工作始于 1979 年，主要针对 OSI 七层协议的传输环境而设计。

ISO 的成果是 CMIS（公共管理信息服务）和 CMIP（公共管理信息协议）。CMIS 支持管理进程和管理代理之间的通信要求，CMIP 则是提供管理信息传输服务的应用层协议，二者规定了 OSI 系统的网络管理标准。基于 OSI 标准的产品有 AT&T 的 Accumaster 和 DEC 公司的 EMA 等，HP 的 OpenView 最初也是按 OSI 标准设计的。

后来，Internet 工程任务组（IETF）为了管理以几何级数增长的 Internet，决定采用基于 OSI 的 CMIP 协议作为 Internet 的管理协议，并对它作了修改，修改后的协议称为 CMOT（Common Management Over TCP/IP）。但由于 CMOT 迟迟未能出台，IETF 决定把已有的 SGMP（简单网关监控协议）进一步修改后，作为临时的解决方案。这个在 SGMP 基础上开发的解决方案就是著名的 SNMP（简单网络管理协议），也称 SNMPv1。

SNMPv1 最大的特点是简单性，容易实现且成本低。此外，它的特点还有：可伸缩性，SNMP 可管理绝大部分符合 Internet 标准的设备；扩展性，通过定义新的“被管理对象”，可以非常方便地扩展管理能力；健壮性（Robust），即使在被管理设备发生严重错误时，也不会影响管理者的正常工作。

近年来，SNMP 发展很快，已经超越传统的 TCP/IP 环境，受到更为广泛的支持，成为网络管理方面事实上的标准。支持 SNMP 的产品中最流行的是 IBM 公司的 NetView、Cabletron 公司的 Spectrum 和 HP 公司的 OpenView。除此之外，许多其他生产网络通信设备的厂家，如 Cisco、Crosscomm、Proteon、Hughes 等也都提供基于 SNMP 的实现方法。相对于 OSI 标准，SNMP 简单而实用。

如同 TCP/IP 协议簇的其他协议一样，开始的 SNMP 没有考虑安全问题，为此许多用户和厂商提出了修改 SNMPv1，增加安全模块的要求。于是，IETF 在 1992 年雄心勃勃地开始了 SNMPv2 的开发工作。它当时宣布计划中的第二版将在提高安全性和更有效地传递管理信息方面加以改进，具体包括提供验证、加密和时间同步机制及 GETBULK 操作提供一次取回大量数据的能力等。

最近几年，IETF 为 SNMP 的第二版做了大量的工作，其中大多数是为了寻找加强 SNMP 安全性的方法。然而不幸的是，涉及的方面依然无法取得一致，从而只形成了 SNMPv2 草案标准。1997 年 4 月，IETF 成立了 SNMPv3 工作组。SNMPv3 的重点是安全、可管理的体系结构和远程配置。目前 SNMPv3 已经是 IETF 提议的标准，并得到了供应商们的强有力支持。

7.2.2 SNMP

简单网络管理协议（SNMP）已经成为事实上的标准网络管理协议。由于 SNMP 首先是 IETF 的研究小组为了解决在 Internet 上的路由器管理问题提出的，因此许多人认为 SNMP 在 IP 上运行的原因是 Internet 运行的是 TCP/IP 协议，但事实上，SNMP 是被设计成与协议无关的，所以它可以在 IP、IPX、AppleTalk、OSI 及其他用到的传输协议上使用。

SNMP 是由一系列协议组和规范组成的，它们提供了一种从网络上的设备中收集网络管理信息的方法。从被管理设备中收集数据有两种方法：一种是轮询（Polling-only）方法，另一种是基于中断（Interrupt-based）的方法。

SNMP 使用嵌入到网络设施中的代理软件来收集网络的通信信息和有关网络设备的统计数据。代理软件不断地收集统计数据，并把这些数据记录到一个管理信息库（MIB）中。网管员通过向代理的 MIB 发出查询信号可以得到这些信息，这个过程就叫轮询。为了能全面地查看一天的通信流量和变化率，管理人员必须不断地轮询 SNMP 代理，每分钟就轮询一次。这样，网管员可以使用 SNMP 来评价网络的运行状况，并揭示出通信的趋势，如哪一个网段接近通信负载的最大能力或正使通信出错等。先进的 SNMP 网管站甚至可以通过编程来自动关闭端口或采取其他矫正措施来处理历史的网络数据。

如果只是用轮询的方法，那么网络管理工作站总是在控制之下。但这种方法的缺陷在于信息的实时性，尤其是错误的实时性。多久轮询一次、轮询时选择什么样的设备顺序都会对轮询的结果产生影响。轮询的间隔太小，会产生太多不必要的通信量；间隔太大，而且轮询时顺序不对，那么关于一些大的灾难性事件的通知又会太慢，就违背了积极主动的网络管理目的。

与之相比，当有异常事件发生时，基于中断的方法可以立即通知网络管理工作站，实时性很强。但这种方法也有缺陷。产生错误或自陷需要系统资源。如果自陷必须转发大量的信息，那么被管理设备可能不得不消耗更多的事件和系统资源来产生自陷，这将会影响到网络管理的主要功能。

结果，以上两种方法的结合：面向自陷的轮询方法（Trap-directed Polling）可能是执行网络管理最有效的方法了。一般来说，网络管理工作站轮询在被管理设备中的代理来收集数据，并且在控制台上用数字或图形的表示方法来显示这些数据。被管理设备中的代理可以在任何时候向网络管理工作站报告错误情况，而并不需要等到管理工作站为获得这些错误情况而轮询它的时候才报告。

SNMP 的体系结构分为 SNMP 管理者（SNMP Manager）和 SNMP 代理者（SNMP Agent），每一个支持 SNMP 的网络设备中都包含一个代理，此代理随时记录网络设备的各种情况，网络管理程序再通过 SNMP 通信协议查询或修改代理所记录的信息。

网络管理技术的一个新的趋势是使用 RMON（远程网络监控）。RMON 的目标是为了扩展 SNMP 的 MIB－II（管理信息库），使 SNMP 更为有效、更为积极主动地监控远程设备。RMON MIB 由一组统计数据、分析数据和诊断数据构成，利用许多供应商生产的标准工具都可以显示出这些数据，因而它具有独立于供应商的远程网络分析功能。RMON 探测器和 RMON 客户机软件结合在一起在网络环境中实施 RMON。RMON 的监控功能是否有效，关键在于其探测器要具有存储统计数据历史的能力，这样就不需要不停地轮询才能生成一个有关网络运行状况趋势的视图。当一个探测器发现一个网段处于一种不正常状态时，它会主动与网络管理控制台的 RMON 客户应用程序联系，并将描述不正常状况的捕获信息转发。

7.2.3　CMIS/CMIP

作为国际标准，由 ISO 制定的公共管理信息协议（CMIP）着重于普适性（Generality）。CMIP 主要针对 OSI 七层协议模型的传输环境而设计，采用报告机制，具有许多特殊的设施和能力，需要能力强的处理机和大容量的存储器，因此目前支持它的产品较少。

在网络管理过程中，CMIP 不是通过轮询而是通过事件报告进行工作，由网络中的各个设备监测设施在发现被检测设备的状态和参数发生变化后及时向管理进程进行事件报告。管理进程一般都对事件进行分类，根据事件发生时对网络服务影响的大小来划分事件的严重等级，网络管理进程很快就会收到事件报告，具有及时性的特点。

与 SNMP 相比，两种管理协议各有所长。SNMP 是 Internet 组织用来管理 TCP/IP 互联网和以太网的，由于实现、理解和排错很简单，所以受到很多产品的广泛支持，但是安全性较差。CMIP 是一个更为有效的网络管理协议，把更多的工作交给管理者去做，减轻了终端用户的工作负担。此外，CMIP 建立了安全管理机制，提供授权、访问控制、安全日志等功能。但由于 CMIP 是由国际标准组织指定的国际标准，因此涉及面很广，实施起来比较复杂且花费较高。

7.3 网络管理系统举例

7.3.1 SolarWinds

SolarWinds 是为 IP 网络提供故障和性能管理的网络管理软件。它提供实时和历史的数据性能可靠性统计。引擎可配置为根据事件发生的具体时间来自动给出通知。多个用户可以使用他们的网络浏览器同步登录系统。

1. Network Management and Discovery Tools

SolarWinds Network Management Tools 分为 9 个大类，跨越了带宽管理，网络性能监视和网络识别及网络错误管理等范围。它们分别被归入到 5 个工具包中。

SolarWinds Network Management 工具包是专业位网络工程师设计的，着重于易于使用，快速发现和显示网络中的信息，是极好的 IP 网络浏览工具。它使用 ICMP 和 SNMP 进行快速网络识别技术。返回的具体信息中包含：Details of each Interface、Port Speed、IP Addresses、Routes、ARP Tables、Accounts、Memory、sysObjectID's 等。

2. SolarWinds Web Enabled Network Management Solutions

Orion Network Performance Monitor 是一个复杂的带宽性能管理和错误管理应用程序，允许实时的在浏览器中浏览网络状态。Orion Network Performance Monitor 将监视和收集来自路由器、交换机、服务器和任何兼容 SNMP 网络协议的设备。另外，Orion 可以监视 CPU 负载，Memory 利用率，可利用磁盘空间。Orion NPM 是高度可扩展的，可监视 10～10 000 个节点。

3. Broadband Data Network Management Solutions

SolarWinds 的 Broadband Network 可以让管理员管理 Cable 网络的带宽，路由器以及调制解调器。完全基于浏览器的实时的管理方式。通过使用 DOCSIS 标准及 SNMP，SolarWinds 可以管理多个 Broadband Cable 厂商的产品和 Hybrid Fiber Coax 网络。

（1）SolarWinds 的 Discovery 栏。IP Network Browser 用于扫描于设定的 SNMP 字符串相同的路由器；Ping Sweep 用于扫描一段 IP 中有哪些正在被使用，并显示出其 DNS 名字；Subnet List 用于扫描路由下的分支网络，并给出了子掩码；SNMP Sweep 用于在一段 IP 下扫描哪些提供 SNMP 服务；Network Sonar 用于建立和查看 TCP/IP 网络构成数据库；DNS Audit 用于扫描定位本地 DNS 数据库错误；MAC Address Discovery 用于扫描一段 IP 内存在机器的 MAC 地址。

（2）Cisco Tools 栏。Config Editor/Viewer 用于下载、查看、比较、备份 Cisco 路由和交换机配置；Upload Config 用于上传 Cisco 路由和交换机配置，可用于修改配置；Download Config 用于下载 Cisco 路由和交换机配置；Running Vs Startup Configs 用于比较正在运行的和开机的配置文件；Router Password Decryption 用于解密 Cisco 的 type 型密码；Proxy Ping 用于测试 Cisco 路由器是否具有代理 ping 的能力；Advanced CPU Load 用于建立、查看 Cisco 路由器或交换机 CPU 工作状态数据库；CPU Gauge 用于监控 Cisco

路由器或交换机 CPU 工作；Router CPU Load 用于及时监控 Cisco 路由器的 CPU 工作；IP Network Browser 用于扫描于设定的 SNMP 团体字符串相同的路由器；Security Check 用于扫描指定路由器的 SNMP 团体字符串。

（3）Ping Tools 栏。Ping 用于 ping 主机 Trace Route 用于跟踪路由，查看经过的路由地址；Proxy Ping 用于测试 Cisco 路由器是否具有代理 ping 的能力；Ping Sweep 用于扫描一段 IP 中有哪些正在被使用，并显示出其 DNS 名字；Enhanced Ping 用于及时监视一定数量服务器、路由器等的相应能力。

（4）Address Mgmt 栏。Subnet Calculator IP Address Management 用于及时监控一段网络中 IP 的使用情况；DNS / Whois 用于获取一 IP 或域名的详细 DNS 信息；Ping Sweep 用于扫描一段 IP 中有哪些正在被使用，并显示出其 DNS 名字；DNS Audit 用于扫描定位本地 DNS 数据库错误；DHCP Scope Monitor 用于监控具有 DHCP 功能主机的子网络。

（5）Monitoring 栏。Bandwidth Monitor 用于及时监控多个设备的通路与带宽情况；Watch it 用于 Telnet、Web 管理多个路由设备的工具条；Router CPU Load 用于及时监控 Cisco 路由器的 CPU 工作；Network Monitor 用于监控多个路由设备的多种工作状态参数；Network Performance Monitor 用于监控多个路由设备的各种详尽网络状态；Enhanced Ping 用于及时监视一定数量服务器、路由器等的相应能力；SysLog Server 用于查看、修改 UDP 端口接收到的系统 log。

（6）Perf Mgmt 栏。Network Performance Monitor 用于监控多个路由设备的各种详尽网络状态；NetPerfMon Database Maintenance 用于维护上面工具生成的数据库；SNMP Graph 用于在 MIB 中及时地收集设定的 OID 的详细数据；Bandwidth Gauges 用仪表的形式监视远程设备的通路与带宽情况；Bandwidth Monitor 用趋势图的形式及时监控多个设备的通路与带宽情况；Advanced CPU Load 用于建立、查看 Cisco 路由器或交换机 CPU 工作状态数据库；CPU Gauge 用于监控 Cisco 路由器或交换机 CPU 工作；Router CPU Load 用于及时监控 Cisco 路由器的 CPU 工作。

（7）MIB Browser 栏。MIB Browser 用于查看、编辑各种 MIB 数据资源；Update System MIB 用于改变各种 SNMP 设备的系统信息；SNMP Graph 用于在 MIB 中及时地收集设定的 OID 的详细数据；MIB Walk 用于收集指定 OID 的详细信息；MIB View 用于查看各种 MIB 数据资源。

（8）Security 栏。Security Check 用于扫描指定路由器的 SNMP 团体字符串；Router Password Decrypt 用于解密 Cisco 的 type 型密码；Remote TCP Session Reset 用于显示各设备上的已激活连接；SNMP Brute Force Attack 用于暴力猜解路由器的登录密码；SNMP Dictionary Attack 用于字典猜解路由器的登录密码；Edit Dictionaries 用于编辑字典。

（9）CATV Tools 栏。CATV Subscriber Modem Details 用于查询 CATV Modem 的当前工作状态；CMTS Modem Summary 用于监听和查看 CATV Modem 的各种工作状态；Network Performance Monitor 用于监控多个路由设备的各种详尽网络状态；NetPerfMon Database Maintenance 用于维护上面工具生成的数据库。

（10）Miscellaneous 栏。TFTP Server 用于建立 TFTP 服务器以接收、发送数据；WAN

Killer 用于发送特定信息包；Send Page 用于发送 E-mail 或 Page；Wake-On-LAN 用于远程激活网络功能。

7.3.2 MRTG

MRTG（Multi Router Traffic Grapher）是一套可用来绘制网络流量图的软件，由瑞士奥尔滕的 Tobias Oetiker 与 Dave Rand 所开发，是一个监控网络链路流量负载的工具软件，通过 SNMP 协议得到设备的流量信息，并将流量负载以包含PNG格式的图形的 HTML 文档方式显示给用户，以非常直观的形式显示流量负载。

MRTG 最早的版本是在 1995 年春天所推出，以 Perl 所写成，因此可以跨平台使用。它利用了 SNMP 送出带有物件识别码（OIDs）的请求给要查询的网络设备，因此设备本身需支援 SNMP。MRTG 再以所收集到的资料产生 HTML 档案并以 GIF 或 PNG 格式绘制出图形，并可以日、周、月等单位分别绘出。它也可产生出最大值/最小值的资料供统计使用。

原本 MRTG 只能绘出网络设备的流量图，后来发展出了各种 plug-in，因此网络以外的设备也可由 MRTG 监控，例如服务器的硬盘使用量、CPU 的负载等。

最常用的管理协议就是简单的网络管理协议（Simple Network Management Protocol，SNMP）。而我们用的 MRTG（Multi Router Traffic Grapher）就是通过 SNMP 协议实现管理工作站与设备代理进程间的通信，完成对设备的管理和运行状态的监视。

MRTG 是一个基于 SNMP 协议的监控网络流量和主机资源的开放源代码的管理工具。它通过 SNMP 请求得到被监控对象的流量信息，将这些流量信息以 PNG 格式的图形表示，并将包含这些图形的 HTML 文档通过 Web 方式显示给用户，非常直观地显示流量负载。MRTG 是用 Perl 语言编写的，可以工作在 Unix/Linux 和 Windows NT/2003 等环境下。MRTG 的 Perl 脚本用 SNMP 来读取路由器的流量信息，创建代表被监控网络连接的图形，这些图嵌入在 Web 页面中。

MRTG 主要由 4 个模块组成。基础模块：包括定义管理信息结构 SMI 要求的数据结构，通过相应的方法通过 SNMP 操作获取被管对象信息的 SNMP 模块和 MRTG 支持模块。日志文件：MRTG 使用的日志文件以 ASCII 文本形式来记录测得的流量数据，日志文件由 Rate Up 模块进行更新。日志更新和绘图工具：在该模块中，MRTG 使用 C 语言程序来完成日志文件的更新和统计图形的生成，与原来用 Perl 实现相比，大大提高了效率。配置和网页组织工具：MRTG 提供了相关的配置文件生成工具 cfgmaker 和网页组织工具 indexmaker。通过运行 cfgmaker，利用 SNMP 协议读取被管设备中的对象信息，自动生成该设备的框架配置文件，indexmaker 通过读取配置文件中的 Target 描述获得对象信息，并用这些信息组织成该对象的 HTML 页。

7.3.3 SunNet Manager

SunNet Manager 提供了功能强大，易于使用的网络管理用户工具和增加的管理服务软件，它为集成的网络管理提供一个综合环境，它建立在一个与协议无关的结构之上，支持 TCP/IP 和 ONC RPC 等开放的工业标准。这个结构相对于其他的管理手段具有关键的技术优势：

（1）提供面向目标的图形用户接口，开放直观的网络拓扑结构图形显示。

（2）自动化的故障隔离、诊断和监控等多种应用程序。用于拓扑图的配置、趋势分析和报告。

（3）提供了 API 接口解决方案，有 Agent 和 Proxy Agent 的开发工具包，用户可以对其进行编程扩充。

（4）分析资源性能。

（5）确定及解决问题。

（6）简化及自动化管理任务。

（7）提供集成的功能强大的工具集。

（8）利用一个分布式结构来管理多机型网络。

（9）符合工业标准的简化网络管理协议 SNMP。

（10）支持大量的第三方管理应用。

（11）提供国际化支持。

（12）易于安装、配置和操作。

SunNet Manager 的结构支持异型网络，其核心与协议无关。在管理程序/代理程序服务 API 的帮助下，翻译代理程序可以提供多协议支持能力。

SunNet Manager 可以通过翻译代理程序与任何专用的网络管理协议进行通信，这种代理程序应按照代理服务 API 的要求进行编写。SunNet Manager 内部的网络探查技术能够搜索和识别网络上各种设施，其浏览和图形工具提供静态和动态事件分析。

SunNet Manager 把重点放在满足以下的要求：

（1）管理功能：为管理系统操作员提供更强的功能。

（2）控制范围：随着异型环境的规模和复杂性日益增加而持续不断地改善对异型环境的管理能力。

（3）集成的解决方案：把广泛的解决方案与第三方厂商提供的解决方案结合起来。

SunNet Manager 既是一个集成平台又是一个新的管理工具。SunNet Manager 为开发人员提供了非常松散到非常紧密的多种级别集成。它被设计成灵活的可塑性的系统。

SunNet Manager 的结构包括 3 个管理用的接口：

（1）用户接口。SunNet Manager 提供一套核心应用软件供进行拓扑结构搜查和显示，请求与事件管理，以及报告分析之用。其他的应用软件可从越来越多的第三方公司购得。

（2）管理应用接口。SunNet Manager 提供了一个例行程序库和一套机构，前者用一对一代理程序进行与协议无关的通信，后者用于对存储的管理数据进行处理。通过这个接口，应用程序可与 SunNet Manager 的代理程序，SunNet Manager 的控制台和其他管理应用程序可以进行透明通信。通过这个接口，应用程序可以查询网络配置数据库并对其进行修改。控制台对数据处理数据库的这一改变立即做出反应。

（3）协议接口。SunNet Manager 提供基于 ONC RPC 的消息库和相关的服务功能，于开发代理程序和管理协议翻译程序。这个 API 隐藏了 RPC 协议的细节，因而框架要以利用非 ONC RPC 的其他方式实现管理程序与代理程序之间的通信。

7.4 一个典型的网络管理实例

7.4.1 故障管理

1. 故障管理的任务要求

故障管理是对计算机网络中的问题或故障进行定位的过程，它一般包含了 3 个步骤：发现问题；分离问题，找出失效的原因；修复问题。使用故障管理技术，网络管理站可以更快地定位和解决问题。

故障管理的最主要的作用是：通过提供网络管理站快速地检查问题并启动恢复过程的工具，使得网络的可靠性得到增强。当计算机网络中断时，网络管理员要马上进行维修。利用故障管理技术，可以使网络的效率得到提高。

2. 故障诊断的相关信息分析

为了确定故障的存在，故障管理系统必须收集与网络状态相关的数据。在故障管理中，收集信息有两种方法：设备向管理系统报告关键的网络事件；管理系统定期地查询网络设备。

（1）可以主动传递的网络故障信息。在 SNMP 协议中提供了网络设备主动向管理工作站传递网络信息的机制，就是 TRAP 协议数据单元。当一个网络设备发生了一个关键网络事件时，这个设备会主动地向预先配置好的一个网络管理站发送有关这个关键网络事件的 TRAP 报文。关键网络事件指的是诸如连接失败、设备重新启动或者从一个主机来的响应无法收到等事情。而这些事件则往往意味着一个网络故障的产生。因此，TRAP 报文对网络故障管理的重要性是显而易见的。

在 MIB-II 中，定义了基本的 TRAP 报告，TRAP PDU 中的陷阱域对应于代理发生了这样一些重要的网络事件：

ColdStart：SNMP 代理设备重新初始化自身。这是一个由于意外或者严重错误而引起的重启。

WarmStart：SNMP 代理设备初始化自身，但并不改变代理的配置。这是一个常规的重启。

LinkDown：告知一个代理某个接口的通信连接失败。并告知了通信失败发生接口的 ifIndex 实例的名字和值。

LinkUp：告知一个代理某个接口的通信连接已经正常。其他信息与 LinkDown 相同。

AuthenticationFailure：更多用于安全管理，告知管理站代理接收到了一个认证失败的协议消息。

EgpNeighborLoss：告知管理站一个 EGP（外部网关协议）对等实体被标志为 down，对等关系不再存在。

EnterpriseSpecific：企业自定义陷阱，不同生产厂家的实现都不相同。

在这些标准 TRAP 中，除了企业自定义陷阱由于难有标准性，不具有开发性以外，其他多直接表示代理上产生了一个故障事件。

但是，在大多数情况下，仅依赖于这些事件将不能提供所有进行有效的故障管理所必需的信息。例如，当一个网络设备完全失效了，它将不能发送事件。这样仅依赖于重要网络事件的故障管理工具将无法总是拥有每个网络设备的最新状态。

（2）可以被监测的网络故障信息。故障管理的基础也是对于相关网络设备状态数据的获取。在 MIB-II 标准中反映故障状态的对象主要有：

sysUptime：系统已经运行了多长时间。它告知一个系统已经运行了多久。故障管理应用查询该对象来确定实体是否已重新启动；如果应用查询看到的是一个一直增加的 sysUptime，就认为实体是 up 的；如果 sysUptime 的值小于以前的值，则自上次查询后系统重启了。

ifAdminStatus 和 ifOperStatus 结合在一起，故障管理应用可以确定接口的当前状态。两个对象都返回整数：值 1 表示 up，值 2 表示 down，值 3 表示测试 test，如表 7-2 所示。

表 7-2　接口对象含义

ifOperStatus	ifAdminStatus	含　义
Up(1)	Up(1)	正常运行
Down(2)	Up(1)	接口通信失败
Down(2)	Down(2)	Down
Testing(3)	Testing(3)	Testing

ifLastChange：该对象是指接口开始进入当前运行状态时的 sysUpTime，如果系统被重新启动，则 ifLastChange 的数值重新被设置为 0，由此也可判断系统是否被重新启动。

SnmpInASNParseErrs：所有输入的 ASN 错误。

SnmpInTooBigs：所有输入的 tooBig 错误。

SnmpInNosuchNames：所有输入的 noSuchName 错误。

SnmpInBadValues：所以输入的 badValue 错误。

SnmpInReadOnlys：所有输入的 readOnly 错误。

SnmpInGenErrs：所有输入的 genErr 错误。

SnmpOutTooBigs：所有输出的 tooBig 错误。

SnmpOutNoSuchNames：所有输出的 noSuchName 错误。

SnmpOutbadValues：所有输出的 badValue 错误。

SnmpOutGenErrs：所有输出的 genErr 错误。

SNMP 组所列每个对象给出了与 SNMP 相关的错误的信息。RFC 1157 定义了其中的每个错误。当一个代理接收或发送这些错误时并不一定意味着网络本身有问题，它们可能告知的是一个实体不能正确处理 SNMP 包。错误的数目和类型也许意味着实体正在从网络设备中接收带有错误的 SNMP 包。这些错误的解决通常是在于对 SNMP 管理站或代理的配置。如果重新配置也不能减少错误，问题可能在于 SNMP 管理站或代理的具体实现上。

3．故障监测的实现方法

故障管理的功能，决定了故障管理应用必须是实时的。故障管理是建立在对于网络数据的实时监控的基础上的。故障管理的数据来源于对网络设备数据的即时采集。

一个最基本的故障管理系统并不提供对 MIB 信息的细致分析，只是对 MIB 进行基本的搜索报错。网络管理员对于每一个有可能指示某个故障的 MIB 库的数据对象规定一个门限值，这些故障指标也可以是由 MIB 库中其他数据对象通过一定公式得出的结果值。当故障管理系统采集到某个管理代理上的某个 MIB 库对象的当前值或计算结果超过了所指定的门限值时，故障管理系统就认为网络系统在这一设备之上发生了一定的故障，并以此向网络管理员报告并维持一个故障信息，直到正常为止。这种故障的简单报告仅仅通知了网络管理员在哪一个 MIB 代理上的哪个 MIB 对象越界了，而不对这种越界情况以及原因进行任何的分析处理。剩余的管理工作的任务全部交给网络管理员来完成。

4．故障范围及报告

在故障管理中，并不是所有的故障事件都会对网络有影响作用的。例如子网中的一台普通工作站对管理站发送了一个重启的陷阱，这就对网络毫无影响。故障管理首先得确定它的管理范围，才能在故障报告中做出合适的，对网络管理员有意义的信息。

决定管理哪些故障将受以下因素影响：对网络的控制范围，它将影响从网络设备上获得信息的数量和网络的大小。

对于小规模的网络，故障管理的对象只是网络的主干上的设备，也包括一些人工指定的提供一些全局服务的或关键服务的网络设备。在大型网络中，管理站也许只检查最重要的主机和网络设备的关键事件。

故障报告的形式有多种，最常用的是文字图形和声音信号。文字信息能够持久保存，它以故障日志的形式实现，它的信息来源于各种关键网络事件的分析以及记录。声音可以快速提示网络管理员发生了某种特定的故障，但如果网络管理者不在现场，则就起不到相应的作用。因此，声音只能作为文字信息的一个补充。声音只应用在关键的重要的故障情况中。

7.4.2　配置管理

1．配置管理的任务要求

一部分关键网络设备的配置决定了该计算机网络的表现。配置管理是发现和设置这些关键设备的过程。配置管理的最主要的作用是可以增强网络管理站对网络配置的控制。这是通过对设备的配置数据提供快速访问来实现的。在比较复杂的系统中，它使管理站能够将正在使用的配置数据与储存在系统中的数据进行比较，并且可以根据需要方便地修改配置。

通过提供最新的网络单元清单，配置管理可以给网络设备管理站提供进一步的帮助。总之，配置管理包括 3 个方面：获得关于当前网络配置的信息；提供远程修改设备配置的手段；存储数据并维护。

2．配置数据的自动收集及更新

（1）配置数据来源。在配置管理中，首先也是最重要的就是对于网络上的所有的设备配置要有一个明确的了解。配置数据首先必须经过自动收集的过程，使得网络管理员对整个网络所有设备有一个全面而细致的了解。这一自动收集过程是通过对网络设备收集 MIB-II 标准中和配置有关各个对象数据来实现的。

（2）配置数据说明。

① 配置基本信息。配置管理所要了解的是网络设备的一些基本信息，主要包括：

sysDescr，该对象是设备的文本描述，包括系统硬件、操作系统、网络软件的全名和版本号。

sysLocation，该对象标识了节点的物理位置，如“系统楼 410 房间”。

sysContact，该对象标识该节点的管理站及联系地址、电话等。

sysName，该对象标识该节点的网络设备名称。

对于一个网络设备，软件版本或操作系统都是可以通过 sysDescr 获得的，该数据对于管理设备的设置和故障检修都是有用的，sysLocation、sysContact 和 sysName 分别告知系统的物理位置、有问题时和哪个人联系、网络设备的名字，当为了对远程设备进行物理访问而需要和某个人联系时知道这些是有用的。这些系统组数据从轮廓上描述了网络设备的基本情况，是配置管理所要掌握的最基本材料。

同样，网络接口对象也是配置管理的重要目标，这也包括了在接口上的地址分配等信息。拓扑信息的构造也是配置管理的重要内容，设备、接口，它们的基本情况以及连接状况，构成了配置管理的主要内容。

② 网络接口信息：

ifDescr：该对象是接口信息的文本描述，包括制造厂商名、产品名和接口版本号。

ifType：该对象是根据物理和数据链路层规定的接口类型，MIB-II 中规定了 28 种类型，最常见的如 ethernet-csmacd(6)。

ifSpeed：该对象指明该接口的一般带宽，单位为 bit/s。

ifMtu：该接口可以发送或接收的最大数据报的大小。

接口组的这些对象告诉管理站关于接口设置的信息。ifDescr 和 ifType 分别命名接口并给出它的类型；ifSpeed 是一个以每秒位数表示接口速度的计量值。

③ 网络地址及路由信息：

ipForwarding：设备是否被设置为转递 IP。

ipAddrTable：设备中各物理接口分配的 IP 地址表。

ipRouteTable：设备中的 IP 路由表。

一些网络设备被设置为转发 IP 数据报，如路由器。配置管理查询一个设备的 ipForwarding 对象，从而表明实体的功能。

知道分配给设备的网络地址、子网掩码和广播地址对于配置管理来说是很有价值的。ipAddrTable 给出了关于实体的当前 IP 地址的信息，其中的每一行称为一个 ipAddrEntry，在每个 ipAddrEntry 中，ipAdEntAddr，ipAdEntIfIndex 分别告知 IP 地址和相应的接口，ipAdEntNetMask 给出了子网掩码，而 ipAdEntBcastAddr 告知广播地址。对于地址表来说，所有对象都是只读的。

ipRouteTable 记录了代理中所存储的路由信息。这在网络拓扑的发现中是非常重要的信息。网络拓扑本身就是配置管理的重要内容。

④ 传输层相关配置信息：

tcpRtoAlgorithm：TCP 重传策略。

tcpRtoMin：最小的 TCP 重传超时。

tcpRoMax：最大的 TCP 重传超时。

tcpCurrEstab：当前的 TCP 连接数。

TCP 重传策略和相关的时间配置会很大程度影响使用该协议进行传输的应用的性能。不同的系统使用不同的重传方案，可能会导致网络拥挤或不公平的带宽分配。

tcpCurrEstab 中的当前 TCP 连接数，会影响你决定所需要的 TCP 连接的总数。一个系统存在的 TCP 连接数也会影响系统的性能。如果一个能够处理 10 个远程登录会话的系统试图为 100 个这样的会话服务，系统性能可能会受到损害。

（3）配置管理流程说明。在系统的配置管理部分，信息的收集过程：按路由器清单依序收集路由器配置信息；比较存储的配置信息与当前设置，若有变化要求网络管理员确认；搜索新路由器，若存在，记录它的配置信息，并改变拓扑图。搜索各子网，对于子网内各设备进行自动发现，并获取配置数据。是否发现的新设备，若是，保留配置数据。配置是否在一个时期发生了变化，若是，要求网络管理员确认，并存储。提示网络管理员是否删除原有但未发现的设备。保存此次配置搜索所发现的配置变化清单。

在没有网络管理工具的情况下，从网络上获得数据往往是从手工劳动开始的。利用工具自动地收集数据，就可以避免陷入手工获得和更新配置的繁重任务。在这里，我们使用网络管理协议 SNMP 去定期地获取有关网络设备的数据，并且把数据自动记录在存储设备中。

对于网络设备的自动发现和采集会消耗掉一定量的带宽，对网络设备的查询频率将影响带宽的需求量，因此必须对信息收集的频率选择一个恰当的值。由于网络配置通常不会经常变动，这种查询完全可以安排到几天甚至一周一次，使得对于带宽的需求不会太大。

获得数据后，通常需要对原先所获得数据进行更新。我们比较所获取配置信息与已存储信息的异同，跟踪任何设备的多个改变参数，并对配置的变化向网络管理员提出确认。同时，这样还可以保留一份网络设备配置改变情况的清单，这对于网络管理来说是非常有用的。

3. 修改网络设备配置

（1）配置管理对象。配置管理所涉及的很多数据是可以进行远程设置的，可以通过设置这些对象的值来达到网络管理的功能。在基础 MIB-II 中，主要可以进行配置的对象有：

① 系统基本信息。系统组中的 sysContact、sysLocation、sysName 都是可写的。实际上这些值在最初都需要设置，以便有效地反映设备的基本情况。在配置管理中，应根据实际情况来设置这些对象的对应的值，使得设备能够明确的标识自身。

② 管理接口状态。

ifAdminStatus：接口在管理处于 up/down/test 中的哪一个状态。

IfAdminStatus：告知一个接口在管理上是否是活动的。通过发送 SNMPSet-Request 使用该对象设置远程配置接口为打开或关闭状态，达到远程控制接口状态的目的。

③ 路由信息及传输层配置。

ipRouteTable：设备中的 IP 路由表。它的许多对象定义为可读写的。配置管理中利用 ipRouteDest 输入新的路由，用 ipRouteType 改变路由类型，以实现手工配置路由信息。

TcpMaxConn：允许的所有 TCP 连接数。通过 tcpMaxConn 可以配置一个网络使其能够处理必要的数目的远程 TCP 连接。如果所有可能的 TCP 连接还不能满足用户要求，就表明可能需要另外一个系统了。或者，如果系统允许扩展，则可以增加资源以允许更多的 TCP 连接。

④ 网管安全配置 SnmpEnableAuthenTraps：对权限错误产生陷阱报文。SnmpEnable AuthenTraps 对象是指 Enable 或 Disable SNMP 代理产生权限故障 Trap 报文。根据定义，当一个实体接收到带有不正确的团体字符串的 SNMP 包时，必须有发送 SNMP 确认失败陷阱的能力。然而，由于团体字符串是 ASCII 格式的，该过程会潜在地造成危险的安全问题，由于这些安全考虑，可以覆盖实体并设置 snmpEnableAuthenTraps 为 enable 或 disable，使其发送或不发送陷阱。

（2）一个配置算法实例。在上述配置设置中，除了新的路由的设置以外，都是建立在获取变量当前对象的值得基础上的，根据当前值以及所要完成的配置管理要求，对所管代理来进行配置设置。

在远程配置数据时，遵循以下步骤：获取当前配置信息，记录下当前的值；按照管理员意图远程修改配置；获取当前配置数据，确认远程配置成功；若成功，将对配置所做的修改记入最近所做配置变更清单中。

例如，为了隔离，我们需要暂时将某个子网到中心路由器的连接中断。按照如下步骤：根据拓扑信息，首先确定在路由器上中断到子网的连接。查询 ipRouteTable，根据子网的地址，确定路由器到子网的路由信息，并在相应表项中获取 ipRouteIfIndex，这是该路由项所经的路由器上的物理接口在 ifTable 表中的索引值。根据上步所得 ipRouteIfIndex，查询 ifTable 表中的相应的行，确定接口存在。并取得行中相应实例的完整的标识符。根据完整的标识符，构造 Set-Request PDU，设置相应行中的 ifAdminStatus 为 down（0），以关闭这一接口。查询表中相应行的 ifAdminStatus 值，确认设置成功。查询表中相应行的 ifOperStatus 值，检查是否转变为 down（0），若是，则成功，否则，接口关闭失败。

4．配置数据的储存及清单列表生成

配置管理的数据获取的目的是为了获得一个长期有效的配置清单，因此，所有与配置管理有关的 MIB 变量在获取之后必须永久保存起来。应用把这些系统数据保存在数据库中，数据库以代理的 IP 地址为关键索引，对于每一个配置数据，数据库为其维护一个字段。

由于所有配置数据都存储在数据库中，因此，当配置管理数据在使用时，在进行信息分析或清单列表时不需要和具体的网络设备打交道。配置管理应用的应用分析处理部

分和数据采集部分完全可以分开实现。

基于同样的原因，对于配置数据的清单浏览，甚至不必要在本地进行。配置管理应用将配置数据库中的网络设备的基本数据通过 WWW 网络服务将配置数据发布出去。这使得网络管理员不在管理中心时也能获得当前的配置信息。

数据库内数据的存在，极大地方便了配置清单的列表过程。在任何时候，配置管理系统都能按照当前数据库内所存储的内容，这一清单列表包含了网络中的各主要关键设备的配置设置情况，如它的名称、网络地址、序列号、制造商、操作系统和当地负责人。这一报告可以按照网络变化的频繁程序来决定其报告的频率。

拥有了目前网络设置的报告，还需要的是所有的最近的网络变化的概括报告。这个报告分类列出所有的网络变化，包括了做这些改变者的名字，改变何时发生，这些数据都是在上述的配置自动发现过程以及远程修改过程中自动记录下来。同网络配置报告一样，变化报告的频率也取决于网络变化的快慢。

7.4.3　性能管理

1．性能管理的任务要求

性能管理可以测量网络中硬件、软件和媒体的性能。测量的项目可能有：整体吞吐量、利用率、错误率或响应时间等。运用性能管理信息，管理站可以保证网络具有足够的容量以满足用户的需求。

性能管理的最大作用是它帮助网络管理站减少网络中过分拥挤和不可通行的现象，从而为用户提供一个水平稳定的服务。使用性能管理，管理站可以监控网络设备和连接的使用情况。收集到的数据能帮助管理站判定使用趋势和分离出性能问题，甚至可能在它们对网络性能产生有害影响之前就予以解决。性能管理在容量计划方面也有帮助作用。

监视网络设备和连接的当前使用情况对性能管理是至关重要的。得到的数据不仅能帮助管理站立即分离出计算机网络中正在大量使用的部分，而且，也许更加重要的是，利用它可以找到某些潜在的问题的答案。

2．收集网络设备和连接的当前性能数据

网络设备和连接过度使用的一个重要现象是对用户服务水平的显著降低。影响服务水平的指标主要有：响应时间、拒绝访问比例、可用性。

总响应时间是指数据进入网络，被处理，然后作为一个响应离开网络所需的时间。拒绝访问比例是网络由于缺乏资源和性能而不能传送信息的时间百分比。可用性是网络正常运转，可供访问的时间所占的百分比，通常用两次失败间的平均时间来表示。

我们使用网络管理协议从网络上收集了下列在 MIB-II 中有关性能管理的这些数据，其含义详见表 7-3 至表 7-8，它们对实时排除网络故障和趋势分析都是很重要的。

表 7-3　接口组数据表

IfInDiscards	接口丢弃的输入包数
IfOutDiscards	接口丢弃的输出包数

续表

IfInErrors	包含错误的输入包数
IfOutErrors	包含错误的输出包数
IfInOctets	接口发送的字节数
IfOutOctets	接口接收到的字节数
IfInUcastPkts	输入的单播包数
IfOutUcastPkts	输出的单播包数
IfInNUcastPkts	输入的非单播包数
IfOutNUcastPkts	输出的非单播包数
IfInUnknownProtos	由于定向到一个未知或不支持的协议而被丢弃的包数
IfOutQlen	输出队列中的所有包数

表 7-4　IP 组数据表

IpInReceives	收到的全部 IP
IpInHdrErrors	收到的全部 IP
IpInAddrErrors	收到的全部 IP 数据报中，由于目的 IP 地址域不是和服务器相关的 IP 地址而丢弃的个数
IpForwDatagrams	接收到的全部 IP 数据报中，服务器只充当简单的 forward 网关的个数
IpInUnknownProtos	收到的全部 IP 数据报中，定向到一个服务器不支持的上层协议的个数
IpInDiscards	收到的全部 IP 数据报中，由于缺少缓冲区而丢弃的个数
IpInDelivers	收到的全部 IP 数据报中，成功的发送到 IP 的上层协议的个数
IpOutRequests	IP 的上层协议提供给 IP 传送的全部 IP 数据报数
IpOutDiscards	没有遇到阻止它们传输到目的地的问题，但是被丢弃的输出 IP 数据报数
IpOutNoRoutes	由于和目的 IP
IpReasmReqds	接收到的要求在服务器端重组的 IP
IpReasmOKs	服务器成功地重组的 IP
IpReasmFails	IP 重组策略检测到的失败次数
IpFragOKs	在该实体中成功地重组的 IP
IpFragFails	由于在服务器端需要分片而又不能分片而丢弃的 IP
IpFragCreates	由于在服务器端分片而产生的 IP

表 7-5　ICMP 组数据表

icmpInMsgs	IcmpInErrors	icmpInDestUnreachs	icmpInTimeExcds
icmpInParmProbs	icmpInSrcQuenchs	icmpInRedirects	icmpInEchos
icmpInEchoReps	icmpInTimestamps	icmpOutEchoReps	icmpInAddrMasks
icmpInAddrMaskReps	IcmpOutMsgs	icmpOutErrors	icmpOutDestUnreachs
icmpOutTimeExcds	icmpOutParmProbs	icmpOutSrcQuenchs	icmpOutRedirects
icmpOutEchos	icmpInTimestampReplys	icmpOutAddrMaskReps	icmpOutTimestampReplys
icmpOutAddrMasks	icmpOutTimestamps		

表 7-6　TCP 组数据表

TcpAttemptFails	建立连接的试图失败的次数
TcpEstabResets	已建立的连接被重置的次数
TcpRetransSegs	段重传的次数
TcpInErrs	接收到的错误分组数
TcpOutRsts	TCP 试图重置一个连接的次数
TcpInSegs	TCP 段的输入数
TcpOutSegs	TCP 段的输出数

表 7-7　UDP 组数据表

UdpInDatagrams	数据报的输入数
UdpOutDatagrams	数据报的输出数
UdpNoPorts	没有发送到有效端口的数据报的个数
UdpInErrors	接收到的有错误的 UDP

表 7-8　SNMP 组数据表

SnmpInPkts	SNMP 包的输入数
SnmpOutPkts	SNMP 包的输出数
SnmpInTotalReqVars	Get-GetNext 请求的变量输入数
SnmpInTotalSetVars	Set-Request 的变量输入数
SnmpInGetRequests	Get-Request 的输入数
SnmpInGetNexts	Get-Next-Requests 的输入数
SnmpInSetRequests	Set-Requests 的输入数
SnmpInGetResponses	Get-Response 的输入数
SnmpInTraps	陷阱的输入数
SnmpOutGetRequests	Get-Request 的输出数
SnmpOutGetNexts	Get-Next-Requests 的输出数
SnmpOutSetRequests	Set-Requests 的输出数
SnmpOutGetResponses	Get-Response 的输出数
SnmpOutTraps	陷阱的输出数

这些与性能管理密切相关的数据记录了网络从低层到高层各种协议上的错误数和错误类型，以及正常的统计数据。这些数据满足了各个层次性能管理的需要。采集这些性能数据，构成了性能管理系统的最重要的工作。

3. 性能数据分析

在性能数据采集到以后，应对其进行实时的性能分析。分析的结果是网络各层次上的性能，方法主要依赖于性能数据所包含的意义。主要的性能分析包括：

（1）接口组。性能管理要观察接口的错误率，需要首先找出接口的总包数和错误数。接口接收到的包的总数为 ifInUcastPkts 和 ifInNUcastPkts 之和，发出的包的总数为 ifOutUcastPkts 和 ifOutNUcastPkts 之和。

接口的输入、输出错误的百分率分别为：

输入错误百分率=ifInErrors/(ifInUcastPkts + ifInNUcastPkts)

输出错误百分率=ifOutErrors/(ifOutUcastPkts + ifOutNUcastPkts)

使用相似的方法利用对象 ifInDiscards 和 ifOutDiscards 监视被接口丢弃的包数。

通过对错误和丢弃的实时观察，可以推致以下可能结果：接口运行不正常、媒体有问题、设备中的缓冲有问题，等等。

性能管理还使用 ifInOctets 和 ifOutOctets 计算出一个接口的利用率。要完成该计算，需要两个不同的查询，一个取得在 x 时间的总字节数，另一个取得在时刻 y 的总字节数，在查询时刻 x 和 y 之间发送和接收的总字节数由下式计算：

总字节数=(ifInOctetsy − ifInOctetsx) + (ifOutOctesty − ifOutOctetsx)

然后，计算每秒钟的总字节数：

每秒钟总字节数=总字节数/(y − x)

则连线的利用率为：

利用率=(每秒总字节数×8)/ ifSpeed

对象 ifOutQlen 则告知一个设备的接口是否在发送数据上有问题。当等待离开接口的包数增加时，该对象的值也相应增加。在发送数据上的问题可能是由于接口上的错误导致的，也可能是由于设备处理包的速度跟不上包的输入速度。大量的包等待在输出队列中虽不是一个严重的问题，而它不断的增长则可能意味着接口发生了拥挤。

ifOutDiscards、ifOutOctets 一起给出了网络拥挤情况。如果一个设备丢弃了很多试图离开接口的包，而输出字节的总数却在减少，则说明接口可能发生了拥挤。

（2）IP 组。使用 IP 组对象，性能管理应用测量实体输入和输出的 IP 流量的百分率。实体对其不得不丢弃数据报的次数计数。数据报可能在输入时被丢弃（ipInDiscards），也可能在输出时被丢弃（ipOutDiscards）。丢弃数据报的发生可能表示缺少系统资源或其他不允许对数据报进行适当处理的原因。

其他的错误情况可能由于进入实体的数据报带有一个无效的 IP 头而发生，实体对此计数为 ipInAddrErrors。大量含有错误的 IP 数据报对于使用 IP 进行传递的应用会引起性能问题。

计算分段数据报和相关错误的百分比对于知道一个设备正在发送或接收大量的分段 IP 数据是有用的。同样，大比率的导致分段错误的 IP 数据报可能会影响到使用 IP 进行网络传递的性能。

对象 ipRoutingDiscards 告诉管理站实体是否由于缺乏资源正在丢弃有效的 IP 路由项。IP 路由项的丢弃率可以帮助发现实体是否有足够的资源为网络提供必要的性能。

对象 ipOutNoRoutes 对实体没有数据报的有效路由计数。如果该对象的速度增加，意味着实体不能转发数据报到目的地。该对象随着实体发送和转发数据报的增加而增加。

如果实体不得不处理大量的数据报，而对这些数据报它又没有一个本地支持的上层协议——通过 ipInUnknownProtos 度量——则可能引起性能问题。ipForwarding 告知设备对 IP 数据报转发的速率。通过监视这些速率，可以确定转发 IP 分组的速度是否能满足网络的需要，之后实体就可转发这些分组。而且 IP 转发的速率应该等于 IP 输入速率。

（3）ICMP 组。实体必须处理接收到的每一个 ICMP 分组，这样会负面影响实体的整体性能。在正常网络情况下，它消耗掉的处理能力可能是最小的，但是在忙碌的时候发送大量的 ICMP 分组的所需资源会显著影响一个实体的性能。有些接收到的 ICMP 分组，如 Echo，需要建立一个响应，而这会消耗更多的处理能力。类似地，实体产生新的 ICMP 分组，如源停止，将可能导致可用资源的超载。

对于计算接收和发送的 ICMP 分组的百分率，必须首先获得实体接收和发送的分组的总数。这可以通过找出每个接口的输入分组和输出分组的总数完成。然后可以用 icmpInMsgs 和 icmpOutMsgs 去除该和获得接收或发送的所有 ICMP 分组的百分率。通过多次查询该对象，便得出 ICMP 分组进入和离开实体的速率。

ICMP 组对象也显示每个不同的 ICMP 分组类型的数目。如果一个实体正在发送或接收到大量的 IP 错误，那么使用 icmpInErors 和 icmpOutErrors 确定是否是 ICMP 分组导致了问题。

（4）TCP 组。一个建立 TCP 连接的试图失败的原因有多种，比如，目的系统不存在或者网络有故障，知道建立连接被拒绝的次数可以帮助衡量网络的可靠性，少的拒绝可能意味着网络的可靠。同样，在重置状态下 TCP 结束许多已建立会话的情况也可能招致网络的不稳定。TcpAttemptFails 和 tcpEstabResets 帮助度量网络的拒绝率。

tcpRetransSegs 给出了系统重新发送的 TCP 段的个数。TCP 段的重传并不直接反映性能问题，然而重传次数的增加可以告知实体为了保证可靠性是否不得不发送数据的多个副本。

如果系统接收到了错误的 TCP 段，tcpInErrs 的值将增加，接收数据报时的麻烦和该对象的增加可能是由源系统段封装错误、网络设备转发段错误，或许多其他原因引起的，在大部分情况下，该对象的值不会单独增加，而是由于系统中的一些其他错误引起的结果。

tcpOutRsts 给出了实体试图重置一个连接的次数。实体试图重置一个连接的情况可能是由网络的不稳定、用户请求或资源问题引起的。

让应用在不同的时间查询 tcpInSegs 和 tcpOutSegs 的值，可以检测 TCP 段进入和离开实体的速率。该速率可能影响实体或依赖于 TCP 进行传输的应用的性能。

（5）UDP 组。处理 UDP 数据报会影响实体的性能，不断地查询 udpInDatagrams 和 udpOutDatagrams 以产生数据报的输入和输出速率，这是非常有用的数据。

当一个实体接收到未知应用的数据报时，udpNoPorts 会对其计数。如果这些数据报的速率非常大，则会引起实体的性能问题。当一个 UDP 应用使用 IP 广播分组传递信息时，实体通常会接收到这样的数据报。

像在 IP 和 TCP 中一样，udpInErrors 可以告知关于网络上的特定错误。一个 UDP 数据报可能很多原因产生错误，包括软件或连接错误或设备故障。一个系统接收到很多被计为 udpInErrors 的数据报时，可能会引起应用接收信息的低性能。

（6）SNMP 组。像实体的其他活动一样，SNMP 也会影响系统性能。如果知道一个实体有百分之多少的资源正在用来处理 SNMP，用 snmpInPkts 和 snmpOutPkts 查出 SNMP 包的输入和输出速率。其他对象使得能够找出实体正在处理的 SNMP 包的类型。监视这些对象的速率来了解 SNMP 包输入输出速率高的原因。

实时的图形分析在解决网络性能问题上是很有帮助的。因为它能显示出当前网络的使用率或错误情况。例如，随着时间变化，绘出某个连接的使用率的实时值的曲线图或是对某个接口绘出随时间变化而得出的实时错误率。这些都是通过对网络性能数据定时轮询以及按照上述方法进行分析来实现的。

4．性能监控及设置阈值

（1）性能监控及其方法。性能管理与故障管理一样，二者都需要实时地监控当前网络的各个设备的 MIB 库对象的值。在监控的同时对数据进行分析以及处理，然后得出一定的结论。两者的分析和处理方法也是基本一致的，只是性能管理系统的结果必须直观地提供给网络管理者，故障管理则重点在于发现并报告故障。

性能管理数据的采集也是采用轮询的方法，而且性能数据的时效性非常强，实时监控一般来说只需要反映当前或者包括以前短期时间内的性能数据，因此性能管理的轮询间隔应小于故障管理的轮询间隔，才能达到监控的目的。

系统将 MIB 库中的有关性能的数据通过轮询的方式采集过来，用固定的时间间隔把不同时刻的性能参数以图形方式展示出来。以达到网络系统管理员对于网络性能数据的监控。不同的数据可能有不同的展示方法。比如说，流量数据可以按照时间轴进行显示，能够很清楚地显示随着时间变化流量的变化情况，对于其他管理功能的判断也有帮助作用。

（2）设置性能阈值。性能管理过程中的另一个步骤是设置使用率阈值。允许对影响网络性能的各项设置阈值，对一台网络设备或主机来说允许设置的阈值包括处理器使用率、警告持续时间等。对一个连接则允许对出错率、平均利用率和总吞吐量等项设置阈值。

一旦阈值被设定，当网络性能达到一个特定的出错率或使用率时，性能管理工具就会向管理员报告。报告的方式类似于故障管理中的报警机制。阈值的设置使网络管理员能够在一个问题影响网络性能之前就找出并解决它。

由于性能管理有明显的针对性，而且它采用的是轮询机制，轮询间隔又较低，所以性能监控的对象应该由系统管理程序进行指定后再进行监控。保证网络的监视不会过于影响网络的实际运行。

小结

讲述了物联网的特性及物联网管理的功能域，介绍了常见的网络管理协议，并给出几个典型的网络管理系统，介绍了针对网络管理的故障管理、配置管理和性能管理，详细地阐述了它们的核心问题和注意事项。

习题

1. 物联网管理功能是什么？
2. 常见的网络管理协议有哪些？它们的特点是什么？
3. 故障监测可分为哪些功能模块？
4. 配置管理应包含哪些功能模块？
5. 性能测试报告应包括哪些内容？

第8章 物联网对象名称解析服务

学习重点

本章在详细介绍物联网对象名称解析服务原理、名称解析实现框架的基础上，给出了一个名称解析实现实例。对于本章的学习，应重点掌握物联网名称对象解析服务的基本原理与层次结构、物联网名称解析服务的基本工作流程及实现框架。在学习过程中，应结合因特网DNS系统的相关内容，对比两者之间的异同及其相互关系，并结合实际例子学习理解其相关细节。

8.1 名称解析服务系统概述

在互联网发展早期，网络中的计算机都以 IP 地址相互区分和通信，没有名称解析的概念。但是 IP 地址难于记忆和理解，IP 地址间并没有必然的逻辑关系，因此无法从逻辑上进行组织和管理。随着网络中的计算机和 IP 地址越来越多，使用 IP 地址区分主机的方式已经大大影响了工作和管理效率，于是人们想到使用主机名的方式来区分网络中的计算机。这种方式为每台计算机分配一个具有逻辑意义的名字，一台计算机的主机名和它的 IP 地址是一一对应的，人们不需要再记住这些枯燥的、毫无规律的 IP 地址，只要记住一台计算机的名字，就可以找到它。主机名和 IP 地址的对应关系保存在一个静态文件中，如果对应关系发生变化，需要管理人员人工修改，这就是名称解析服务的早期形式。由于网络的飞速发展，网络中的计算机越来越多，主机名形式已经不能满足人们的需求，人们不得不继续寻求新的解决办法，于是 DNS 应运而生。DNS 是 Domain Name System 的缩写，它是一个计算机系统，负责存储某个机构（域）中所有的名称和 IP 地址的对应关系，当有外部用户查询这个机构的某个主机时，由 DNS 服务器返回这个主机的 IP 地址。现在的互联网世界中，Internet 域名越来越流行，DNS 服务在其中起到了重要作用。

DNS 相当于把所有机构的域名集中到了一起，它提供了一个用于主机名和 IP 地址对应的一个层次性的名字空间（Naming Space），当某个用户查询某域名时，它会查询指定的 DNS 服务器来得到该主机的 IP 地址。

DNS 对客户端采用“黑盒子”模式，通过 DNS 提供的应用程序接口（API），获取其地址解析信息，而无须关心 DNS 的具体实现过程。同样，物联网中也有类似的问题，要知道其物品的信息所在网络地址，则必须通过 ONS 系统访问，以获取 EPC 编码所对应的地址。由于 ONS（Object Name Service，对象名称解析服务）系统主要处理地址产品码与对应的 EPCIS 信息服务器地址的映射管理和查询，而 EPC 编码技术采用了遵循 EAN-USS 的 SGTIN 格式，和域名分配方式很类似，因此完全可以借鉴互联网络中已经很成熟的 DNS 技术思想，并利用 DNS 构架实现 ONS 服务。

对物联网而言同样存在类似的问题，EPC 标签由于其容量相对较小而只存储了二进制 EPC 编码，未能存储其相关的商品信息（如产地、制造日期、保质期等），如何利用现有的 EPC 编码来查找其商品相应信息成为人们急需解决的问题。要想知道其物品的信息所在的网络地址，则必须通过 ONS 系统访问，以获取 EPC 编码所对应的地址。

由图 8-1 可见，ONS 的作用是将一个 EPC 映射一个或多个 URI，通过这些 URI，可以查找到在 EPCIS（或 Web）服务器上关于该产品的详细信息。这里 ONS 存有制造商位置的记录，而 DNS 则是到达 EPCIS 服务器位置的记录，因此 ONS 设计运行在 DNS 之上。与 DNS 相似，ONS 系统的层次也是分布式的，主要由根 ONS、ONS 服务器、本地 ONS、本地 ONS 缓存及映射信息组成，其结构如图 8-2 所示。图 8-2 中根 ONS 服务器处于 ONS 层次中的最高层，它拥有 EPC 名字空间的最高层域名，因此基本上所有的 ONS 查询都要经过它。ONS 本地缓存则是将经常查询、最近查询的 URI 保存起来，以减少对外的查询次数。ONS 本地缓存作为 ONS 查询的第一站，其作用是极大地提高查询效率并减少 ONS 服务器的压力。而映射信息则是 ONS 系统所提供服务的实际内容，它指定了 EPC 编码与其相关的 URI 的映射关系，并且分布式存储在不同层次的各个 ONS 服务器中。这样，ONS 系统便最大限度地利用现有的互联网体系结构中的 DNS 系统，节省了大量的重复投资。

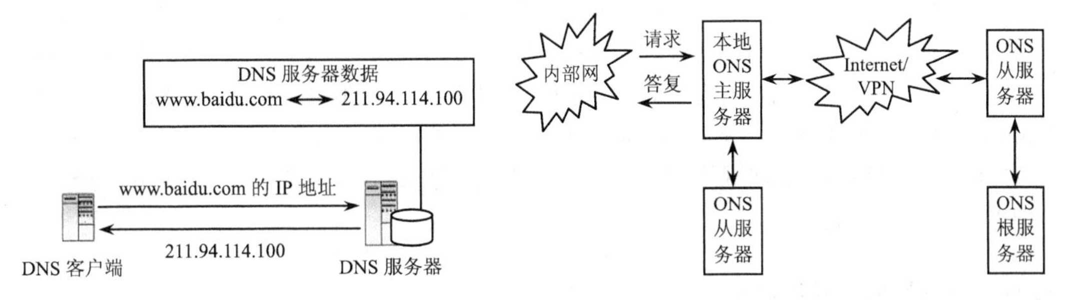

图 8-1　DNS 工作流程　　　　图 8-2　ONS 系统结构图

ONS 是一种全球查询服务，可以将 EPC 编码转换成一个或多个 Internet 地址，从而可以进一步找到此编码对应的货品的详细信息，通过统一资源定位符（URL）可以访问 EPCIS 服务和与该货品相关的其他 Web 站点/Internet 资源。图 8-3 展示了 ONS 在物联网系统中的作用。ONS 是负责将标签 ID 解析成其对应的 网络资源地址的服务。例如，客户端有一个请求，需要获得标签 ID 号为 123……的一瓶药的详细情况，ONS 服务器接到请求后将 ID 号转换成资源地址，那么资源服务器将检查这瓶药的详细信息，如生成日期、配方、原材料供应商等，并返回给客户端。可以明确的是，一个实体对象的网络服务模式可以通过该实体对象唯一的 EPC 标签进行识别与实现。读写器可以识别标签中的 EPC 编码，特别适合在人工识别无法做到的情况下使用。例如，一台无线射频传感器可以侦测到周围一定范围内的所有 RFID 标签。实体对象可以通过自带的 EPC 标签与网络服务模式相关联。网络服务模式是一种基于 Internet 或者 VPN（Virtual Private Network，虚拟专用网）专线的远程服务模式，可以提供与存储指定的相关信息。典型的网络服务模式可以提供特定对象的产品信息。ONS 架构可以帮助读写器或者读写器信息处理软件定位这些服务。

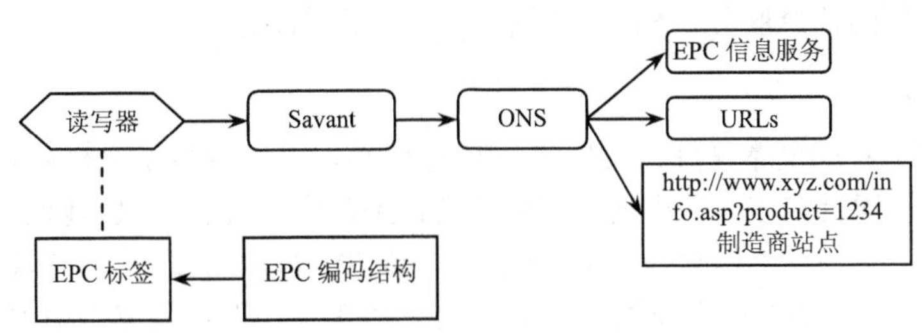

图 8-3　ONS 在物联网系统中的作用

ONS 服务被用来定位特定 EPC 对应的 EPC 信息服务。EPC 信息服务提供一系列 EPC 信息服务器的接口，它们可以用 XML 语言来提供某对象的相关信息。ONS 服务是联系前台 EPC 中间件和后台 EPC 信息服务的网络枢纽，并且 ONS 设计与架构都以 Internet

域名解析服务 DNS 为基础，因此可以使整个 EPC 网络以 Internet 为依托，迅速架构并顺利延伸到世界各地。目前比较成熟的典型 ONS 解决方案是 EPC 系统中的 ONS，EPC Global 的全球 ONS 委托 VeriSign 营运，设有 14 个资料中心用于提供 ONS 搜索服务，同时建立了 7 个服务中心，它们共同构成了全球国际电子产品码服务网络。基于这一系统，企业可以和网络内与之配合的任一企业进行供应链信息资料的交换。

我国对于 EPC 和 ONS 的研究，与国外先进国家相比起步较晚。我国物品代码管理中心已于 2004 年 1 月与全球地址产品编码管理中心正式签署协议，从而成为中国内地唯一授权代理机构，标志着我国正式开始 EPC 信息系统的管理和开发工作。VeriSign 公司 2004 年 10 月进入中国，该公司是 2004 年 1 月在 EPC Global 公开招标中，被 EPC Global 选定为独家运营 EPC 全球网络的技术分为提供商，并于 2004 年 12 月 1 日正式向全球投放 EPC 网络初始分为。

8.2 名称解析服务原理

8.2.1 因特网名称服务原理

DNS 是 Internet 上用得最频繁的服务之一，它是一个分布式数据库，组织成域层次结构的计算机和网络服务命名系统。通过它人们可以将域名解析为 IP 地址，从而使人们能够通过简单好记的域名来代替枯燥难记的 IP 地址来访问网络。

DNS 是一个分布式数据库，它在本地负责控制整个分布式数据库的部分段，每一段中的数据通过客户服务器模式在整个网络上均可存取，通过采用复制技术和缓存技术使得整个数据库可靠的同时，又拥有良好的性能。下面介绍 DNS 的工作原理及 DNS 协议的有关情况。

几种常用的名称解析方法如下：

网络中为了区别各个主机，必须为每台主机分配一个唯一的地址，这个地址即称为 IP 地址。但这些数字难以记忆，所以采用域名的方式来取代这些数字。不过，最终还是必须要将域名转换为对应的 IP 地址才能访问主机，因此需要一种将主机名转换为 IP 地址的机制。在常见的计算机系统中，可以使用 3 种技术来实现主机名和 IP 地址之间的转换：Host 表、网络信息服务（NIS）系统和域名服务（DNS）系统。

1. Host 表

Host 表是简单的文本文件，文件名一般是 hosts，其中存放了主机名和 IP 地址的映射关系，计算机通过在该文件中搜索相应的条目来匹配主机名和 IP 地址。hosts 文件中的每一行就是一个条目，包含一个 IP 地址及与该 IP 地址相关联的主机名。如果希望在网络中加入、删除主机名或者重新分配 IP 地址，管理员所要做的就是增加、删除或修改 hosts 文件中的条目，但是要更新网络中每一台计算机上的 hosts 文件。

在 Internet 规模非常小的时候，这个集中管理的文件可以通过 FTP 发布到各个主机，每个 Internet 站点可以定期地更新其 hosts 文件的副本，并且发布主机文件的更新版本来反映网络的变化。但是，当 Internet 上的计算机迅速增加时，通过一个中心授权机构为所有 Internet 主机管理一个 hosts 文件的工作将无法进行。文件会随着时间的推移而增大，这样按当前和更新的形式维持文件以及将文件分配至所有站点将变得非常困难。

说明：虽然 Host 表目前不再广泛使用，但大部分的操作系统依旧保留。

2. NIS 系统

将主机名转换为 IP 地址的另一种方案是 NIS（Network Information System，网络信息系统），它是由 Sun Microsystems 开发的一种命名系统。NIS 将主机表替换成主机数据库，客户机可以从它这里得到所需要的主机信息。然而，因为 NIS 将所有的主机数据都保存在中央主机上，再由中央主机将所有数据分配给所有的客户机，以至于将主机名转换为 IP 时的效率很低。因为在 Internet 迅猛发展的今天，没有一种办法可以用一张简单的表或一个数据库为如此众多的主机提供服务。因此，NIS 一般只用在中型以下的网络。

说明：NIS 还有一种扩展版本，称为 NIS+，提供了 NIS 主计算机和从计算机间的身份验证和数据交换加密功能。

3. DNS 系统

DNS 是一种新的主机名称和 IP 地址转换机制，它使用一种分层的分布式数据库来处理 Internet 上众多的主机和 IP 地址转换。也就是说，网络中没有存放全部 Internet 主机信息的中心数据库，这些信息分布在一个层次结构中的若干台域名服务器上。DNS 是基于客户机/服务器模型设计的。本质上，整个域名系统以一个大的分布式数据库方式工作。具有 Internet 连接的企业网络都可以有一个域名服务器，每个域名服务器包含有指向其他域名服务器的信息，结果是这些服务器形成了一个大的协调工作的域名数据库。

8.2.2　物联网名称服务原理

在 Internet 上域名与 IP 地址之间是一一对应的，域名虽然便于人们记忆，但机器之间只是能相互认识 IP 地址，域名与 IP 地址之间的转换工作称为域名解析。域名解析需要由专门的域名解析服务器（即 DNS）来完成。

DNS 是一个由在域名中找到的初步分等级的服务器组织的有等级系统。最高级的是 DNS 资源，通常是指简写的“.”或“dot”。根目录中的项目称为“最高层次领域”，如 com、net、kr 及 us 等。对每一个授权或指向域名中有“.”的地方都有一个在等级中处于较高位置的域的委派。这就是 DNS 被称为“网络分布式数据库”的原因。例如，smtp.example.com 的服务器授权如图 8-4 所示。

作为 EPC 系统组成的重要一环，ONS 的作用就是通过电子产品码，获取 EPC 数据访问信息。此外，其记录存储是授权的，只有电子产品码的拥有者可以对其进行更新、添加或删除等操作。ONS 服务电子产品编码的分级解析机制如图 8-5 所示，每个 ONS 服务器中都含有一个巨大的地址列表，当客户端进行查询时，将优先查询当地所在的地址列表。

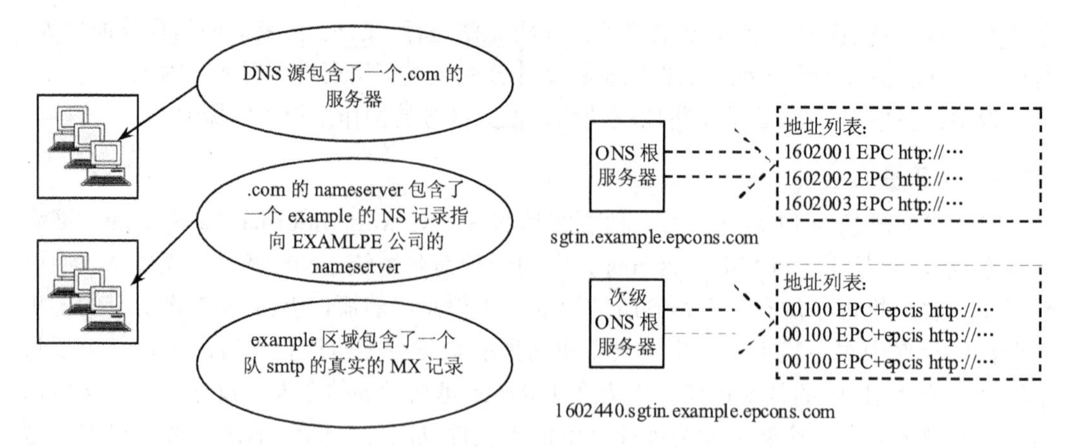

图 8-4　smtp.example.com 的服务器授权　　　　图 8-5　ONS 分解解析机制

当前，ONS 记录分为以下 4 类，分别用于提供不同的服务种类：

（1）EPC+ws：定位 WSDL 的地址，然后基于获取的 WSDL，访问产品信息。

（2）EPC+epcis：定位 EPCIS 服务器的地址，然后访问其产品信息。

（3）EPC+html：定位报名产品信息的网页。

（4）EPC+xmlrpc：在 EPCIS 等服务由第三方进行托管时，使用该格式作为路由网管访问其产品信息。

8.2.3　名称解析服务层次结构

1. DNS 层次结构

每当一个应用需要将域名翻译成为 IP 地址时，这个应用便成为域名系统的一个客户。这个客户将待翻译的域名放在一个 DNS 请求信息中，并将这个请求发给域名空间中的 DNS 服务器。服务器从请求中取出域名，将它翻译为对应的 IP 地址，然后在一个回答信息中将结果返回给应用。如果接到请求的 DNS 服务器自己不能把域名翻译为 IP 地址，将向其他 DNS 服务器查询。整个 DNS 域名系统由以下 3 个部分组成。

（1）DNS 域名空间。指定用于组织名称的域的层次结构，它如同一棵倒立的树，层次结构非常清晰，如图 8-6 所示。根域位于顶部，紧接着在根域的下面是几个顶级域，每个顶级域又可以进一步划分为不同的二级域，二级域再划分出子域，子域下面可以是主机也可以是再划分的子域，直到最后的主机。在 Internet 中的域是由 InterNIC 负责管理的，域名的服务则由 DNS 来实现。

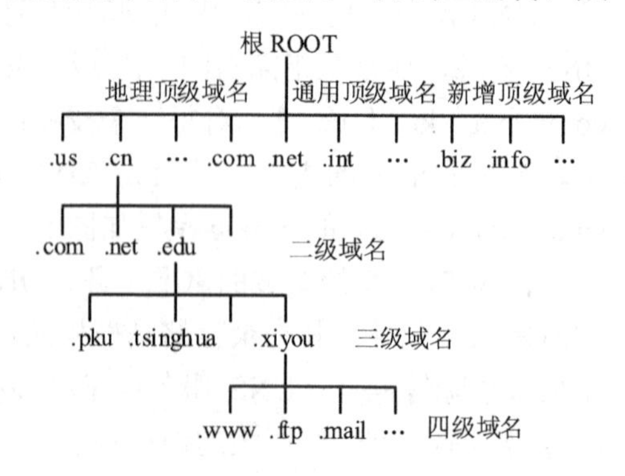

图 8-6　因特网域名树结构图

（2）DNS 服务器。DNS 服务器是保持和维护域名空间中数据的程序。由于域名服务是分布式的，每一个 DNS 服务器含有一个域名空间自己的完整信息，其控制范围称为区（Zone）。对于本区内的请求由负责本区的 DNS

服务器解释，对于其他区的请求将由本区的 DNS 服务器与负责该区的相应服务器联系。

（3）解析器。解析器是简单的程序或子程序，它从服务器中提取信息以响应对域名空间中主机的查询，用于 DNS 客户端。

2. ONS 层次结构

ONS 是基于 DNS 和 Internet 的，其主要作用是把一个 EPC 通过解析映射一个或者多个 URI，服务的用户可以通过这些 URI 来查找物品相应的详细信息或者是访问相应的 EPC 服务器。当然，也可以将 EPC 关联到与这些物品相关的 Web 站点或者其他 Internet 资源。这意味着在 ONS 查询过程中，查询和响应格式必须遵守 DNS 标准，并且查询结构必须是一个合法的 DNS 资源记录。

ONS 系统是一个分布式的层次结构，主要由 ONS 服务器、ONS 本地缓存、本地 ONS 解析器及映射信息组成。核心是 ONS 服务器，用于处理本地客户端 ONS 查询请求，若查询成功，则返回此 EPC 编码对应的 EPCIS 映射信息（服务地址信息）。与 DNS 服务器的结构类似，ONS 系统也分为 3 个层次结构，如图 8-7 所示，位于最顶层的是 ONS 根服务器，中间层则是各地的本地 ONS 服务器，下层则是 ONS 缓存。

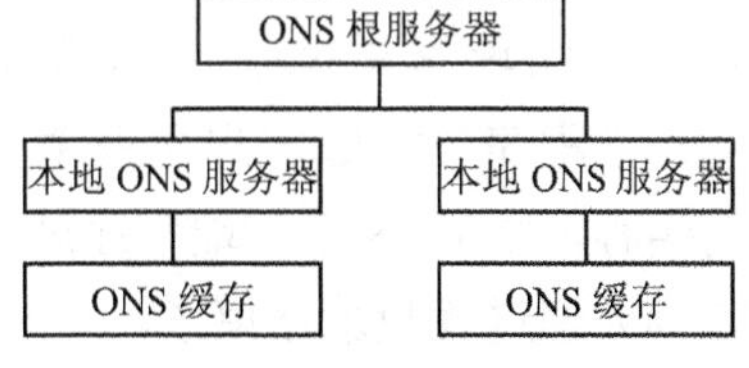

图 8-7　ONS 系统的层次结构

ONS 根服务器负责本地 ONS 服务器、各地 ONS 服务器的级联，组成 ONS 网络体系，并提供应用程序的访问、控制和认证。它拥有 EPC 名字空间的最高层域名，因此基本上所有的 ONS 查询都要经过它。本地 ONS 服务器也相当重要，它用于回应本地的 ONS 查询，并返回查询成功的 URI。本地 ONS 服务器主要包括两部分功能：

（1）实现与本地产品对应的 EPC 信息服务地址的存储。

（2）提供与外界交换信息的服务，回应本地的 ONS 查询，向 ONS 根服务器报告该信息并获取网络查询结果。

ONS 缓存是 ONS 查询的第一站，它保存着最近查询的、查询最为频繁的 URI 记录，以减少对外的查询次数。应用程序在进行 EPC 编码查询时，首先看 ONS 缓存中是否含有其相应的记录，若有则直接获取，可大大降低查询时间，提高查询效率。ONS 缓存同时也用于响应企业内部 ONS 查询，这些内部 ONS 查询用于物品跟踪。本地 ONS 解析器负责 ONS 查询前的编码格式化工作，它将需要查询的 EPC 转换为一个合法的 URI 地址映射信息，而这个映射信息就是 ONS 服务器返回给客户端的最终结果，客户端可以根据这个结果去访问相应的目标资源。可以看到，映射信息是 ONS 系统所提供服务的实际内容，它指定了 EPC 编码与相应的 URI 映射关系，并且分布存储在不同层次的各个 ONS 服务器中。这样，物联网便实现了基于物品 EPC 编码实现物品相关信息查询定位功能。

8.3　名称解析实现框架

8.3.1　因特网域名系统工作流程

当客户端程序要通过一个主机名称来访问网络中的一台主机时，它首先要得到这个主机名称所对应的 IP 地址，因为 IP 数据报中允许放置的是目地主机的 IP 地址，而不是主机名称。可以从本机的 hosts 文件中得到主机名称所对应的 IP 地址，但如果 hosts 文件不能解析该主机名称时，则只能通过向客户机所设定 DNS 服务器进行查询。

可以以不同的方式对 DNS 查询进行解析。第一种是本地解析，就是客户端可以使用缓存信息就地应答，这些缓存信息是通过以前的查询获得的；第二种是直接解析，就是直接由所设定的 DNS 服务器解析，使用的是该 DNS 服务器的资源记录缓存或者其权威回答（如果所查询的域名是该服务器管辖的）；第三种是递归查询，即设定的 DNS 服务器代表客户端向其他 DNS 服务器查询，以便完全解析该名称，并将结果返回至客户端；第四种是迭代查询，即设定的 DNS 服务器向客户端返回一个可以解析该域名的其他 DNS 服务器，客户端再继续向其他 DNS 服务器查询。

1. 本地解析

客户机平时得到的 DNS 查询记录都保留在 DNS 缓存中，客户机操作系统上都运行着一个 DNS 客户端程序。当其他程序提出 DNS 查询请求时，这个查询请求要传送至 DNS 客户端程序。DNS 客户端程序首先使用本地缓存信息进行解析，如果可以解析所要查询的名称，则 DNS 客户端程序就直接应答该查询，而不需要向 DNS 服务器查询，该 DNS 查询处理过程也就结束了。

2. 直接解析

如果 DNS 客户端程序不能从本地 DNS 缓存回答客户机的 DNS 查询，它就向客户机所设定的局部 DNS 服务器发一个查询请求，要求局部 DNS 服务器进行解析。局部 DNS 服务器得到这个查询请求，首先查看一下所要求查询的域名是不是自己能回答的，如果能回答，则直接给予回答，如是不能回答，再查看自己的 DNS 缓存，如果可以从缓存中解析，则也是直接给予回应。

3. 递归解析

当局部 DNS 服务器自己不能回答客户机的 DNS 查询时，它就需要向其他 DNS 服务器进行查询。此时有两种方式。局部 DNS 服务器自己负责向其他 DNS 服务器进行查询，一般是先向该域名的根域服务器查询，再由根域名服务器一级级向下查询。最后得到的查询结果返回给局部 DNS 服务器，再由局部 DNS 服务器返回给客户端。

4. 迭代解析

当局部 DNS 服务器自己不能回答客户机的 DNS 查询时，也可以通过迭代查询的方式进行解析。局部 DNS 服务器不是自己向其他 DNS 服务器进行查询，而是把能解析该域名的其他 DNS 服务器的 IP 地址返回给客户端 DNS 程序，客户端 DNS 程序再继续向这些 DNS 服务器进行查询，直到得到查询结果为止。

DNS 进行是 TCP/IP 协议中的一个标准，在大多数的 TCP/IP 实现中都必须包含这一标准。当在任何 TCP/IP 软件中输入域名的时候，这些软件都会调用本地的 DNS 解析器，将域名转换成一个 IP 地址。DNS 分为 Client 和 Server，Client 扮演发问的角色，也就是问 Server 一个 Domain Name，而 Server 必须要回答此 Domain Name 的真正 IP 地址。而当地服务器会先查自己的资料库，若自己的资料库中没有，则会到该服务器上所设的服务器进行查询，直到获得答案，将收到的答案存起来，并回答客户端。DNS 服务器会根据不同的授权区，记录所属该网络域下的各名称资料，该资料包括网域下达各次网域名称及主机名称。在每一个域名服务器中都有一个缓存区，其主要目的是将该服务器所查询出来的名称及相对应的 IP 地址记录下来，加速客户端查询速度。

若 DNS 客户端向 DNS 服务器查询国际网络上某台主机名称，且 DNS 服务器在改资料记录中找不到用户所指定的名称时，会转向服务器的缓存区寻找是否有该资料。如果也找不到，则向最近的服务器寻求帮助获取 IP 地址；DNS 服务器在接收到另一台 DNS 服务器查询的结果后，先将所查询的主机名称及对应的 IP 地址记录到缓存区中，最后再将所查询到的结果回复给客户端。

下面以 www.test.com.cn 为例，说明 DNS 名称解析实现过程。

（1）在 DNS 的客户端输入查询主机的指令。

（2）被指定的 DNS 服务器先行查询是否属于该网域下的主机名称，若查出主机名称并不属于该网域，再查询缓存区的记录资料，查是否有此机名称。

（3）查询后发现缓存区没有此记录资料，会取得根网域中的一台服务器，发出要查找 www.test.com.cn 的请求（Request）。

（4）在根网域中向 Root Name Server 询问，Root Name Server 记录了各 Top Domain 分别是由哪些 DNS Server 负责，因此会响应最近的 Name Serve，作为开展 CN 网域的 DNS 伺服主机。

（5）在.cn 这个网域中，被指定 DNS 服务器在本机上没有找到此名称的记录，因此会响应原本发出查询要求的 DNS 服务器查询最近的服务器位置，DNS 服务器会回应最近的主机为控制 com.cn 网域的 DNS 伺服主机。

（6）原本查询的 DNS 服务器主机，收到继续查询的 IP 位置后，会再向 com.cn 网域的 DNS Server 发出寻找 www.test.com.cn 名称搜索的要求。

（7）com.cn 的网域中，被指定的 DNS Server 在本机上没有找到此名称的记录，因此会回复查询要求的 DNS Server，回答最近的服务器位置，DNS 服务器回应最接近的作为控制 test.com.cn 网域的 DNS 主机。

（8）原本被查询的 DNS Server，在接收到应继续查询的位置后，再向 test.com.cn 网域的 DNS Server 发出寻找 www.test.com.cn 的要求，最后会在 test.com.cn 网域的 DNS Server 找到 www.test.com.cn 中此主机的 IP 地址。

（9）原本发出查询要求的 DNS 服务器，在接收到查询结果的 IP 结果后，响应返回给原查询名称的 DNS 客户端。

8.3.2　物联网名称解析服务工作流程

ONS 工作流程如图 8-8 所示，主要分为如下几步：

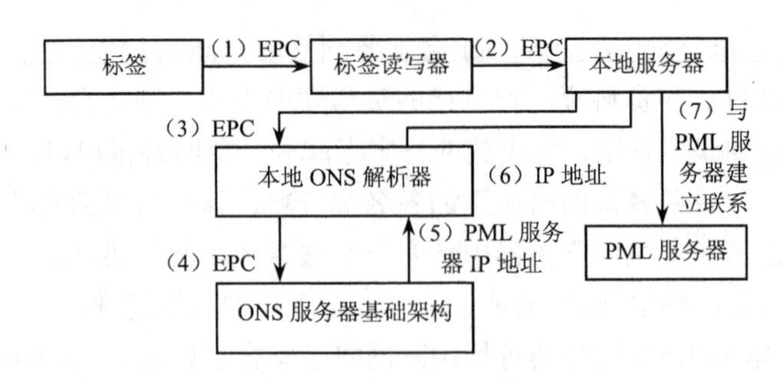

图 8-8　ONS 工作流程

（1）从标签上识读一个比特字符串 EPC 编码，如：01 0000000001100000100100100100100001100100100000101010110110010101，这是一个 64 位的 EPC 编码。

（2）读写器将此比特字符串 EPC 编码发送到本地服务器。

（3）本地服务器将二进制的 EPC 编码转化为整数并在头部添加 urn：epc，转化为 URIG 格式 urn:epc:1.1554.37401.2272661。转换完成后，发送该 URI 到本地 ONS 服务器。

（4）本地 ONS 解析器利用格式化转换字符串将 EPC 比特位编码转换成 EPC 域前缀名，再将 EPC 域前缀名结合成一个完整的 EPC 域名。ONS 解析器再进行一次 ONS 查询（ONS Query），将 EPC 域名发送到指定的 ONS 服务器基础架构，以获取所需的信息。其方法为：

清除 urn：epc	1.1554.37401.2272661
清除 EPC 序列号	1.1554.37401
颠倒数列	37401.1554.1
添加.onsroot.org	37401.1554.1.onsroot.org

（5）ONS 基础架构给本地 ONS 解析器，返回 EPC 域名对应的一个或多个 PML 服务器 IP 地址。

（6）本地 ONS 解析器再将 IP 地址返回给本地服务器。

（7）本地服务器再根据 IP 地址联系正确的 PML 服务器，获取所需的 EPC 信息。

8.3.3　物联网名称解析服务实现框架

ONS 实现架构主要包括 ONS 服务器网络及 ONS 的查询和应答两个组成部分。

ONS 服务器网络分成管理 ONS 记录，同时负责对提出的 ONS 记录查询请求进行响应。ONS 解析器完成电子产品码到 DNS 域名格式的转换，以及解析 DNS NAPTR（Naming Authority Pointer，名称权威指针）记录，获取相关的产品信息访问通道。

ONS 查询和应答的格式必须符合 DNS 的标准，ONS 要依赖于 DNS 才能进行查询工作。

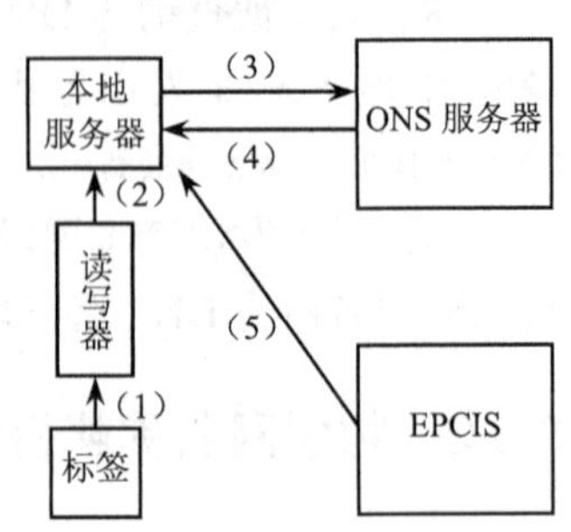

图 8-9　ONS 查询流程

对整个物联网来说，ONS 访问实现全球产品信息定位和跨企业间信息流转的中心枢纽，牵一发而动全身。因此，在了解了 ONS 系统层次、结构后，应考查 ONS 在物联网中进行 EPC 查询的具体情形，如图 8-9 所示（图中未标出 ONS

缓存，实际它包括在本地 ONS 服务器中）。

ONS 的查询流程分为以下 5 个部分：

（1）读写器读取 RFID 标签，获取 EPC 编码（二进制格式表示）：

01 000000000110000010010 01001001000011001 0010000101010110110010101

这里以一个 64 位的 EPC 编码为例。

（2）读写器将所采集到的 EPC 传送到本地服务器：

01 000000000110000010010 01001001000011001 0010000101010110110010101

（3）本地服务器将二进制的 EPC 编码转化为整数并在头部添加 urn:epc:，转化为 URI 格式 urn:epc:1.1554.37401.2272661。转换完成后，发送此 URI 到本地的 ONS 解析器。

（4）本地 ONS 解析器把 URI 转换成 DNS 域名格式，其方法为：

清除 urn:epc	1.1554.37401.2272661
清除 EPC 序列号	1.1554.37401
颠倒数列	37401.1554.1
添加.onsroot.org	37401.1554.1.onsroot.org

本地 ONS 解析器基于 DNS 域名访问本地的 ONS 服务器（缓存 ONS 记录信息），如发现其相关的 ONS 记录，直接返回 DNS NAPTR 记录；否则转发给上级 ONS 服务器（DNS 服务器基础架构）。DNS 服务基础架构基于 DNS 域名返回给本地 ONS 解析器一条或多条对应的 DNS NAPTR 记录。

（5）本地 ONS 解析器基于这些 ONS 记录，解析获得相关的产品信息访问通道并提取正确的 URL 送至本地服务器；本地服务器基于这些访问通道访问相应的 EPCIS 服务器或产品信息网页。

不过，目前的 ONS 服务规范对产品信息的定位只能提供到产品级别，其单一产品的跟踪映射信息没有维护。因此，对单一产品的信息访问需要企业自身的应用来实现，而这仍面临着不少问题，如网络安全、查询优化、名字空间规划、动态 ONS 等。可以预计，今后对 ONS 的要求也会不断提高。

图 8-10 描述了一个典型的 ONS 查询从开始到结束实现的全过程。

从一个 96 位的 RFID 商标上读出一串表示 EPC 的二进制数：0011 0000 0111 1010 0101 0011 0100 0100 1000 0000 1001 1101 1111 0100 0000 0000 0000 0001 0010 1101 0110 1000 0111；读写器将此数据发送到本地服务器；本地服务器将这一串数转化为抽象的统一资源表示（URI），按照 EPC Global 商标数据标准（TAG Data Standard）中所规定的形式（urn:epc:sgtin），则厂商识别码、产品代码、系列码如下：urn:epc:id:sgting:6901010:010109.1234567。

本地服务器把这个 URI 数据提交到本地 ONS 服务器上。ONS 把 URI 形式转化为两部分，一部分是域名，另一部分是根据 NAPTR 记录的、与这个域名相对应的 DNS 询问。经过此转化后，其询问形式就变成了 101009.6901010.sgtin.id.ONS.com。

DNS 的基础结构返回一串指向一个或多个的服务器的 URL 答案，比如一个 RDID 服务器。本地解析器从 DNS 记录中选出一个 URL，然后发送到本地服务器，如：http://epc-is.example.com/epc-wsdl.xml。本地服务器连接正确的 ONS 服务器，它是由 RFID

建立的 URL 所构成的。

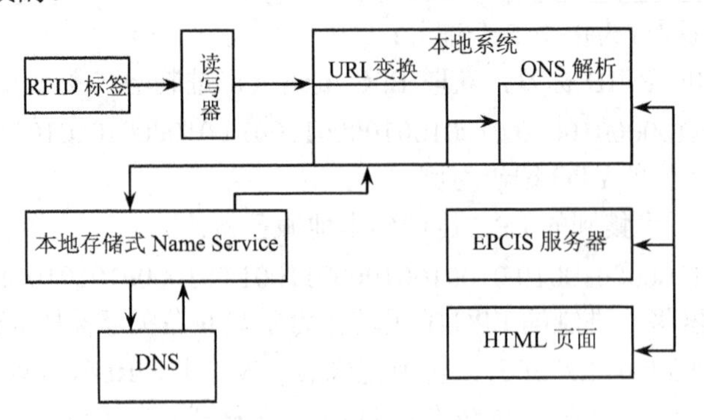

图 8-10　典型的 ONS 查询

8.4　名称解析实现实例

下面的实例以 Linux 环境下 BIND 的配置来说明。

8.4.1　域名配置文件

DNS 主要的配置文件有以下 4 个：

（1）主配置文件：named.conf，路径为/etc/named.conf。它用来设置全局参数，调配正向解析数据库文件和反向解析数据库文件。

（2）正向解析数据库文件：localhost.zone，路径为/var/named/localhost.zone。该文件用来将域名转换成 IP 地址，是区域文件的一部分。

（3）反向解析数据库文件：named.local，路径为/var/named/named.local 。该文件用来将 IP 地址转换成域名，也是区域文件的一部分。

（4）根域名服务器指向文件：name.ca，路径为/var/named/named.ca。它用于缓冲服务器的初始配置。

其中前 3 个是配置一个区域服务器必备的文件，下面介绍这 3 个文件。

8.4.2　根记录

主配置文件/etc/named.conf 文件内容示例如下：

```
Option {
    Directory "var/named";
    Dump-file "/var/named/data/cache_dump.db";
            Statistics-file "/var/named/data/named_stats.txt"
    };
Controls {
    Inet 127.0.0.1 allow {localhost} keys {rndkey;};
    };
Zone "." IN {
    Type hint;
```

```
    File "named.ca";
   };
Zone "localhost" IN {
   Type master;
   File "localdomain.zone";
   Allow-update {none;};
  };
Zone "localhost" IN {
  Type master;
  File "localhost.zone";
  Allow-update {none;};
   };
Zone "0.0.127.in-addr-arpa" IN {
   Type master;
   File "named.local";
   Allow-update {none;};
   };
…
Include "/etc/rndc.key";
```

/etc/named.conf 是 named 守护进程的主配置文件，说明 named 程序运行的全局参数，它的语法很灵活，类似于 C 语言。采用这种格式将使选定区域的配置比较方便，容易启用诸如访问控制列表和分类日志等功能。Named.conf 文件由 BIND 配置命令组成，配置命令具有相关的配置块，块中包括有相应参数。配置命令后面是参数和用花括号括起来的命令块。块内是选项和特性条目列表，每个条目以分号结束。

Zone 命令用于指明名字服务器所服务的域。输入关键字 zone，关键字后是双引号引起来的域名。

在域名后面，用户可以指明代表 Internet 的 IN 类。在区域块内，可以使用多个选项，type 和 file 是两个必选项。Type 项用于指明区域类型，file 项用于指明区域文件的名字。区域类型可以从 master、slave、stub、forward、hint 中选择，其中：

master 指明该区域保存主服务器信息，有对该信息进行操作的权利。

slave 指明要从主名字服务器定期更新数据的区域。如果该名字服务器作为另外一个主 DNS 服务器的从服务器，则使用此选项。

存根区域（stub zone）只复制其他名字服务器做条目，而不是整个区域。

转发区域（forward zone）把所有查询重定向到转发语句所定义的转发服务器。

线索区域（hint zone）指明所有 Internet DNS 服务器使用的根名字服务器集。

8.4.3　正向地址解析

正向解析是指通过主机名获取其对应的广域网 IP 地址。

当 DNS 客户端向 DNS 服务器查询 IP 地址时，或 DNS 服务器在向另外一台 DNS 服务器查询 IP 地址时，有以下 3 种查询方式：

（1）直接从缓冲存储器解析。可以直接从 DNS 客户端或 DNS 服务器的高速缓冲器中获得查询结果。

（2）递归查询。也就是DNS客户端送出查询要求后，如果本地DNS服务器内没有需要的数据，则DNS服务器会代替客户端向其他的DNS服务器查询，一般由DNS客户端所提出的查询要求是属于递归查询。

（3）循环查询。一般DNS服务器与DNS服务器之间的查询属于这种查询方式，当第1台DNS服务器在向第2台DNS服务器提出查询要求后，如果第2台DNS服务器内没有所需要的数据，则它会提供第3台DNS服务器的IP地址给第1台服务器，让第1台DNS服务器向第3台DNS服务器查询。

通过主机名名称查看正向解析信息：

命令行输入nslookup domain。

从返回的信息中可以看到正向解析的结果。

```
C:\>nslookup www.google.com
Server:  zj-ns1.cableplus.com.cn
Address:  219.233.241.166     ------DNS名字服务器信息

Non-authoritative answer:
Name:    www.google.com
Addresses:  2404:6800:4005:c00::63
            74.125.128.106
            74.125.128.147
          74.125.128.99
          74.125.128.103
          74.125.128.104
          74.125.128.105     -------www.google.com的IP地址群
/var/named/localhost.zone文件示例内容如下：
   TTL  86400
   ORIGIN localhost.
   @      ID  IN SOA@root(
                  42;  serial(d.adams)
                  3H;  refresh
                  15M; retry
                  1W;  expiry
                  1D);  minimum
            ID  IN   NS   @
            ID  IN   A    127.0.0.1
```

8.4.4　反向地址解析

我们经常使用到的DNS服务器里面有两个区域，即“正向查找区域”和“反向查找区域”，正向查找区域就是通常所说的域名解析，反向查找区域即是这里所说的IP反向解析，它的作用就是通过查询IP地址的PTR记录来得到该IP地址指向的域名，当然，要成功得到域名就必须要有该IP地址的PTR记录。PTR记录是邮件交换记录的一种，邮件交换记录中有A记录和PTR记录，A记录解析名字到地址，而PTR记录解析地址到名字。地址是指一个客户端的IP地址，名字是指一个客户的完全合格域名。通过对PTR记录的查询，达到反查的目的。

反向域名解析系统（Reverse DNS）的功能确保适当的邮件交换记录是生效的。反向域名解析与通常的正向域名解析相反，提供 IP 地址到域名的对应。IP 反向解析主要应用到邮件服务器中来阻拦垃圾邮件，特别是在国外。多数垃圾邮件发送者使用动态分配或者没有注册域名的 IP 地址来发送垃圾邮件，以逃避追踪，使用了域名反向解析后，就可以大大降低垃圾邮件的数量。

例如，使用 xxx@name.com 这个邮箱给邮箱 123@163.com 发了一封信。163 邮件服务器接到这封信会查看这封信的信头文件，这封信的信头文件会显示这封信是由哪个 IP 地址发出来的。然后根据这个 IP 地址进行反向解析，如果反向解析到这个 IP 所对应的域名是 name.com 那么就接受这封邮件，如果反向解析发现这个 IP 没有对应到 name.com，那么就拒绝这封邮件。

由于在域名系统中，一个 IP 地址可以对应多个域名，因此从 IP 出发去找域名，理论上应该遍历整个域名树，但这在 Internet 上是不现实的。为了完成反向域名解析，系统提供一个特别域，该特别域称为反向解析域 in-addr.arpa。这样欲解析的 IP 地址就会被表达成一种像域名一样的可显示串形式，后缀以反向解析域域名 in-addr.arpa 结尾。

例如，一个 IP 地址为 222.211.233.244，其反向域名表达方式为 244.233.221.222.in-addr.arpa。

两种表达方式中 IP 地址部分顺序恰好相反，因为域名结构是自底向上（从子域到域），而 IP 地址结构是自顶向下（从网络到主机）的。实质上反向域名解析是将 IP 地址表达成一个域名，以地址作为索引的域名空间，这样反向解析的很大部分可以纳入正向解析中。

查看反向解析信息：

命令行输入 nslookup -qt=ptr yourIP

从返回的信息中可以看到反向解析的结果。

```
C:\>nslookup -qt=ptr 74.125.128.106
Server:  zj-ns1.cableplus.com.cn
Address:  219.233.241.166       -----DNS 名字服务器信息

Non-authoritative answer:
106.128.125.74.in-addr.arpa     name = hg-in-f106.1e100.net

125.74.in-addr.arpa     nameserver = NS4.GOOGLE.COM
125.74.in-addr.arpa     nameserver = NS1.GOOGLE.COM
125.74.in-addr.arpa     nameserver = NS2.GOOGLE.COM
125.74.in-addr.arpa     nameserver = NS3.GOOGLE.COM    ---对应的域名
NS1.GOOGLE.COM  internet address = 216.239.32.10
NS2.GOOGLE.COM  internet address = 216.239.34.10
NS3.GOOGLE.COM  internet address = 216.239.36.10
NS4.GOOGLE.COM  internet address = 216.239.38.10
```

反向解析文件/var/named/named.local 示例内容如下：

```
TTL
@           IN     SOA    localhost.root.localhost.(
                         1997022700 ;  serial
```

```
                    28800;      refresh
                    14400;      retry
                    3600000;    expire
                    86400) ;    minimum
          IN    NS   localhost.
1    IN    PTR    localhost.
```

8.5 IPv6 中的名称解析扩展

在 IPv6 环境中，IPv6 DNS 用来实现域名到 IPv6 地址及 IPv6 地址到域名之间的映射。互联网的根域名服务器已经经过改进同时支持 IPv6 和 IPv4。所以，不需要为 IPv6 域名解析单独建立一套独立的域名系统，IPv6 的域名系统可以和传统的 IPv4 域名系统结合在一起。现在 Internet 上最通用的域名服务软件 BIND 已经实现了对 IPv6 地址的支持，所以 IPv6 地址和主机名之间的映射很容易解决。

要支持 IPv6 域名解析服务系统需要支持以下的新特性：

（1）解析 IPv6 地址的类型，即 AAAA 和 A6 类型。

（2）为 IPv6 地址的反向解析提供的反向域，即 ip6.int。

（3）识别上述新特性的域名服务器就可以为 IPv6 的地址——名字解析提供服务。

1. 正向 IPv6 域名解析

IPv4 地址正向解析的资源记录是 A，而 IPv6 域名解析的正向解析目前有两种资源记录，即 AAAA 和 A6 记录。其中 AAAA 较早提出，是对 IPv4 中 A 记录的简单扩展，由于 IP 地址由 32 位扩展到 128 位，扩大为原来的 4 倍，所以资源记录由 A 扩大成 4 个 A。但 AAAA 只用来表示域名和 IPv6 地址的对应关系，并不支持地址的层次性。

AAAA 资源记录类型用来将一个合法域名解析为 IPv6 地址，与 IPv4 所用的 A 资源记录类型相兼容。下面是一条 AAAA 资源记录实例：

```
host1.microsoft.com IN AAAA FEC0::2AA:FF:FE3F:2A1C
```

A6 在 RFC2874 基础上提出，是把一个 IPv6 地址与多个 A6 记录建立联系，每个 A6 记录都只包含 IPv6 地址的一部分，结合后拼装成一个完整的 IPv6 地址。A6 记录支持一些 AAAA 所不具备的新特性，如地址聚集、地址更改（Renumber）等。

A6 记录根据可聚集全局单播地址中的 TLA、NLA 和 SLA 项目的分配层次，把 128 位的 IPv6 地址分解成为若干级的地址前缀和地址后缀，然后组成一个地址链。每个地址前缀和地址后缀都是地址链上的一环，一个完整的地址链就构成了一个 IPv6 地址。这种思想符合 IPv6 地址的层次结构，从而支持地址聚集。

同时，用户在更换 ISP 时，要随 ISP 变更而改变其拥有的 IPv6 地址。如果手工修改用户子网中所有在 DNS 中注册的地址，将是一件非常烦琐的事情。而在用 A6 记录表示的地址链中，只需改变地址前缀对应的 ISP 名字即可，可以大大减少 DNS 中资源记录的修改；并且，在地址分配层次中越靠近底层，所需要的改动越少。

2. 反向 IPv6 域名解析

IPv6 域名解析的反向解析的记录和 IPv4 一样，是 PTR，用二进制串（Bit-string）格式表示，以“\[”开头，十六进制地址（无分隔符，高位在前，低位在后）居中，地址后加“]”，域后缀是“ip6.arpa.”。8 字节十六进制数字格式与 AAAA 记录对应，是对 IPv4 的简单扩展。二进制串格式与 A6 记录对应，地址也像 A6 一样，可以分成多级地址链表示，每一级的授权用 DNAME 记录。和 A6 一样，二进制串格式也支持地址层次特性。

ip6.int 域用于为 IPv6 提供由地址到主机名的反向解析服务。反向检索又称指针检索，根据 IP 地址来确定主机名。为了给反向检索创建名字空间，在 ip6.int 域中，IPv6 地址中所有的 32 位十六进制数字都逆序分隔表示。例如，为地址 FEC0::2AA: FF:FE3F:2A1C（完全表达式为：FEC0:0000:0000:0000:02AA:00FF:FE3F:2A1C）查找域名时，在 ip6.int 域中是：

c.1.a.2.f.3.e.f.f.f.0.0.a.a.2.0.0.0.0.0.0.0.0.0.0.0.0.0.0.c.e.f.ip6.int.

总之，以地址链形式表示的 IPv6 地址体现了地址的层次性，支持地址聚集和地址更改。但是，由于一次完整的地址解析要分成多个步骤进行，因而需要按照地址的分配层次关系到不同的 DNS 服务器进行查询，并且只有所有的查询都成功才能得到完整的解析结果，这势必会延长解析时间，增加出错的机会。因此，在技术方面 IPv6 需要进一步改进 DNS 地址链功能，提高 IPv6 域名解析的速度，这样才能为用户提供理想的服务。

小结

本章首先简单介绍了物联网对象名称解析服务的基本及层次结构，接着又说明了物联网对象解析服务的工作流程及实现框架。物联网名称解析服务是在 DNS 的基础上发展起来的，目前仍然处于发展和研究阶段，在以后的学习过程中仍须关注行业的发展。

习题

1. 简述名称解析服务系统。
2. 简述物联网名称服务原理。
3. 简述名称解析服务层次结构。
4. 简述因特网域名系统的工作流程。
5. 简述物联网名称解析服务工作流程。
6. 简述物联网名称解析服务实现框架。

第9章 物联网实体标记语言

学习重点

本章在详细介绍物联网实体标记语言（PML）的基础知识、PML关键技术及PML服务器设计与实现的基础上，给出了一个PML实例分析。对于本章的学习，应理解PML的基本概念及PML的目标、范围和组成，掌握PML的设计方法与策略、PML的实现与应用的关键技术，并结合实例理解PML服务器的工作原理及它的设计与实现方法。

9.1 PML 概述

世界上的事物千千万万，缤彩纷呈，未来的 EPC 物联网也将变得越来越庞大。自然物体会发生一系列事件，而附着的 EPC 标签里面也只是存储了 EPC 编码的一串数字而已。如何利用 EPC 编码在物联网中实时传输这些 EPC 编码所代表的自然物体所发生的事件信息，EPC 物联网通信语言的问题值得我们思考与探讨。

1998 年 2 月，万维网联盟（World Wide Web Consortium，W3C）推出了 XML（eXtensible Markup Language，可扩展标记语言），将其作为一种互联网进行数据表示和交换的标准。XML 是一种简单的数据存储语言，它仅针对数据且极其简单，任何应用程序都可对其进行读写，这使得它成为计算机网络中数据交换的唯一公共语言。XML 描述网络上的数据内容及其结构的标准，对数据赋予上下文相关功能。它的这些特点非常适合物联网中的信息传输。为此，Auto-ID 根据麻省理工学院等机构的研究成果，在 XML 基础上推出了适合于物联网的语言 PML（Physical Markup Language，实体标记语言），用于描述关于物体的所有有用信息。PML 集成了 XML 的许多工具与技术，成为描述自然实体、过程和环境的统一标准。2003 年 9 月，Auto-ID 实验室已经正式发布了 PML Core1.0（PML 核）规范。在其后的一年中，技术小组依照各个组件的不同标准和作用，以及它们之间的关系修改了这一规范。

PML 是一种用于描述物理对象、过程和环境的通用语言，其主要目的是提供通用的标准化词汇表，以描绘和分配 Auto-ID 激活的物体的相关信息。PML 以 XML 的语法为基础，分基础结构和扩展标准两部分。PML 核心提供通用的标准词汇表来分配直接由 Auto-ID 的基础结构获得的信息，如位置、组成及其他遥感勘测信息。PML 扩展用于将非 Auto-ID 基础结构产生的其他来源合成的信息结合成一个整体。

PML 的研发工具是 Auto-ID 中心致力于自动识别基层设备之间进行通信所需的标准化接口和协议的一部分。PML 不是取代现有商务交易词汇或任何其他的 XML 应用库，而是通过定义一个新的网络系统中相关数据的数据库来弥补原有系统的不足，直接将从 Auto-ID 的基层设备中采集来的信息作为 PML 的一部分进行建模。这些信息包括：位置信息、遥测信息、单个物体的物理属性、一群物体所处环境的各种物理属性及组成信息等。信息模型还将包括这些不同信息元素的历史。

PML 的研发目的是提供关于物体的完整信息并促进物体信息的交换，这就要求不仅要由 Auto-ID 的基层设备提供信息，还需要其他信息来源的共同推动，这些信息包括物品相关的信息、与过程相关的信息等。

理论上包括两种信息：来源于 Auto-ID 基层组织的和非来源于 Auto-ID 基层设备的信息，只有这两种信息触发适当的动作，例如一组物体的温度监控信息。

通过对物联网中的信息流通情况分析，可以发现 PML 是 SAVANT、EPCIS、应用程序、ONS 之间相互表述和传递 EPC 相关信息的共同语言，它定义了在 EPC 物联网中所有的信息传输方式。在整个 EPC 物联网上，物品信息的流动过程如下：阅读器扫描到 EPC 标签后，将读取的标签信息及传感器信息传递给 SAVANT，经 SAVANT 过滤冗余信息后通过 ONS 传送到 EPC 信息服务器。企业应用软件可通过 ONS 访问 EPC 信息服务器获得此产品的相应信息，也可通过 SAVANT 经过安全认证后访问企业伙伴的产品信息。物联网上所有信息皆以 PML 文件格式进行传送，其中 PML 文件可能还包括了一些实时的时间信息、传感器信息等。

PML 语言主要充当着 Auto-ID 基层设备中不同部分的共同接口。图 9-1 举了一个例子来说明 SAVANT、第三方应用如企业资源规划（ERP）或制造执行系统（MES）及 PML Server 共同存储 Auto-ID 相关数据。

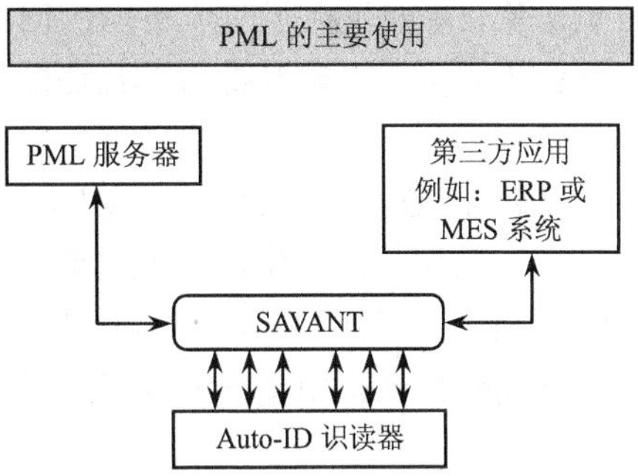

图 9-1　PML 充当在物联网不同部分的接口

9.2　PML 的目标、范围和组成

经过近 40 年的发展，互联网取得了巨大的成功。人们在万维网上进行浏览时，最为常见的是浏览器所显示网页地址是以.html 为结尾的，它是用 HTML 来显示的。正如互联网中 HTML 语言已成为万维网的描述语言标准一样，物联网中所有的产品信息也都是以 XML 基础上发展起来的 PML 来描述的。PML 被设计成用于人及机器都可使用的自然物体的描述标准，是物联网网络信息存储、交换的标准格式，它在 Savant、EPCIS、ONS 之间“自由”流通、表述和传递物品的 EPC 相关信息。

1. PML 的目标和范围

PML 提供了一个描述自然物体、过程和环境的标准，使与物体相关的静态的、暂时的、动态的和统计加工过的数据可以相互交换。因为它将会成为描述所有自然物体、过程和环境的统一标准，PML 的应用将会非常广泛，并且进入到所有行业。

PML 通过一种通用的、标准的方法来描述我们所在的物理世界，PML 语言主要是提供一种通用的标准化词汇来表示 EPC 网络所能识别的物理的相关信息，作为描述物品的标准，具有一个广泛的层次结构。例如，一罐可乐可以被描述为碳酸饮料，它属于软饮料的一个子类，而软饮料又在食品大类下面。并不是所有分类都如此简单，为了确保 PML 得到广泛的接受，必须依赖标准化组织所做的一些工作，比如国际重量度量局和美国国家标准和技术协会所制定的一些标准。

PML 的目标是为物理实体的远程监控和环境监控提供一种简单、通用的描述语言。可广泛应用在存货跟踪、自动处理事务、供应链管理、机器控制和物对物通信等方面。毫无疑问的是很难详细描述整个现实世界以满足每个企业、每个行业的需要。PML 被设计为实体对象的网络信息的书写标准，在某种意义上，所有对物品进行描述和分类的复杂性已经从对象标签中移开并且将这些信息转移到 PML 文件中。这方面的实例包括像 RFID 传感器这样的观测仪器，像 RFID 识读器这样的基层设备所使用的配置文件或电子商务中有关描述 EPC 数据的资料。尽管在哲学的层面上不同的词汇有不同的含义，但是 PML 将使用共同的命名和设计原则。PML 词汇提供了在 EPC 网络组件间所交换数据的 XML 定义，系统中所交换的 XML 消息应该在 PML 方案中都有示例。

2. PML 的组成

图 9-2 所示为 PML 的组成结构图，它是一个标准词汇集，主要包括了两个不同的词汇集：PML 核及 SAVANT 扩充。如果需要，PML 还能扩展更多的其他词汇。

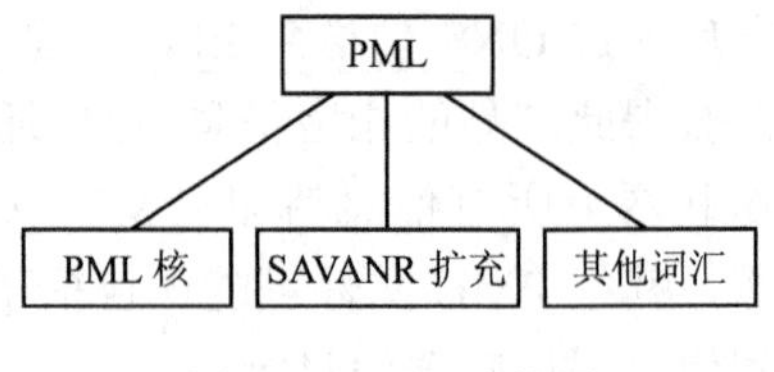

图 9-2　PML 结构图

PML 核是以现有的 XML Schema 语言为基础的。在数据传送之前，使用 tags 来格式化数据，是编程语言中的标签概念，如<pmlcore:Sensor>。同时，PML 核应该被所有的 EPC 网络节点（如 ONS、Savant 及 EPCIS）所理解，使数据传送更流畅，建立系统更容易。Savant 扩充则用于 Savant 与企业应用程序间的信息交换。

9.3　PML 设计方法与策略

1. 语法

PML 语言采用的方法首先使用现有国际标准来规范语法和数据传输，比如 XML、HTTP 及 TCP/IP。这就提供了一个功能集，并且可以利用现有设计工具来设计和编制 PML 应用程序。

2. 语义

任何标准化的 XML 词汇都需要有一个形成文档的和定义完善的设计方法，它要便于理解、采纳和实施。一种定义完善的 XML 设计方法证明了用于构造一个特别的 XML Schema 词汇的设计原则。

和那些需要借助于共享注册中心才能进行转换的标准相比，PML 具有自身的优越之处。PML 将提供一种简单的规范。通过一种通用、默认的方案，比如 HTML，从而使两个方案之间无须进行转换，而是采用可靠地传输和翻译。同时，使用一种专一的规范会促进读写器、编辑工具和其他应用程序等第三方软件的发展。

PML 力争为所有的数据元素提供一种单一的表示方法。如果有多个对数据类型的编码方法，PML 将会选择其中一种。举例来说，在对日期的种种编码方法之中，PML 将只会选择其中一种，采用这种方法的根本思路在于只在进行编码或查看事件时才进行数据传输，而不是在数据交换时。

3. 数据存储与管理

PML 是一种用在信息发送时对信息区分的方法，实际的内容可以任意格式存放在服务器中，比如：SQL 数据库、数据表或平面文件。所以在进行 PML 系统设计和开发时，没有必要使用 PML 文件的格式来存储实际的应用数据信息，企业在使用 PML 时，只需要以现有的格式和程序维护数据。举例来说，一个 applet 可以从互联网上通过 ONS 来选取必需的数据，为了便于数据的传输将按照 PML 规范重新格式化，和动态 HTML 相似，按照用户的输入将一个 HTML 页面重定格式。

需要说明的是，一个 PML“文件”可以是来自不同来源的多个文件和传送过程的集合。因为物理环境所固有的分布式特点，一个 PML“文件”在实际应用环境中可能由来自不同位置的 PML 片段合成。由此可以看出，PML 的“文件”是动态的，一个 PML“文件”可能只存在于传送过程中，它所承载的数据可能是短暂的，仅存在于一个很短的时间内并在使用完毕后丢弃。

4．设计策略

为了便于 PML 的有序发展，已经将 PML 分为两个主要部分来进行研究：PML CORE（PML 核）和 PML Extension（PML 扩展）。因此，为了便于理解，我们也主要从这两个方面进行分析探讨，如图 9-3 所示。

PML 核用统一的标准词汇将 Auto-ID 底层设备获取的信息分发出去，比如位置信息、组成信息和其他感应信息。由于此层面的数据在自动识别前不可使用，所以必须通过研发 PML 核来表示这些数据。PML 扩展用于将 Auto-ID 底层设备所不能产生的信息和其他来源的信息进行整合。第一种实施 PML 扩展包括多样的编排和流程标准，使数据交换在组织内部和组之间发生。

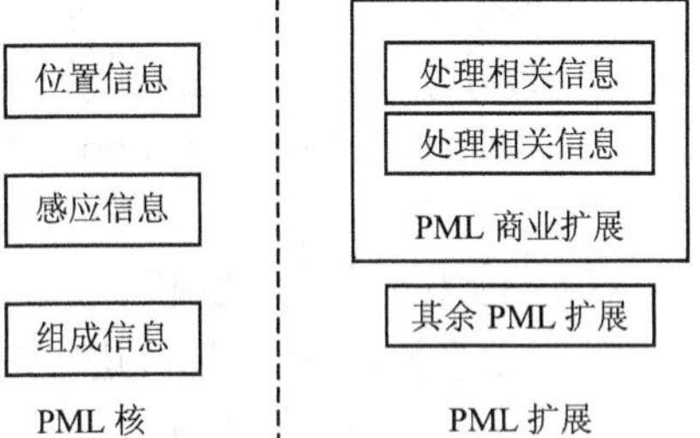

图 9-3　PML 与 PML 扩展

PML 核主要集中于直接由 Auto-ID 底层设备所生成的数据，其主要描述包含特定实例和独立与行业的信息。特定实例是条件与事实相关，这种事实（比如：一个位置）只对一个单独的可自动识别对象有效，而不是一个分类下的所有物体都有效。这种独立于行业的条件指出了数据建模的方式：不依赖于指定对象所参与的行业或业务流程。对应 PML 扩展，提供的大部分信息对一个分类下的所有物体均可用，大多数信息内容高度取决于实际行业。例如，高科技行业的组成部分的技术数据表都远比其他行业要通用。PML 商业扩展在很大程度上是针对用户特定类别并与它所应用领域相关。目前，PML 框架的焦点集中在现有的电子商务标准上，扩展部分可以覆盖到不同的领域。

本章主要以 PML 核为主来介绍 PML 语言，因为这是 PML 最为核心的部分，并与其他电子商务标准区别开来。

9.4　PML 关键技术

由于 PML 主要是提供一种通用的标准词汇来表示 EPC 网络所能识别物体的相关信息。这方面内容的实例包括观测仪器（如传感器）和基层设备（如读写器）等所使用的配置文件或有关描述 EPC 数据的资料。PML 词汇提供了 EPC 网络组件间所交换的数据 XML 定义，系统所交换的 XML 信息在 PML 方案中均有应用示例。下面以 XML 语法规则为例来说明 PML 的关键技术。

9.4.1　XML 语法规则

XML 的语法规则很简单，且很有逻辑。这些规则很容易学习，也很容易使用。但是在创建 XML 文档必须严格遵循。

主要语法规则：

规则 1

必须有 XML 声明语句，格式如下：

```
<?xml version="1.0" standalone= "yes/no" encoding="ISO-8859-1"?>
```

该行的含义是：XML 声明——定义此文档所遵循的 XML 标准的版本，在这个例子里是 1.0 版本的标准，使用的是 ISO-8859-1（Latin-1/West European）字符集。

规则 2

一个有效的 XML 文档一定要有相应的 DTD 文件，并且严格遵守 DTD 文件制定的规范。DTD 文件声明语句紧跟在 XML 声明语句之后，格式为：

```
<! DUXTYPE type-of-doc SYSTEM/PUBLIC "dtd-name">
```

规则 3

XML 标签对大小写敏感。

XML 元素使用 XML 标签进行定义。

XML 标签对大小写敏感。在 XML 中，标签 <Letter> 与标签 <letter> 是不同的。必须使用相同的大小写来编写打开标签和关闭标签：

```
<Message>这是错误的。</message>
<message>这是正确的。</message>
```

规则 4

XML 的属性值须加引号。

与 HTML 类似，XML 也可拥有属性（名称/值的对）。

在 XML 中，XML 的属性值须加引号。请研究下面的两个 XML 文档。第一个是错误的，第二个是正确的：

```
<note date=08/08/2008>
<to>George</to>
<from>John</from>
</note>

<note date="08/08/2008">
<to>George</to>
<from>John</from>
</note>
```

在第一个文档中的错误是，note 元素中的 date 属性没有加引号。

规则 5

所有 XML 元素都须有关闭标签。

在 HTML，经常会看到没有关闭标签的元素：

```
<p>This is a paragraph
<p>This is another paragraph
```

在 XML 中，省略关闭标签是非法的。所有元素都必须有关闭标签：

```
<p>This is a paragraph</p>
<p>This is another paragraph</p>
```

注释：读者也许已经注意到 XML 声明没有关闭标签。这不是错误。声明不属于 XML

本身的组成部分。它不是 XML 元素，也不需要关闭标签。

规则 6

要求所有的空标示必须关闭。

规则 7

XML 文档必须有根元素。

XML 文档必须有一个元素是所有其他元素的父元素。该元素称为根元素。

```
<root>
  <child>
      <subchild>.....</subchild>
    </child>
</root>
```

规则 8

XML 必须正确地嵌套。

在 HTML 中，常会看到没有正确嵌套的元素：

```
<b><i>This text is bold and italic</b></i>
```

在 XML 中，所有元素都必须彼此正确地嵌套：

```
<b><i>This text is bold and italic</i></b>
```

在上例中，正确嵌套的意思是：由于<i>元素是在<b>元素内打开的，因此它必须在<b>元素内关闭。

PML 元素由一个标示及其中的内容组成。元素的名称和标示的名称是一样的，标示可以用属性来进一步描述。在 XML 中，没有保留字，因此可以用任何词语来作为元素名称，但必须遵守以下相应规范：

（1）名称中可以包含字母、数字，以及其他字符。

（2）名称不能以数字或下画线开头。

（3）名称中不能以字母 XML、xmL、Xml 开头。

（4）名称中不能包含空格。

（5）名称中间不能包含冒号。

9.4.2　XML 数据岛

数据岛是在 HTML 网页中显示 XML 文件的一项技术。首先将 XML 文件链接到 HTML 网页，然后将标准的 HTML 元素结合到个别的 XML 元素中，HTML 元素就会自动显示所链接的 XML 元素的内容。使用数据岛主要包括两个步骤：将 XML 文件链接到欲显示 XML 资料的 HTML 网页上；将 HTML 元素与 XML 元素链接等。

1. 将 XML 文件链接到 HTML 网页上

为了使 XML 文件链接到欲显示 XML 资料的 HTML 网页上，可以将名为 XML 的 HTML 元素包含在 HTML 网页中。例如，下面位于 HTML 网页中的元素将 X M L 文件 Book.xml 链接到网页上：

```
<XML ID= "dsobook" SRC= "Book.xml"></XML>
```

要将 XML 文件显示在 HTML 网页中，必须将 XML 文件链接到该 HTML 网页。最简单的方法就是将名为XML的HTML元素放置于浏览器中，该元素又称Data Island（数据岛）。这样，可以使用两种不同的Data Island格式。第一种Data Island是将XML文件的全部文字放在起始卷标与结束卷标之间；第二种Data Island是将名为XML的HTML元素维持空白，并且只包含XML文件的URL。

第二种Data Island格式遵守了更多保持数据本身（XML文件）与排版及处理信息分开的XML规则。尤其是，它让维护XML文件（特别是显示与不同HTML页中的同一文件）变得更为容易。这里需要强调的是虽名为XML，但用来构建Data Island的元素本身并不是XML元素；相反，它是包含了XML元素的HTML元素。因此，它是空白元素运用XML的快捷语法。

在第二种Data Island中，要为SRC属性指定包含XML数据档案的URL，可以使用完全标准的URL。然而，大多数情况下使用局部的URL，该URL指定了一个与包含Data Island的HTML网页之间的相对位置。相对的URL比较常见，因此XML文件通常被放在HTML网页所在的目录或其子目录中。

ID属性指定唯一的识别代码，用来在HTML网页中存取XML文件，为SRC属性时指定包含XML数据的档案URL。

当浏览器开启HTML网页时，其内建的XML处理器读取并解析XML文件。IE也会建立一个可程序化对象，称为数据来源对象（Data Source Object，DSO），负责存取或快取缓存XML数据。DSO会自动提供XML元素的值并处理全部细节工作。DSO也通过一组方法、属性及事件来直接存取和管理所存储的数据集。

2. 将HTML元素与XML元素链接

将HTML元素链接到XML元素时，HTML元素会自动显示XML元素的内容。例如，下面位于HTML网页中的SPAN元素，被链接到位于被链接XML文件中的AUTHOR元素：

```
<SPAN DATASRC="#dsoBook" DATAFLD="AUTHOR"></SPAN>
```

其结果是SPAN（HTML元素）会显示AUTHOR（XML元素）的内容。

通常，可以利用以下两种方法将HTML元素链接到XML元素。

（1）单一记录数链路。这种方法将非表格式的HTML元素链接到XML元素。当将HTML元素链接到XML元素时，HTML元素会自动显示XML元素的内容。例如，一个位于HTML网页中的SPAN元素，被链接到一个XML文件中的AUTHOR元素，其结果是这个SPAN会显示AUTHOR的内容：

```
<SPAN DATASRC = "#dsoBook" DATAFLD ="AUTHOR"></SPAN>
```

（2）表格式数据链路。要显示一连串记录所组成的XML文件，最简单的方法是将HTML的TABLE元素链接至XML数据，以便让表格能自动记录全部数据。利用这种方法，浏览器会自动处理所有的程序，无须编写程序，而可以使用单一的HTML表格来显示以简单记录形式构建的XML文件，或者利用模式巢状套叠的HTML表格来显示所包含的阶层式记录集的XML文件。

9.4.3　XML 的 DOM 对象

文档对象模型（Document Object Model，DOM）是一个独立于作业平台、独立于语系的接口。DOM 是相关于文档的一系列对象列表，通过操作这些对象，可以对 XML 和 HTML 文档进行读取、遍历、修改、添加和删除。IE 实现了 DOM level 1，且对其进行了功能扩展，提供了其他接口来支持 XSL、Partterns、命名空间和数据类型。在 DOM 中最基本的对象是 Node，从 Node 中又派生了几种具体的节点类型，对应于 XML 中各种相应的节点。在使用 DOM 加载 XML 文档后，在内存中即形成一个节点树。由 XML 中的各种节点形成各种对象模型。这些对象包括相应的属性、方法，通过这些属性和方法，可以对文档遍历，还可以取得节点的名称、取值和类型。DOM 将 XML 中的所有项目看成节点，即元素、属性、文本、注释和处理指令等。

1．DOMDE 基本对象

（1）document 对象，参照到整个文档，是文档参照的入口。

（2）element 对象和 attribute 对象，是文档中的某一部分的映射，节点的层次反映了文档的层次。

（3）text 对象，是 element 或属性节点的内容，不再包括子元素。

2．文档的创建和加载

（1）创建 document 对象：

```
set doc = createobject("microsoftxmldom").
```

（2）用 load()加载 XML 文档，如 doc.load("c:\test.xml")，在加载文档前可先设置 document 对象的属性 async 为 false，这样能够保证 XML 解析器暂停执行，直到 XML 文档能够完全加载。

3．文档的遍历

如果要得到文档的根节点，可以利用 document 对象的 documentElement 属性，比如 set root = doc.documentElement，则 root 指向文档的根节点。利用节点 childNodes 属性，可以参照节点的所有子节点，比如 childNodes(0)代表第一个节点。

4．节点的创建

可以利用 document 对象来创建文档中各种类型的节点，通常的函数形式是 createnode（"节点类型"，"节点名"，"命名空间"）、createTextNode()这样的形式。然后在需要加入节点的父节点上调用 appendChild() 函数，如 Newnode.appendChild (NewnodeChild)，或调用 insertBefore()函数在相应的位置加入节点。在"<地名>北京</地名>"中包含了两个节点，一个是元素节点“地点”，另一个则是本节点“北京”，且认为本节点“北京”是元素节点“地点”的子节点。

9.5　PML 服务器设计与实现

为了降低电子标签的成本，促进物联网的发展，要求尽量减少电子标签的内存容量，

PML 服务器的设计为其提供了一个有效的解决方案，在电子标签内只存储电子产品码，余下的产品数据存储在 PML 服务器中，并可以通过某个产品的电子产品码来访问其对应的 PML。下面介绍 PML 服务器的基本原理。

9.5.1 PML 服务器工作原理

PML 服务器为授权方的数据读写访问提供了一个标准的接口，以便于电子产品码相关数据的访问和持久存储。它使用 PML 作为各个厂商产品数据表示的中间模型，并能够识别电子产品码。此服务器由各个厂商自行管理，存储各自产品的全部信息。一个典型的 PML 服务器原理框架如图 9-4 所示，各模块描述如下：

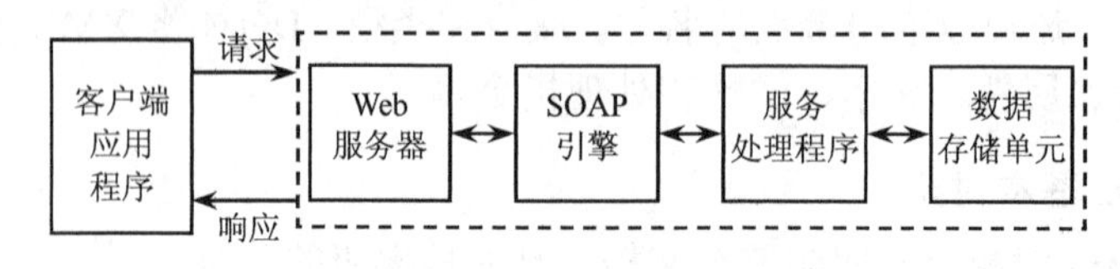

图 9-4　PML 服务器原理框架

1．Web 服务器

Web 服务器接收客户端请求并将处理结果返回到客户端，是 PML 服务器中唯一直接与客户端交互的模块，是位于整个 PML 服务器最前端的模块。其功能包括：接收客户端请求进行解析、验证，确认无误后发送给 SOAP 引擎，并将其结果返回给客户端。

2．SOAP 引擎

SOAP 引擎是 PML 服务器上所有已部署服务的注册中心。其功能包括：对所有已部署的服务器进行注册，提供相应服务实现组件的注册信息，将来自 Web 服务器的请求服务器定位到特定的服务处理程序，并将处理结果返回给 Web 服务器。

3．服务处理程序

服务处理程序是客户端请求的服务实现程序。每一个服务处理程序完成一项客户端提出的具体请求，它接收客户端传送过来的参数，完成一项逻辑处理和数据存取操作，并将结果返回给 SOAP 引擎。

4．数据存储单元

数据存储单元用于 PML 服务器端数据的存储，主要用于客户端的请求数据的存储，其存储介质包括各种关系数据库或者一些中间文件（如 PML 文件等），存取的数据包括产品级数据和个体级数据两类。

产品级数据包括产品的规格、性能、几何特性等，这些数据在这类产品中是公有信息。

个体级数据可以是一个个体在供应链中流动时所独有的历史记录（地点、时间戳、传感测量值等），还有优于默认产品参数的个性化参数等。

9.5.2　PML 服务器实现

本节结合集成化供应链管理理论和物联网运行原理，用 Java 语言在 Windows 平台下实现物联网原型系统。该系统在局域网中运行，主要模拟供应链管理中的库存管理、产品跟踪和位置识别管理，以及针对最终客户的防伪管理，为供应链各成员的实时信息共享提供一个开放的平台。

在该系统中，根据 EPC 编码标准，对 20 多种产品进行了编码，对涉及的 3 个生产商分别在不同的计算机上建立了一个 PML 服务器，主要存储每个生产商产品的原始信息（包括产品 EPC、产品名称、产品种类、产品厂商、产地、生产日期、有效期、是否是复杂产品、主要成分等）、产品在供应链中的路径信息（包括单位角色、单位名称、出库号、读写器号、时间、城市、解读器用途及时间等字段）、库存信息（在这里，这项数据信息只对 PML 服务器所有者开放）。

1. PML 服务器提供的功能

（1）实时路径信息的存储。实时路径信息的存储主要用于当产品经过供应链成员节点，被其读写器捕获时，将此时的状态信息收集，并通过产品 EPC 立刻传入与产品对应的 PML 服务器上，以供定位跟踪或其他用途时查询。

（2）产品路径信息查询。产品路径信息查询用于实现产品从生产商、分销商、批发商、零售商到最终用户等供应链各成员节点的路径信息跟踪显示。通过电子标签实现对产品的实时跟踪、产品物流控制和管理，这样各成员可以根据产品路径来推测产品的来源渠道，并判别产品真伪，同时也可以据此灵活调节自己的库存，大大提高供应链的运行绩效。

（3）产品原始信息查询。产品原始信息查询主要用于查询产品 EPC 对应产品出厂时的原始信息。这项信息可以和路径信息结合，作为产品防伪的一项重要措施。基于电子标签的集成供应链管理系统中 PML 服务器，其结果如图 9-5 所示。由于这个系统工作在局域网中，因此采用 Apache Tomcat 作为 Web 服务器监听客户端请求，采用 Apache SOAP 2.0 为 SOAP 引擎，作为客户端/服务器端的通信协议，SOAP 允许在不同应用程序之间通过 HTTP 通信协议，以 XML 格式实现消息互换，并且由于采用基于 XML 的消息通信模式，具有良好的平台独立性。PML 服务器端的 Web 服务器监听到客户端的 SOAP 请求后，通过 SOAP 引擎定位到相应的处理程序，处理程序根据客户端请求，调用相关数据，并将结果传给 SOAP 引擎，SOAP 经过一些处理后，最后将结果通过 Tomcat 服务器传给客户端显示。

由于篇幅有限，这里仅以产品原始信息查询为例，具体说明 PML 服务器的工作流程：

（1）先选择要查询产品的 EPC，选择方式有手动选择和自动选择两种，其中手动选择为手工从本地数据库选择产品 EPC，自动选择为读写器读取要查询产品的 EPC；然后执行查询操作，调用客户端 SOAP 请求程序，SOAP 请求程序首先进行一些常规的 SOAP 需要设置，如远程对象的 URI 调用的方法名、编码风格、方法调用的参数，然后发送 RPC 请求，最后对调用成功与否进行一些常规处理；请求发出后，SOAP 协议根据请求参数包装成基于 XML 的 SOAP 消息文档。

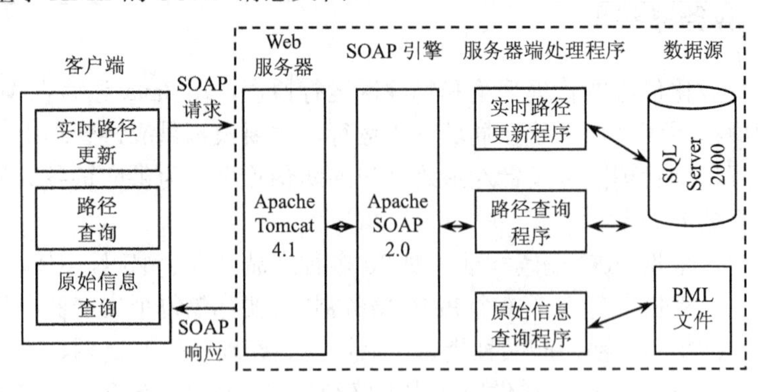

图 9-5　PML 服务器内部结构

（2）由于 Tomcat 和 SOAP 自身都是用 Java 语言开发的，因此在服务器端需要配置 Java 运行环境，Tomcat 服务器监听到客户端请求后，首先启动 Java 虚拟机，然后进行解析、验证，确认无误后将请求发送给 SOAP 引擎。

（3）Apache SOAP 是服务器端处理程序的注册中心。SOAP 接收到 Tomcat 服务器的请求后，首先解析客户端传送过来的基于 XML 的 SOAP 信息文档，根据文档内远程对象的 URI 调用的方法名、编码风格、方法调用的参数等定位到相应的处理程序。例如，原始信息查询对应的服务器端处理程序为 gerInforformEpc（String epc）。

（4）服务器端的每一个处理程序都针对特定的客户请求，并通过与数据源交互完成其请求，如 getInforFormEpc（String epc）和 parseAndPrint（String epc）就是为了完成原始信息查询功能，其程序处理流程如图 9-6 所示。GetInforFormEpc（String epc）首先检查参数 epc 是否为空，如果为空，则返回；否则，调用 parseAndPrint（String epc）。该方法根据 epc 查找对应的 PML 文件，并解析此 PML 文件，然后提取相应的信息，并将所有的信息放在一个向量内，传给 SOAP 引擎。SOAP 引擎再经过编码等一些处理，将其传动客户端显示，处理结果即产品原始信息。

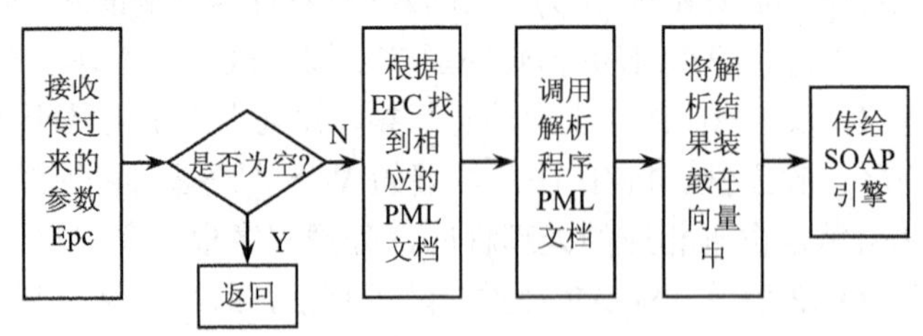

图 9-6　原始信息查询程序流程

（5）数据源主要用于数据的存储。根据 PML 服务器的功能，将其提供的信息分为对内信息和对外信息两类。对外信息主要指 PML 服务器提供服务所需的信息，这类信息分为两种：产品出厂时的原始信息、产品经过供应链的路径信息。这些信息用 PML 词汇进行描述，存储在两类不同的 PML 文件中，并通过 XML schema 来规定每一类文件的元素和属性范围。对内信息除了上述两种信息外，还包括库存信息，这些信息存储在数据库中，以便内部查询和备份。

2. PML 服务器的优势

从前面原理分析和实验原型系统的运行情况看，使用该 PML 服务器带来诸多便利和效益，主要的优势体现在：

（1）采用 SOAP 协议进行通信交互，解决了两个不同的系统必须执行相同平台或使用相同语言的问题，使用开放式的标准语法以执行方便的呼叫。SOAP 采用 HTTP 作为底层通信协议，以远程过程调用作为一致性的调用途径，以 XML 作为数据传送的格式，允许服务提供者和服务客户经过防火墙在 Internet 上进行通信交互。

（2）产品数据放在了 PML 服务器上，并可以通过电子产品码来服务其对应的数据，这样可以将电子标签的容量减少到最小，从而降低其成本，为大量低成本地开发标签奠定基础。

（3）采用 PML 作为描述产品信息的语言，从而避免在 N 个竞争语言（每一种应用于某个特定的工业领域）之间 N×N 的转换问题。

9.6 PML 实例分析

EPC 物联网系统的最大好处在于自动跟踪物体的流动情况，这对企业的生产及管理有着很大的帮助。图 9-7 所示为 PML 信息在 EPC 系统中的流通情况，可以看出 PML 最主要的作用是作为 EPC 系统中各个不同部分的一个公共接口，即 Savant、第三方应用程序（如 ERP、MES）、存储商品相关数据的 PML 服务器之间的共同通信语言。

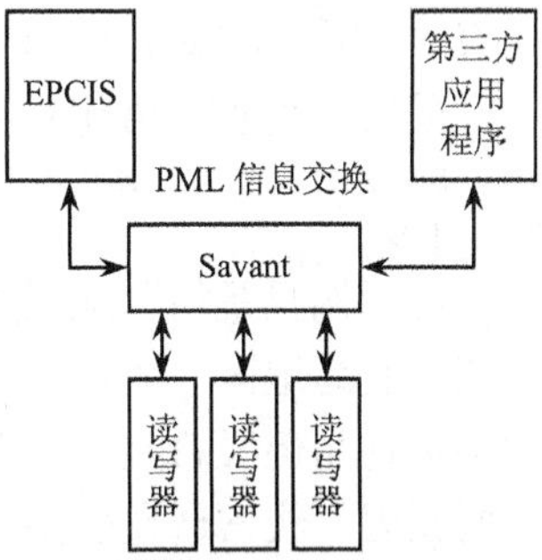

图 9-7　PML 作为 EPC 系统的公共接口

比如，一辆装有冰箱的卡车从仓库中开出，在仓库门口处的读写器读到了贴在冰箱上的 EPC 标签，此时读写器读取到的 EPC 编码传送给上一级 Savant 系统。Savant 系统收到 EPC 编码后，生成 PML 文件，发送至 EPCIS 服务器或者企业的管理软件，通知一批货物已经出仓了。此时 PML 文件如下：

```
<pmlcore:Observation>
  <pmlcore:DateTime>20070712150434</pmlcore:DateTime>
    <pmlcore:Tag><pmluid:ID>urn:epc:1.3.42.356</pmluid:ID>
       <pmlcore:Data>
          <pmlcore:XML>
              <EEPROM xmlns="http://tag.example.org/">
              <FamilyCode>12</FamilyCode>
              <ApplicationIdentifier>123</ApplicationIdentifier>
              <Block1>FFA0456F<.Block1>
              <Block2>58433791</Block2>
              </EEPROM>
</pmlcore:XML>
      </pmlcore:Data>
</pmlcore:Tag>
</pmlcore:Observation>
```

PML文件简单、灵活，非常容易阅读和理解，上述文件的内容如下：在2007年7月12时15分04秒34阅读到了EPC为1.3.42.356的标签，其中存储的数据位FFA0456E58433791。这里对该PML文档中的主要内容作一简要说明。

（1）在文档中，PML元素在一个开始标签（注意，这里的标签不是RFID标签）和一个结束标签（即<pmlcore:Observation>和</pmlcore:Observation>）之间。

（2）<pmlcore:Tag><pmluid:ID>urn:epc:1:3.42.356</pmluid:ID>指RFID标签中的EPC编码，其版本号为1，域名管理/对象分类/序列号为3.42.356，为相应EPC编码的二进制数据转换成的十进制。URN为统一资源名称，即资源名称为EPC。

（3）文档中有层次关系，注意相应信息所属的层次。文档中所有的标签都含有前缀“<”及后缀“>”。PML核简洁明了，所有的PML核标签都能够很容易地理解。同时，PML独立于传输协议及数据存储格式，且不需要其所有者的认证或处理。

在Savant将PML文件传送给EPCIS或企业管理应用软件后，此时企业管理人员可能要查询某些信息，例如2007年7月12日这一天1号仓库冰箱进出的情况，实际情况如表9-1所示，表中的EPC_IDn表示贴在冰箱上的EPC标签的ID号。

采用下列查询语句对PML文件信息进行查询：

```
SELECT COUNT(EPCno) from EPC_DB where Timestamp ="20070712" and ReaderNo=
"Rd_ID2"。
```

此示例只是简单地采用了SQL中的COUNT函数，但是实际情况远远比这繁杂得多，可能需要跨地区，综合多个EPCIS才能得到所需的信息。在实际应用中，会经常碰到查找某件物品但又希望少走路的情形，特别是在大型仓库中查找某件物品，由于仓库空间大的原因，经常会发生多走路的情况，这不符合也不利于实现快速物流。这里涉及如何判断物品距离自己的空间位置最近的问题。

表9-1 冰箱流动表

时　间	地　点				
	…	1号工厂	2号工厂	1号仓库	…
…	…	…	…	…	…
20070711	…	EPC_ID1		EPC_ID2	…
20070712	…		EPC_ID1,2	EPC_ID1	…
20070713	…			EPC_ID2	…
…	…	…	…	…	…

小结

本章简单介绍了物联网实体标记语言的基本目标、范围和组成，同时简述了PML的总体设计方法与策略，为以后系统学习和掌握PML的系统开发与应用奠定了一定的基础。随后简要叙述了PML的相关关键技术，这些是PML的实现核心，应重点掌握。PML服务器是应用扩展，它的工作原理与实现这里只是简略介绍，须进一步充实。

习题

1. 简述 PML 的目标、范围和组成。
2. 简述 PML 的设计方法与策略。
3. PML 服务器的服务原理是什么？
4. 简述 PML 服务器的实现过程。
5. 设计一实例说明 PML 服务器的实现与工作过程。

第10章 物联网设计

学习重点

本章在讲述物联网系统分析与设计内容、原则与方法的基础上，重点介绍了在物联网工程设计中有关需求分析、功能设计、相关设备选型及系统的集成与测试问题，并给出了一个典型的物联网实例。对于本章的学习，应结合实例，理解物联网设计的原则，掌握物联网设计的方法。

10.1　物联网系统设计

10.1.1　物联网系统分析

所谓物联网系统分析，是指从物联网系统的整体出发，根据系统的目标要求，借用科学的分析工具和方法，对系统目标、功能、环境、费用和效益等进行充分的调研，并收集、比较有关数据和资料，评价系统运行的结果。

1．系统分析的原则

物联网系统分析应该强调科学的推理步骤，使所分析的物联网系统中各个问题均能符合逻辑的原则和事物的发展规律，而不是凭主观臆断和单纯经验的描述；物联网系统分析运用数学方法和优化理论，从而使各种备选方案的比较不仅有定性的描述，而且基本上都能定量化，对于非计量的有关因素，则运用定性分析方法加以评价和衡量。

一个物联网系统由许多要素组成，要素之间相互作用，物联网系统与环境互相影响，这些问题涉及面广而且错综复杂。因此，进行物联网系统分析，必须处理好各类要素相互之间的关系，遵守以下基本原则：

（1）物联网系统内部与系统外部环境相结合。一个企业的物联网系统，不仅受到企业内部各种因素，如生产规模、产品技术特征、职工技术水平、管理制度与管理组织等影响，而且受到经济社会动向及市场状况等环境因素的影响。作为一个动态的物联网系统，必须能够不断地适应外部环境的变化，避免劣势环境的干扰，充分利用优势环境带来的机遇。物联网系统不可能改变环境，只能主动地适应环境，利用环境以实现系统目标。

（2）局部效益与整体效益相结合。在分析物联网系统时，常常会发现，物联网子系统的效益与物联网系统整体的效益并不总是一致的。有时从物联网子系统的局部效益来看是经济的，但物联网系统的整体效益并不理想，这种设计方案是不可取的。反之，如果从物联网子系统的局部效益看是不经济的，但物联网系统的整体效益是好的，则这种方案是可取的。局部和整体双赢是最好的，但这不会是常态。

（3）当前利益与长远利用相结合。在进行设计方案选择时，既要考虑当前利用，又要考虑长远利益。如果所采用的设计对当前和长远都有利，这当然最为理想。但如果设计方案对当前不利，而对长远有利，此时，要通过全面分析后再做结论。一般来说，只有兼顾当前利益和长远利益的物联网系统才是有效的物联网系统。

（4）定量分析与定性分析相结合。物联网系统分析不仅要进行定量分析，而且还要进行定性分析。物联网系统分析总是遵循“定性－定量－定性”这一循环往复的过程。不了解物联网系统各个环节的性质，就不可能建立起描述物联网系统定量关系的数学模型。把定性和定量二者结合起来综合分析才能达到优化的目的。

2．系统分析的内容

物联网系统分析的内容包括对现有系统的分析和对新开发系统的分析。

（1）对现有系统的分析。对现有系统做进一步的认识，使系统尽可能实现最优运转。为了使现有系统更好地适应发展的需要，在进行系统分析时，既要注意对系统外部进行分析，又要注意对系统内部进行分析。对系统外部的分析，主要是根据国内外经济技术形势，分析本系统在环境中的地位，国家政策的变化与调整对本系统的影响，以及与本系统物联网活动有关各方面的状况，如适应物联网系统应用的领域、物联网实现的技术等。对系统内部的分析，主要是计划安排、生产组织、设备利用、原材料供应、物联网需求、劳动者状况及成本核算等。

（2）对新系统的分析。新系统的分析内容可以是新系统的投资方向、工程规模、物联网中各环节的布局、物联网系统的功能、设施设备的配置、物联网系统的管理模式等。具体分析内容如下：

① 新系统建设过程中需要增加的设备及改进的技术等。

② 物联网系统各组成部分有关物联网活动的数据，如物联网系统的信息处理、存储能力、供货渠道、销售状况等。

③ 构成物联网生产的新技术、新设备、新要求、新项目等。

④ 物联网建设过程中资金的大小、人员的规模等。

⑤ 各种物联网费用的占用、支出、社会经济效益等。

3．系统分析的步骤

物联网系统分析的步骤，通常包括界定问题的构成范围、确定分析目标、收集资料、建立模型、对比可行性方案的经济效果、综合分析与评价等，如图10-1所示。

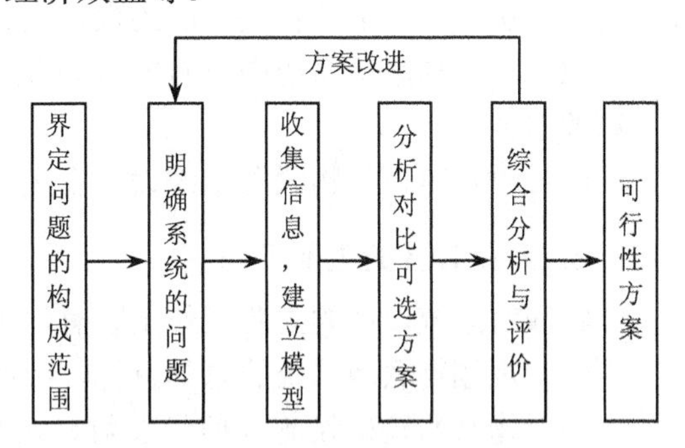

图10-1　系统分析步骤

在进行物联网系统分析时，应该注意以下几个问题：

（1）界定物联网系统问题时应该明确的3个基本点：

① 物联网系统目标。一个物联网系统的目标会影响物联网系统的战略规划，同时，物联网系统战略又反过来影响物联网系统运行网络和它的构成要素。

② 物联网系统能力。影响系统能力的因素有：可利用的资源、物联网网络的规模、设备成本等。同时，与物联网系统规划的种类（如长期规划、短期规划）及计划实现的服务水平有关。

③ 物联网应用对象属性。应用对象属性决定了物联网系统的运行方式和系统类型，如应用对象的特征、重视性等。

（2）物联网的目标在物联网系统问题的界定中起主导作用。在物联网系统分析中，确定问题、调整结构等都要服从企业的整体发展目标。

（3）当前和未来一定时期内可能出现的几个变量：

① 物联网应用技术出现的变化。

② 物联网应用对象业务量和企业规模的扩展，企业运作管理模式的调整，是否需要开发新系统等。

③ 企业服务对象的改变，设备、人员结构的调整等。

在物联网系统分析中，要注意避免片面性或局限性，要对可能存在的隐性问题有基本的预计和必要的准备。

10.1.2　物联网系统设计流程

1．系统设计的准备工作

进行物联网系统设计之前，应该做好可行性研究和其他准备工作，物联网系统设计的准备工作主要包括以下几个方面：

（1）分析物联网的应用领域、性质、质量等要求，分析应用领域下的技术特征。

（2）分析物联网信息流向构成、业务规模、功能要求、服务价格等因素，并掌握相关数据。

（3）分析物联网系统的服务项目、服务方式、服务水平，以及实现物联网系统目标的程度。掌握物联网的连贯性、准时性及成本费用关系等方面的资料。

（4）审查物联网系统中的作业方式、动作效率，物联网系统各环节、工艺间的衔接方式与方法，以及掌握有关方面的数据资料。

（5）核查物联网系统中已有的资源要素与尚缺的资源要素，掌握可能的资源要素及来源数据资料。

（6）收集整理与物联网系统设计有关的其他数据资料。

2．系统设计的主要工作

物联网系统设计的主要工作主要有以下几项：

（1）规划物联网系统的总体目标、组织结构、经营机制等基本构架。

（2）物联网基础设施（信号发射、接收装置）、数据存储系统、物联网管理系统的设计。

（3）专用工具与设备的设计。

（4）对物联网大系统下的每一子系统、功能与作业环节，都必须保证其能与系统整体有效衔接与协调一致。

在进行物联网子系统设计时，必须考虑总体设计与局部设计的差异。所谓总体设计，是指物联网系统化总体框架的组织设计及物联网系统化全过程的组织设计，其特点是具有概括性、指导性、全局性，并注重可行性。物联网系统各子系统的设计是实现总体设计目标与功能的基础，称为局部设计，需要考虑子系统之间的协调性、可操作性、实用性。进行物联网系统设计，首先要重视物联网总体设计，明确物联网系统的总目标、总体结构、总功能及系统整体的运行机制，再通过详细的局部设计达到预期整体优化的目标。

3．系统设计的基本要求

物联网系统因对象、范围、性质、功能不同，对系统化的目标与要求也会有一定的差异，但从物联网系统的本质特征分析，以下几项要求具有一般性：

（1）兼容性。所谓兼容性，是指在建立物联网系统时，硬件之间、软件之间或是几个软、硬件之间的相互配合的程度。

（2）灵活性。物联网系统设计建设的灵活性，是指系统应根据应用领域的不同可以提供不同的解决方案。

（3）可学习性。可学习性是指物联网系统具有一定的智能，能够根据外界或内部环境的变化进行自学习，从而实现自适应。

（4）实时数据库。在物联网系统中，数据、信息是该系统中各组成单元相互联系的纽带。为了实现对应用对象的实时管理，物联网系统应具有实时更新数据的能力。

（5）工作流（P2P、P2M、M2M）。 物联网系统应根据应用对象的不同，选择不同的工作流方式。

（6）异常处理。为保证在物联网系统出现异常情况时，系统仍能正常工作，在物联网系统中应设有异常处理。

（7）更全面的面向人的感知设备。物联网系统的研究能够成为当前科研人员重点研究的焦点，其重要的原因之一是物联网系统具有面向人的感知设备。为此，在设计物联网系统时应建立更全面的面向人的感知设备。

4．系统设计的基本步骤

物联网在实际应用中的开展需要多个行业的参与，并且需要国家政府的主导及相关法规政策上的扶持。物联网的开展具有规模性、广泛参与性、管理性、物体的属性等特征。其中，技术的问题是物联网最为关键的问题。

一般情况下，物联网的设计步骤主要如下：

（1）对物体属性进行标识。属性包括静态和动态的属性。静态属性可以直接存储在标签中，动态属性需要先由传感器实时探测。

（2）需要识别设备完成对物体属性的读取，并将信息转换为适合网络传输的数据格式。

（3）将物体的信息通过网络传输到信息处理中心（处理中心可能是分布式的，如家里的计算机或手机；也可能是集中式的，如中国移动的IDC），由处理中心完成物体通信的相关计算。

10.2 物联网工程设计

10.2.1 需求分析

无论从用户的角度还是从物联网工程项目实施集成商的角度来看，物联网工程的需要分析都是不可缺少的。需要分析的基本任务是为了明确解决什么的问题。通过需求分析，能够逐步细化工程的功能和性能，确定工程设计的限制及该工程同其他工程之间的接口定义，定义工程的其他有效性需要。

在需求分析中，通常需要对以下问题进行明确：

（1）在《物联网工程用户需求分析报告》中，列举出用户的各种可能需求，并分析存在的问题，且必须向用户详细反复地说明，并得到用户的认可，为项目设计、开发、实施、运行及今后服务提供事实依据。

（2）由于物联网工程需要多学科交叉、多企业合作，所以在《物联网工程用户需求分析报告》中需要明确各企业、各部门的责任以便为客户、系统集成商及 RFID 等产品供应商之间的项目合作、验收和提供质量保证的依据。

（3）为了给设备供应商和集成商之间提供沟通的依据和基础，在《物联网工程用户需求分析报告》中需要明确设备供应商为其产品的特殊用户提供的技术支持和服务。

下面分别对需要分析的内容进行说明。

1. 市场需求分析

所谓市场需求分析，是指对某一特定应用的物联网项目（如智能交通、智能医疗、智能小区等）进行市场需求调研、分析和数据整理，并以此作为产品开发和项目的决策依据。

通过调研和分析客户的基本需求，对客户的物联网工程项目实施需求的可行性、可用性、数据安全性等做出相应的描述或说明。同时，还需要客观地分析和评价客户的项目价值体系及可以预期的投资价值体系，尽可能地给出定量的分析表格，分析物联网工程实施的意义和价值。

2. 技术需求分析

技术需求分析的主要内容包括业务流程需求、产品特性与环境适应性需求、系统集成需求、业务系统对接需求、系统升级需求、测试评估需求、系统维护需求、环境和行业条件及标准需求等方面。

（1）业务流程需求，即对用户当前的业务流程进行认真调研，细致分析用户的业务流程及业务过程中的工作流，找出薄弱环节。若有可能，还需要对现有的业务流程做出必要的重组以适应物联网工程管理的需要。但是，需要注意的是对业务流程的所有的改动都必须和用户反复研讨，并取得他们的签字认可。

（2）产品特性与环境适应性需求。物联网中的许多设备易受到环境的影响，如电磁波的特性决定了其应用的局限性，在金属材料、液态物质和电磁噪声污染等环境中都会对正确识读产生影响。所以，对物联网工程应用环境的调查与分析是十分重要的，只有这样，才会选择正确的识别设备，确定合适的方案，取得满意的效果。

（3）系统集成需求。将不同的物联网设备进行集成，需要考虑到数据的格式、通信方式、中间件的选择、硬件的连接和系统调试等问题。

（4）业务系统对接需求。在物联网设计中，需要考虑充分利用现有的设备布局，尽量不改变现有的设备系统是物联网系统实施的原则之一，但是，如果改动可能会带来较大的效果时，可以对系统布局进行一些必要的改进。

（5）系统升级需求。随着时间的推移和技术的发展，可能需要对系统的软件或者硬件进行升级，所以在进行需求分析时，要充分考虑到系统对未来的适应性。

（6）测试评估需求。系统实施完毕后，需要对系统的软、硬件进行测试以保证系统的稳定性和可靠性。

（7）系统维护需求。系统维护需求主要是通过系统的无故障工作时间来表示系统工作的可靠性。

（8）环境和行业条件及标准需求。特殊的环境和行业条件对系统的选择和安装也有一定的要求，比如气候条件、地理条件等，同时，不同的应用环境还需要考虑不同的应用标准许可，如人员识别场合对电磁辐射就应该有较严格的要求等。

3. 安全需求分析

物联网是一种虚拟网络与现实世界实时交互的系统，其无处不在的数据感知、以无线为主的信息传输、智能化的信息处理等特点，会带来信息安全和隐私保护问题，所以，在物联网需求分析中应该充分考虑这些问题。

事实上，由于物联网在很多场合都需要无线传输，这就导致信号很容易被窃取和被干扰，从而直接影响到物联网体系的安全，同时，在未来的物联网中，每个人包括每件拥有的物品都将随时随地连接在这个网络上，随时随地被感知，这也可能会带来许多个人隐私泄露。所以，在这种环境中如何确保信息的安全性和隐私性，防止个人信息、业务信息和财产丢失或被他人盗用，将是物联网推进过程中需要突破的重大障碍之一。

由上可知，物联网工程的安全主要包括读取控制、隐私保护、用户认证、数据保密性、通信层安全、数据完整性、随时可用性等方面，其中“隐私权”和“可信度”在物联网工程中尤其受关注。因此，要设计和实施好物联网工程项目，一定要充分考虑到网络安全、系统稳定和信息保护等方面存在的问题。

10.2.2 总体方案设计

总体方案设计是根据用户需求而提出的项目总体设计分析思路，确保项目总体设计符合用户需求说明书中所规定的用户需要，为客户、系统集成商及设备供应商提供项目验收和质量保证的依据。

《物联网工程总体设计说明书》应当详细说明物联网工程需要解决的客户问题的总体方案，对其中列举所有总体方案设计必须向用户进行详细说明，并得到用户的书面认可。同时也需要同物联网工程设备主要供应商进行反复沟通。

《物联网工程总体设计说明书》应包括以下内容：对客户所描述问题的总体解决方案、识别产品方式和方法、客户问题总体解决方案与客户方作业过程的有机结合、设计所有识别环节的读取方式、设计构架以有效分发系统识别到的信息、可利用的基础设施的运用、可支持及可维护设计、确认已达到设计目标。

1. 客户需求总体解决方案

客户需求总体解决方案主要描述如何利用工作流进行过程中的特定产品的识别信息来为客户作业提供信息支持，并使操作员及决策者能够准确判断问题的所在。另外，还需详细地描述了物联网工作的可视性、可用性、安全性及数据的可跟踪性。

2. 产品识别方式

产品的识别方式需要考虑被识别对象的属性，确定标识和识别的不同等级，描述不同识别等级的产品是如何相互衍生的。自始至终都需要以《物联网工程用户需求说明书》为基础。同时，还需要考虑标签是可回收多次使用的还是抛弃型一次性使用。如果标签是可以回收多次使用的，则需要考虑标签重复使用的可能性，研究已经分配给单一产品或者过程的标签对再次使用时的影响，研究标签重复使用的成本，描述由于标签的重复使用对 MIS 功能的影响等。

3．总体设计与客户作业过程的有机结合

可以通过工作流过程来识别产品，定义并描述在产品生命周期中，如何将所设计的识别解决方案和业务流程紧密结合，总体解决方案必须与用户需求进行对比评估。

4．识别方式

总体解决方案与业务过程的结合包含了每一具体的识别环节，其每一项都要求一个不同的读取方式。识别方式的选择必须满足以下的物品识别要求，并以此为依据，对包含在上述工作流的各个识别环节进行详细说明：

（1）识别距离。

（2）需要同时识别的目标数量。

（3）识别目标的可观性。

（4）目标的移动速度。

（5）不同目标间的彼此接近程度。

（6）目标的方向性。

（7）是否存在金属物品。

（8）是否存在高湿物品。

项目总体设计还必须满足不同类型读头、不同识别点的需求，满足设备布局限制性。同时还必须满足标识物品识读的可靠性要求，满足环境条件的要求及控制其系统安全性与安装位置等要求。

5．对识别信息进行分发处理的系统结构设计

在不同的识别点获取的物品信息必须按照要求分发给不同的用户。同样，需要写入标签的信息也要分发到相应的识别点。主要涉及以下几点：

（1）物品信息收集。描述从被识别物品进行数据采集的所有方法；描述本地数据过滤和缓冲的方法；描述向其他系统分发采集到的识别数据的方法。

（2）物品信息存储。描述如何从其他系统上收集写入被识别物品的数据；描述在被识别物品上写入数据的方法。

（3）现有 MIS 的接口设计：描述设计的 MIS（中间件/ERP）接口。

6．对现有设施的利用

项目解决方案必须尽可能地利用用户现有的基础设施和条件以减少用户对项目的投资。

（1）适用于客户设备布局的解决方案：描述解决方案如何与物品识别地点的其他设备的位置相适应及如何处理实际空间的限制和安装布线条件。

（2）现有网络基础设施运用：描述如何利用现有网络基础设施将解决方案和外部世界相连接；描述现有网络基础设施必要的其他附加设施。

（3）电源。描述现有供电情况、供电电压、电压稳定性等；描述附加电源要求，一旦发生断电情况的处理方式。

7．可支持和可维护设计

项目解决方案需要对以下问题进行描述：

（1）满足系统正常运行时间要求，描述满足系统正常运行时间的最低要求。

（2）满足内部系统支持要求，描述如何实现系统关键功能的客户支持。

（3）满足运程管理要求，描述如何实现远程管理功能。

（4）已达到设计目标的确认，描述解决方案如何满足用户需求中确立的可量化部分指标。

（5）可视性要求级别确认，即可识别每个识别点上的所有标签的标识产品；产品识别信息可始终传递给所有授权的信息使用者；产品识别信息可快速传递以支持实时决策制定。

（6）资产利用率水平的确认。即可识别每个识别头上的所有标签资产；标签资产的位置可始终被确认；资产的使用情况可始终被确认；资产的识别信息可快速传递以支持实时决策制定。

（7）安全级别的确认。即在实际识别数据与根据贸易记录数据间不发生系统误差；始终能够自动侦测到对危及标签产品完整性的篡改；对于任何丢失的标签货物，系统能够准确指明其在休息丢失。

（8）跟踪性确认。即在产品的跟踪信息中不存在空白；始终可以识别处理标签所标识货物的所有实体；始终可以识别标签所标识货物原始的真实来源。

10.2.3　系统功能设计

《物联网工程系统功能设计》是为了确保项目应用系统功能符合《物联网工程总体设计说明书》中所确认的各种需求，提供物防网工程功能设计分析的清晰思路，确保项目的顺利实施，并作为客户、系统集成商及RFID/MIS产品供应商之间的项目验收和质量保证的依据。

《物联网工程系统功能设计》中列举的所有功能必须征得用户和关键产品供应商的确认。在系统功能设计阶段应该注意以下问题：

（1）用户需求与《物联网整体设计说明书》的界限有时是模糊的。如果在方案设计阶段可选择的方案已经很少，则用户需求会对工程的总体设计构成比较严格的约束。一般情况下，用户需求的概念更为模糊，留给开发者相当多的想象空间。

（2）项目总体设计阶段最基本的目标是：确定可供选择的、可满足用户需求的系统配置，推荐最适当的配置，并在系统说明书加以描述。

《物联网工程系统功能说明书》主要包括以下内容：项目总体设计目标所必须具备的功能、标签的设计参数说明、读头功能设计说明、客户作业过程对系统功能的影响说明、所有识别环节的读取方式说明、分发所有采集标识信息的系统构架功能说明、必要基础设施的功能说明、可支持及可维护要求的功能说明、对已经达到的设计目标的确认。

1．系统功能

在《物联网工程系统功能说明书》中，应对项目实施计划的每一个具体环节进行技术描述，以保证项目总体设计功能的实现。这种说明性描述必须能够识别产品生命周期中工作流的每一个特定物品，并保证用户信息能够实时准确地传送给相关人员和决策者。

描述用户所遇到的问题将被如何解决，但是无须提供计划执行的技术细节。此叙述必须说明工作流过程中的特定产品的标识，将被如何利用来为客户操作提供信息，并使操作员及决策者能够找出问题所在。

系统总体设计需要满足的功能和系统实际能够达到的功能需要进行一定标准的评估。

2．标签的设计参数说明

（1）标签特性。对标签的特性需求由每一个具体的识别情况来确定，具体需要考虑的因素包括以下几个方面：① 标签在被识别物品上的安装位置，以及和读头的相对方向。② 需要同时读取的标签数量。③ 物品/标签之间的最远距离要求。④ 标签/物品方向/位置是否可以预测，是任意的还是规定的。⑤ 以上各点是否是可以控制的。⑥ 是否需要关闭标签及需要多长时间关闭。⑦ 邻近是否有无须识别的产品/操作的情况存在。⑧ 某一识别点被识别物体的运动速度。⑨ 支持反复使用的标签的包装设计。

（2）标签可编程要求。在许多情况下，标签不仅仅需要具有标识的作用，还需求在使用过程中对其进行数据写入处理。对于可编程标签，需要了解如下的问题：① 标签的数据写入地点，包括写入时标签和读头之间的相对位置。② 定义各被识别物品及供应链上的业务拐点的数据信息，并对这些信息进行信息处理，以满足标签数据写入要求。需要写入标签的业务数据量较大时，还需要按照一定的编码格式对数据进行编码。③ 确定需要写入标签的数据，包括数据量、数据格式及写入到标签中的位置。④ 了解和比较标签只读/可读写的需求。

（3）标签在被识别对象上的安装条件对加工的要求。可以根据前面对标签的特性分析，确定标签在被识别物体上的安装方式，如过塑封装、集成式/植入式封装、胶粘/黏合封装等。

3．读头功能的设计说明

（1）读头特性。对读头的特征需求由每一个具体的识别情况所确定，具体需要考虑的因素包括以下几个方面：① 固定读头读取点的确定。根据用户需求分析可以确定固定读头读取识别对象信息的位置即读点。② 手持读头读取点的可能性。根据用户需求分析可以确定手持式读头读取被识别对象信息的位置，即读点。③ 读头安装的可能性。根据用户现场安装条件，确定读头可能的安装位置和安装方式。④ 多读头情形。对于较大型的应用项目，可能会用到多个读头的情况，必须考虑多读头同时工作彼此之间的相互影响。⑤ 此外还需要辅助天线情况，即单读头多天线的情况。这是为了弥补单开线阅读距离有限而采取的最简单的方法。同样，多天线也需要考虑到其安装条件。⑥ 天线的安装位置。不同型号的天线可能具有不同的极化方式，其产生的电磁场也具有不同的形态。还需要根据天线的不同特性来决定天线安装的不同位置，包括垂直倾斜、水平倾斜、顶装和底装。

（2）固定读头/标签相对位置要求。使用读头特征需求信息，并记录作业过程中的潜在变化，可以确定读头/标签的相对位置关系，包括读头和标签的距离和相对角度等，基本要求是将标签置于读头的可阅读范围之内，并保证较佳的角度位置。

（3）固定读头配置和安装要求。使用读头特性需求信息，并记录作业过程中的潜在变化，确定读头的安装方式，对于天线/读头一体化读头来讲，可以采取的安装方式有顶装、底装和侧装等。

（4）固定读头网络要求。使用读头特性信息，分析并确定读头网络化需求。

（5）手持读头/标签位置要求。使用读头特性需求信息，并记录作业过程的潜在变化，可以确定手持读头/标签位置。

（6）手持读头支架配置和安装要求。使用读头特性需求信息，并记录作业过程的潜在变化，可以定义手持读头不采用支架安装的方法。

（7）手持读头网络要求。使用读头特性需求信息，可以分析并确定手持式读头网络化需求。

4．用户作业过程对系统功能的影响说明

本部分内容需要详细描述出满足 RFID 系统的设计目的，业务流程的设计必须能够实现的具体功能。在 RFID 系统工作过程中，可以在作业过程中完成对被识别物品的识别。

5．所有识别环节的读取方式说明

本部分内容描述为了达到设计目的，读取方式设计必须满足的具体功能要求。

（1）满足产品识别要求。在以上内容里所描述的作业流程中各个识别环节对识别系统的具体需求必须按照以下的标签来进行细致的说明：① 识读的距离。② 需要同时识别的目标数量。③ 识读目标的可视性。④ 目标的移动速度。⑤ 不同目标间的彼此接近程度。⑥ 目标的方向性。⑦ 是否存在金属物品。⑧ 是否存在高湿物品；

（2）不同类型读头/识别点的设计。描述项目总体设计如何满足各种类型的读点，设备布局限制，相关识别事件、识别目的的不同要求。项目功能设计必须满足物品识读的可靠性要求，满足环境条件的要求，满足控制其系统安全性与安装位置要求。

6．系统构架功能说明

（1）物品信息采集。① 描述从被识别物品进行数据采集的所有方法。② 描述对数据进行及时过滤和缓冲的方法。③ 描述向其他系统分发所采集的数据的方法。

（2）物品信息存储。① 描述如何从其他系统上采集需要被写入标签的数据的方法。② 描述向识别物品上的标签进行数据写入的方法。

（3）现有 MIS 的接口设计。描述需要的 MIS（中间件/ERP）接口。

7．必要的基础设施的功能说明

（1）适应于客户设备布局的解决方案。描述解决方案将如何与物品识别地点的其他设备的位置相适应，如何处理实际空间限制及安装布线条件如何。

（2）现有网络基础设施运用。① 描述如何利用现有网络基础设施将解决方案和外部

世界相连接。② 描述现有网络基础设施必要的其他附加设施。

（3）电源。① 描述现有供电情况。② 描述附加的电源要求。

8. 可支持及可维护要求的功能说明

（1）标签供货支持情况。① 说明使用相关需求信息，确定标签数量和补给进度表。标签属于低值易耗品，消耗量较大，一旦 RFID 系统投入使用，就存在标签的消耗，因此需要确定一定量的标签补货计划。② 分析并计划标签存储要求。为了保证生产作业过程的不间断进行，需要根据日常的标签消耗维持一个最小的备用标签库存量水平，低于这个水平，就需要立即补充标签。③ 说明标签是否可再循环使用。对于可以重复使用的标签，标签的消耗情况会一些，但是也需要建立一定数量的标签库存量。④分析并计划这些操作程序，对于以上问题，应该予以重视，认真分析，确实落实。

（2）标签及读头的维护。虽然 RFID 设备无须专业人员进行经常性维护，但是还是需要通过对客户的培训，培养客户具备一定的标签和设备现场维护能力。培训时需要确定以下的因素：① 维护人员。需要从设备维护管理、监督和具体的维护业务水平等几个方面来考虑。② 器材。这是指设备维护所需要的基本器材与仪器设备，要使客户学会使用这些专业设备。③ 工具（基本的维修工具），包括软件和硬件的维修工具。

综合分析以上所有因素后，确定是否满足下面的基本维护需求条件：① 确定操作人员和维护人员具备其应有的专业技能，即指派专人负责维护与操作。② 具备操作及维护资料。对这些专业资料进行归档保管，作为系统操作和维护的原始依据，并密切关注，适时索取厂商的最新技术资料，建立完整的 RFID 系统技术资料体系。③ 具备培训器材和培训设备。人员的更替和流动是现代企业人力资源管理的基本特征之一，因此，应该建立完整的培训机制，确保系统的正常运转。④ 具备维护及测试器材。系统的测试与维护，有时需要用到专业的器材。⑤ 具有备品、备件、适当的零配件储备是系统正常运转的基础之一。⑥ 具备仪器设备，指测试维护仪器。

（3）对客户进行标签安装方面的技能培训。① 确定资源和工作描述/方法。② 获取客户与有培训策略和程序。③ 确定对这些程序的所有改变，并提供关于专门技术/培训/工具/器材/手册的文字资料。

（4）系统无故障工作时间。应该调查并记录系统无故障运行的工作时间。

（5）满足系统无故障运行时间的最低要求。① 描述系统如何满足系统正常运行时间的最低要求。② 描述如何在系统的关键功能方面得到客户的支持。

（6）满足远程管理要求。描述如何实现远程管理功能。

10.3 物联网系统设备选择

设备选型是指购置设备时，根据系统设计情况，按照技术先进、经济合理及可行性、维修性、操作性、能源供应等要求，对设备进行调查和分析比较以确定设备的优化方案。设备选型应遵循的原则是：扩展性、可靠性、安全性 Qos 控制能力、标准性和开放性。

10.3.1　传感器选择

选择传感器应该遵循以下原则：

（1）根据测量对象与环境确定传感器的类型。根据被测量对象的特点及使用条件来考虑以下问题：量程的大小；被测位置对传感器体积的要求；测量方式为接触式还是非接触式；信号是有线的还是无线的；选择国产的还是进口的。根据以上因素，综合考虑传感器的类型选择。

（2）灵敏度选择。一般情况下，在传感器有效的覆盖范围内，其灵敏度越高越好，这样有利于信号的处理。另外，传感器的灵敏度是有方向性的，当被测量是单向量、对方向性要求较高时，应选择方向灵敏度小的传感器。如果被测量是多维向量，则要求传感器的交叉灵敏度越小越好。

（3）频率响应特性。被测量的频率范围是由传感器的频率响应特性决定的。传感器的频率响应高，可测的信号频率范围就越宽。在动态测量中，应根据信号的特点、响应特性进行选择。

（4）线性范围。传感器的线性范围是指输出与输入成正比的范围，在此范围内传感器灵敏度保持定值。传感器的线性范围越宽，则其量程越大，并能保证一定的测量精度。实际上，任何传感器都不能保证绝对的线性，当所要求测量精度比较低时，在一定范围内，可将非线性误差较小的传感器看作线性的。

（5）稳定性。传感器使用一段时间后，其性能保持不变化的能力称为稳定性。影响传感器稳定性的主要因素是传感器的使用环境。所以，在选择传感器前，应先对其使用环境进行调查，然后根据具体环境选择合适的传感器或是采取适当的措施来降低环境的影响。

（6）精度。精度是传感器的一个重要的性能指标，精度越高，传感器的价格就越高。所以在选择时，传感器的精度只要满足整个系统的精度要求就可以了。

10.3.2　电子标签选择

电子标签有不同的分类方法，如表 10-1 所示。选择传感器应遵循以下原则：

表 10-1　电子标签的分类

分类方式	标签名称	说　　明
供电方式	有源标签	作用距离较远，体积较大，成本较高，定期更换电池，不适合恶劣环境
	无源标签	作用距离相对有源标签近，寿命较长，对工作环境要求不高
工作方式	主动式标签	主动发射数据给读写器，有源，与被动式相比识别距离更远
	被动式标签	读写器发出查询信号后进入通信状态，主要应用于门禁、交通应用中
读写方式	只读型标签	具有只读型存储器，不能写入
	读写型标签	应用过程中，数据是双向传输的
工作频率	低频标签	频率范围 30～300 kHz，无源，阅读距离＜1 m，用于短距离、低成本应用中
	中高频标签	频率范围 3～30 MHz，一般为无源，阅读距离＜1 m
	微波射频标签	典型工作频率 433.92 MHz，862～928 MHz，2.45 GHz，5.8 GHz

续表

分类方式	标签名称	说　　明
作用距离	密耦合标签	阅读距离<1 cm
	近耦合标签	阅读距离大约 15 cm
	疏耦合标签	阅读距离大约 1 m
	远距离标签	阅读距离 1～10 m

（1）工作频率。不同频率的电子标签具有不同的特点，有着不同的技术指标和应用领域。对于电子标签的选择必须根据用户的具体需求实行。

（2）作用距离。应用于项目所需要的作用距离取决于标签的定位精度，在实际应用中取决于多个标签间的最小距离及在读写工作区域内的标签的速度等因素，应根据实际情况选择。如对于非接触式的公交刷卡，由于标签是用手来靠近阅读器的，所以定位速度很慢。在此，多个标签间的最小距离是指两个乘客进入车厢的距离。对于该系统，最佳作用距离为 5～10 cm。

（3）系统发射功率。系统发射功率的大小，直接影响到系统的识别距离，但大的发射功率会损害人身健康，所以，在选择作用距离时，必须考虑到系统为满足这个距离的要求所需的发射功率。

（4）存储容量。芯片的大小主要是由其存储容量确定的，所以，对价格敏感、现场信息需求少的应用应选用固定编码的只读标签。若向标签内写入数据，则需要采用可写标签，其成本会有所增加。事实上，大多数情况下，采用只读标签就可以满足需求。

（5）多标签同时识读。在有些情况下，系统需要用到多标签同时识读的需求，所以，对于读头提供的多标签同时识读的性能考察也是非常重要的。目前，最好的系统同时可以识读 300 个以上的标签。

（6）标签封装。对于不同的工作环境与作业情况，标签的封装形式不仅影响系统的工作性能，而且还会影响系统的安装和美观程度。

总之，对于电子标签的选择，应综合考虑以上因素。

10.3.3　读写器选择

RFID 系统的基本组成包括电子标签和读写器。其中读写器主要用以对电子标签的数据进行读取或写入。对于读写器来说，有着不同的分类，如表 10-2 所示。

表 10-2　读写器分类

分类方式	名　　称	说　　明
通信方式	读写器优先（RTF）	读写器首先向标签发送射频能量和命令，标签只有在被激活且收到完整的读写器命令后，才对读写器发送的命令作出响应，返回相应的数据信息
	标签优先（TTF）	对于无源标签系统，读写只发送等幅的、不带信息的射频能量，标签被激活后，反向散射标签数据信息
传送方向	全双工方式	RFID 系统工作时，允许标签和读写器在同一时刻双向传送信息
	半双工方式	RFID 系统工作时，在同一时刻仅允许读写器向标签传送命令或信息，或者是标签向读写器返回信息

续表

分类方式	名　称	说　明
应用模式	固定式	天线、读写器与主控机分离，读写器和天线可分别固定安装，主控机一般在其他地方安装，读写器可有多个天线接口和多种 I/O 接口
	便携式	读写器、天线和主控机集成在一起，读写器只有一个天线接口，读与器与主控机的接口与厂家的设计有关
	一体式	天线和读写器集成在一个机壳内，固定安装，主控机一般在其他地方安装，一体式读写器与主控机可有多种接口
	模块式	读写器一般作为系统设备集成的一个单元，读写器与主控机的接口与应用有关

对于读写器的选择，应遵循以下原则：

（1）选择智能读写器还是傻瓜读写器。智能读写器可以读取不同频率的标签信息，同时具有过滤数据和执行指令的功能，而傻瓜读写器的功能较少，但价格相对便宜。在具体应用中，有时需要多个读写器读取单一型号的标签信息，此时可以选择功能较简单的读写器，若要读取多个不同的标签信息时，需要使用智能读写器以获取不同标签中的相关信息。

（2）频率。UHF 标签的工作频率是 860～960 MHz，阅读距离较长。HF 标签工作频率是 13.56 MHz，在短距离内工作性能较好，金属、液体对它的影响也较小。在实际应用中，需要根据情况进行选择。

（3）天线。具有内部天线的固定读写器容易安装，并且信号从读写器到开线的传输过程中衰减也较少。在相同情况下使用内部天线读写器的数量要多于使用外部天线读写器的数量。

（4）网络选择。读写器一般是通过以太网或 Wi-Fi 与局域网相连接。

10.3.4　中间件选择

在选择中间件时，必须要先确定应用类型或具体要求，进而再确定选择哪一类中间件。如应用类型只是传递消息，而对高可靠、高并发、高效率无特殊要求，则应该选择消息中间件；若是联机事务处理系统，则应该选择交易中间件；若是分布式构件应用，则应该选择基于对象的中间件；若是基于 Web 建立的应用，则应该选择 Web 服务器。

10.3.5　无线传感器网络及拓扑结构选择

1. 无线传感器网络选择

传感器的主要任务是采集信息。对于信息的采集较为容易，但从传感器传输数据到监视和控制系统则是由安装和维护通信网络成本的复杂性决定的。在缺乏合适可靠的、经济的无线解决方案时，大多数传感器是用线连接到监视和控制系统构成有线系统。无线标准（包括 Wi-Fi、蓝牙、ZigBee）比有线系统更加灵活，安装容易，但存在可靠性问题。

2. 无线传感器拓扑结构选择

网络的拓扑结构决定了网络中不同节点彼此连接和通信的方式。网络拓扑结构一般有总线型、星形、环形、混合型等，对于不同的应用，每种拓扑结构有其自身的特点。对于简单的应用，星形结构是比较好的选择。

10.4　物联网系统集成

所谓系统集成（System Integration），是通过结构化的综合布线系统和计算机网络技术，将各个分享的设备、功能和信息等集成到相互关联的、统一的和协调的系统之中，使资源达到充分共享，实现集中、高效、便利的管理。系统集成应采用功能集成、网络集成、软件集成等多种集成技术，其关键在于解决系统之间的互联和互操作问题，它是一个多厂商、多协议和面向各种应用的体系结构，需要解决各类设备、子系统间的接口、协议、系统平台、应用软件等与子系统、环境、施工、组织管理和人员配备相关的一切面向集成的问题。

根据用户的项目情况，系统集成一般分为以下几种：

（1）硬件项目集成。系统集成商根据用户的需求，提供项目所需设备的单项或多项集成工作，利用采购第三方的硬件设备进行集成整合，交付用户单个或多个硬件系统。集成商根据项目的情况，可能成为主机、存储、备份、网络、安全等设备集成商，负责上述硬件系统的集成，包括设备采购、系统规划、安装督导、工程实施、单点调试、联网调试、设备功能测试、设备性能测试及保修服务。

（2）软件集成项目。系统集成商根据用户的需求，提供项目所需软件的单项或多项集成工作，利用第三方的软件进行集成整合。集成商根据项目的情况，可能成为数据库、中间件、网管系统集成商，负责上述软件系统的集成，包括软件采购、系统规划、安装督导、工程实施、单点调试、联网调试、系统功能测试、系统性能测试及保修服务。

（3）集成开发项目。系统集成商根据用户的需求，提供项目所需软件、硬件的集成工作，利用采购第三方的软件、硬件进行集成整合，同时提供软件定制开发，交付给用户满足某类需求的完整系统，同时根据项目的情况，负责主要设备、存储设备、备份设备、网络设备、安全设备、数据库、中间件、网管等的集成工作，并提供软件开发。

另外，对于方案的选型，是在参照整体网络设计要求的基础上，根据网络实际需求、端品类型和端口密度进行选型。方案选择主要包括网络的选择、数据库管理系统的选择以及应用软件的选择等。

（1）网络选择。

① 网络拓扑结构。网络拓扑结构一般有总线型、星形、环形、混合型等。在网络选择上应根据应用系统的地域分布、信息流量进行综合考虑，一般情况下，应尽量使信息流量大的应用放在同一网段上。

② 网络逻辑设计。通常首先按软件将系统从逻辑上分为各个分系统或子系统，然后按需要配备设备，如主服务器、主交换机、分系统交换机、子系统集线器、通信服务器、路由器和调制解调器等，并考虑各设备之间的连接结构。

③ 网络操作系统。目前流行的网络操作系统有 UNIX、Netware、Windows 等。其中，UNIX 是唯一能够适用于所有应用平台的网络操作系统；NetWare 适用于文件服务器/工作站模式，具有较高的市场占有率；由于 Windows 软件平台的集成能力，随着 Windows 操作系统的发展和 C/S 模式向 B/S 模式延伸，Windows 是一种具有前途的网络操作系统。

（2）数据库管理系统选择。一个好的数据库管理系统对管理信息系统的应用有着举足轻重的重要影响。在数据库管理系统的选择上主要考虑以下几个因素：数据库管理系统的性能、数据库管理系统的平台、数据库管理系统的安全保密性能及数据的类型。目前市场上流行的数据库管理系统主要有 Oracle、Sybase、SQL Server、Informix 等。

（3）应用软件选择。根据应用需求开发管理信息系统比较容易满足用户的特殊管理需求。但随着计算机产业的发展，出现了许多商品化的应用软件，这些软件技术成熟、设计规范、管理思想先进，直接应用这些商品化的软件，可以节约开发成本、规范管理过程、加快系统应用进度。在选择成熟的商品化软件时应考虑软件是否能够满足用户需求、是否具有足够的灵活性，以及是否能够获得长期、稳定的技术支持等因素。

10.5　系统测试

系统测试（System Testing）是将已经确认的软件、计算机硬件、外设、网络等其他元素结构在一起，进行信息系统的各种组装测试和确认测试，目的在于验证系统是否满足需求规格的定义，找出与需求规格不符或矛盾的地方，从而提出更加完善的方案。系统测试的流程如图 10-2 所示。

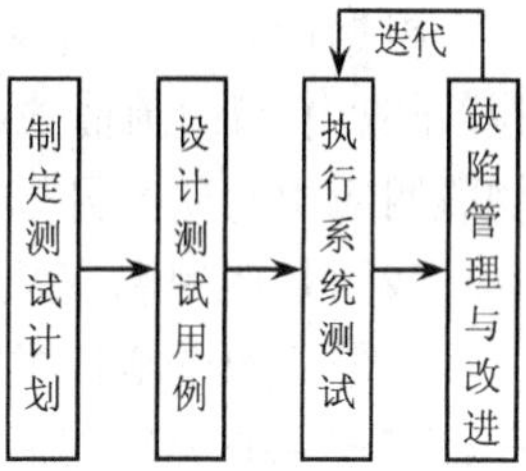

系统测试的主要内容包括：功能测试，即根据需求文档测试软件系统的功能是否正确；健壮性测试，即测试软件系统在异常情况下能否正常运行，验证软件系统的容错能力与恢复能力。

制定测试计划 → 设计测试用例 → 执行系统测试 → 缺陷管理与改进（迭代）

图 10-2　系统测试流程

系统测试的步骤如下：

（1）制定测试计划。需编制《系统测试计划》，包括的主要内容有：测试范围（内容）、测试方法、测试环境与辅助工具、测试完成准则、人员与任务表等。

（2）设计测试用例。根据《系统测试计划》设计《系统测试用例》。

（3）执行系统测试。根据《系统测试计划》和《系统测试用例》对系统进行测试，并将测试结果记入《系统测试报告》中，用“缺陷管理工具”来记录发现缺陷，并及时通报给开发人员。

（4）缺陷管理与改进。从制定系统测试计划到缺陷管理与改进，发现系统中的任何缺陷都必须使用指定的“缺陷管理工具”，该工具用于记录所有缺陷的状态信息，并可以自动产生《缺陷管理报告》。开发人员及时解决已经发现的缺陷并进行回归测试，确保不会产生新的缺陷。

10.6 物联网典型应用：智慧农业系统 ITS-WSNCE/A

10.6.1 项目背景

我国是一个农业大国，又是一个自然灾害多发的国家，农作物种植在全国范围内非常广泛，农作物病虫害防治工作的好坏、及时与否对于农作物的产量、质量影响至关重要。农作物出现病虫害时能够及时诊断对于农业生产具有重要的指导意义，而农业专家又相对匮乏，不能够做到在灾害发生时及时出现在现场，因此农作物无线远程监控产品在农业领域就有了用武之地。

20 世纪 90 年代后，无线技术的广泛应用使得它在许多国民经济领域的应用研究获得迅速发展。尤其是以 ZigBee 无线技术为主的物联网系统，使得精准农业的技术体系广泛运用于生产实践成为可能。精准农业技术体系的实践与发展，已经引起一些国家科技决策部门的高度重视。

农业物联网建设主要包括环境、动植物信息检测，温室、农业大棚信息检测和标准化生产监控，精农业中的节水灌溉等应用模式，例如农作物生长情况、病虫害情况、土地灌溉情况、土壤空气变更、畜禽的环境状况及大面积的地表检测，收集温度、湿度、风力、大气、降雨量，有关土地的湿度、氮浓缩量和土壤 pH 值等信息的监测。同时，农业信息化建设还应包括农村远程医疗、农村党员远程教育、农业知识远程教育等方面的内容。

根据最新研究结果显示，我国实施精准农业的近期目标，一方面是总结国外发展经验，根据中国的国情找准自己的切入点，另一方面切实做好有关基于 ZigBee 无线技术的物联网应用与研究开发，力求走出适合中国国情的精确农业的发展道路。

我国是应用温室栽培历史最悠久的国家，然而，在我国的温室大棚发展中，存在着许多问题，如设施技术水平低，环境调控能力差，机械化程度低，相关标准和规范滞后，理论和技术研究较落后。与现在智能农业、机械农业的理念相差较大，在人力、成本等因素上严格制约着温室大棚的发展。

北京华育智慧农业系统将互联网从桌面延伸到田野，让温室实时在线，从而实现蔬菜大棚与数据世界的融合。实时采集的传感器数据与传统的种植经验相结合，可以使农业专家在远程就可以随时查看农田内的各种数据（温度、湿度、光照、水量），判断是否是适合作物生长的最佳条件，可以由专家根据自身经验和知识设定关键值，当某种数据偏离设定值时，大棚自动做出反应（温度偏低，则打开供暖设施，温度偏高，则开门通风；水量不足，则自动打开喷淋装置）可同时监测和控制控几十万座蔬菜大棚的正常运行，从而使得农作物始终处在最佳的生长环境中。另外，还可实现对蔬菜病虫害的早期预警和对蔬菜产量、交易价格的早期预测。智慧农业是充分发挥农业生产效率、减少农业资源浪费和农田污染的现代农业生产方式。

智慧农业是农业生产的高级阶段，是集新兴的互联网、移动互联网、云计算和物联网技术为一体，依托部署在农业生产现场的各种传感节点（环境温湿度、土壤水分、二氧化碳、图像等）和无线通信网络实现农业生产环境的智能感知、智能预警、智能决策、智能分析、专家在线指导，为农业生产提供精准化种植、可视化管理、智能化决策。

北京市延庆县经济菜种植基地基于北京华育迪赛信息系统有限公司的远程监测、数据采集系统. 为实现农业现代化、科技兴农起到了重要作用。

10.6.2　需求分析

根据与北京市延庆县经济菜种植基地的沟通和调研提出以下需求：

（1）高精度测量温室大棚生产过程中的参数，智能控制温室内温度、湿度通风状况等，自动实现保温、保湿和历史数据的记录，视频监测温室内部环境。

（2）需要远程访问与控制。能够使用 PC 进行远程访问温室内的相关数据，实时观察植物的长势，还可以远程控制温室内部的执行器件（风扇、加湿器、加热器）来改变温室内部环境；使用手机同样可以远程访问温室内部环境的各项数据指标，远程控制温室内部的执行器件。

（3）对温湿度进行监测：实时监测温室内部空气的温度和湿度。要使得测湿精度可达±4.5%RH，测温精度可达±0.5 ℃（在 25 ℃）。

（4）对光照度进行监测：要求实时对温室内部光照情况进行检测，其实时性强，应用电路要求简单，便于实验。

（5）具备安防监测功能：当温室周边有人出现时，安防信息采集节点能够向主控中心发送信号，同时光报警。要求检测的最远距离为 7 m，角度在 100°左右。

（6）视频监测功能：要求工作人员既可以在触屏液晶显示器上看到温室内部的实时画面，又可以通过 PC 远程访问的方式来观看温室内部的实时画面。

（7）需具备控制风扇功能：系统能自动开启风扇加强通风，为植物提供充足的二氧化碳。

（8）需要具备控制加湿器功能：如果温室内空气湿度小于设定值，系统需要自动启动加湿器，达到设定值后便停止加湿。

（9）能够控制加热器给环境升温功能：当温室内温度低于设定值时，系统能自动启动加热器来升温，直到温度达到设定值为止。

（10）具有局域网远程访问与控制功能：用户便可以使用 PC 访问物联网数据，通过操作界面远程控制温室内的执行器件，维护系统稳定。

（11）需要具备 GPRS 网络访问功能：用户能够用手机来访问物联网数据，了解温室内部环境的各项数据指标（温度、湿度、光照度和安防信息）。

（12）需要具备控制参数设定及浏览功能：客户要求对所要实现自动控制的参数（温度、湿度）进行设置，以满足自动控制的要求。

10.6.3　系统设计

1．智慧农业控制系统工作原理

物联网智慧农业项目采用无线传感网技术实现对数据的采集和控制，项目采用 ZigBee 协议组建无线传感网络，采用 Linux 操作系统的嵌入式网关技术实现 Internet 的远程访问与控制功能，GPRS 网的远程访问与控制功能、视频监测功能和数据显示功能。

原理图和整体结构图如图 10-3 和图 10-4 所示。

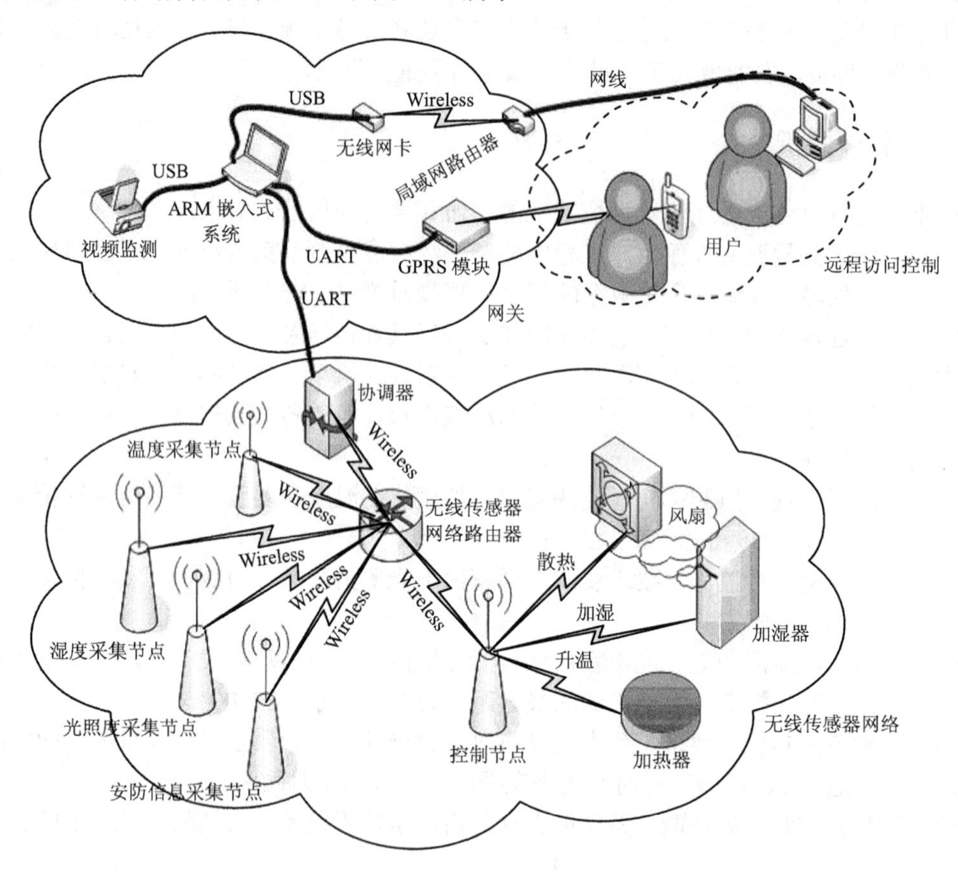

图 10-3　智慧农业系统 ITS-WSNCE/A 原理图

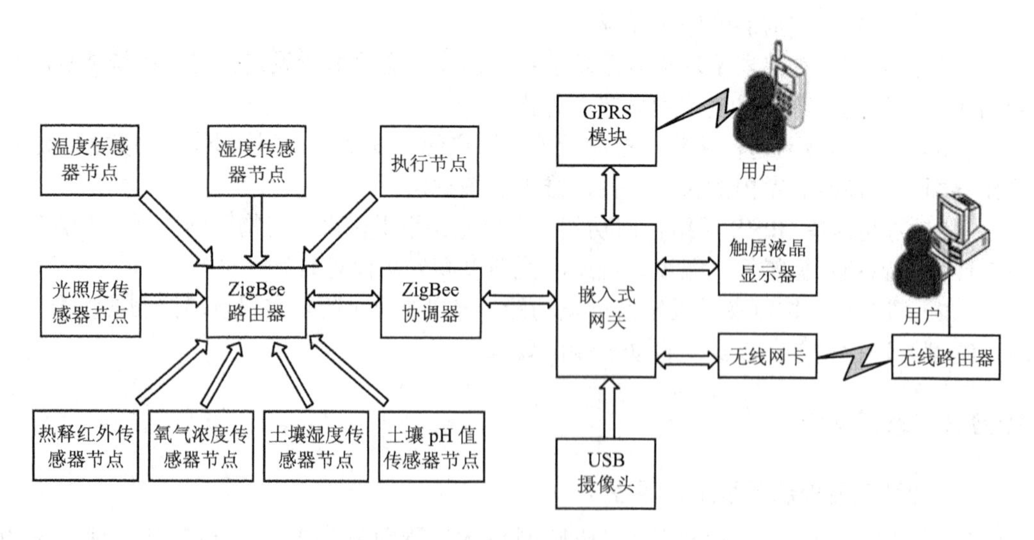

图 10-4　智慧农业系统 ITS-WSNCE/A 结构图

2. 智慧农业控制系统功能描述

物联网智能温室控制系统采用当前比较热门的无线传感器网络技术、ARM 嵌入式技术和传感器技术相结合的方式，精准采集温室内部环境的各项指标，驱动相应执行器件（风扇、加湿器、加热器）平稳控制温室内部环境的变化。实现了如下 17 项功能：

（1）空气温湿度监测功能：工作人员可根据温湿度采集节点配有温湿度传感器 SHT10，实时监测温室内部空气的温度和湿度。测湿精度可达±4.5%RH，测温精度可达±0.5 ℃（在 25 ℃）。

（2）土壤湿度监测功能：土壤湿度采集节点配有土壤湿度传感器，实时监测温室内部土壤的湿度。

（3）光照度监测功能：光照度采集节点采用光敏电阻来实现对温室内部光照情况的检测，其实时性强，应用电路简单，便于学生实验。

（4）土壤 pH 监测功能：土壤 pH 采集节点采用土壤 pH 传感器来实现对温室内部土壤 PH 情况的检测。

（5）鱼池氧气溶度监测功能：鱼池氧气溶度采集节点采用氧气溶度传感器来实现对鱼池水中氧气溶度鱼池氧气溶度的检测。

（6）安防监测功能：当温室周边有人出现时，安防信息采集节点便向主控中心发送信号，同时光报警。安防信息采集节点采用的传感器为人体红外感应模块，它检测的最远距离为 7 m，角度在 100°左右。

（7）视频监测功能：摄像头实时捕获温室内部的画面，而后通过 USB 接口将画面数据传输给网关处理。用户既可以在触屏液晶显示器上看到温室内部的实时画面，又可以通过 PC 远程访问的方式来观看温室内部的实时画面。

（8）控制风扇促进植物光合作用功能：植物光合作用需要光照和二氧化碳。当光照度达到系统设定值时，系统会自动开启风扇加强通风，为植物提供充足的二氧化碳。

（9）控制加湿器给空气加湿功能：如果温室内空气湿度小于设定值，系统会启动加湿器，达到设定值后便停止加湿。

（10）控制喷淋装置给土壤加湿功能：当土壤湿度低于设定值时，系统便启动喷淋装置来喷水，直到湿度达到设定值为止。

（11）控制加热器给环境升温功能：当温室内温度低于设定值时，系统便启动加热器来升温，直到温度达到设定值为止。

（12）控制喷水装置给鱼池增氧功能：当鱼池氧气溶度低于设定值时，系统便启动喷水装置来增氧，直到氧气浓度达到设定值为止。

（13）局域网远程访问与控制功能：物联网通过网关加入局域网。这样用户便可以使用 PC 访问物联网数据，通过操作界面远程控制温室内的执行器件，维护系统稳定。

（14）GPRS 网络访问功能：物联网通过网关接入 GPRS 网络。用户便可以手机来访问物联网数据，了解温室内部环境的各项数据指标（温度、湿度、光照度和安防信息）。

（15）控制参数设定及浏览：对所要实现自动控制的参数（温度、湿度、氧气浓度等）进行设置，以满足自动控制的要求。用户既可以直接操作网关界面上的按钮来完成系统平衡参数的设置，又可以通过 PC 或手机远程访的方式完成参数的设置。

（16）显示实时数据曲线：实时趋势数据曲线可将系统采集到的温室内的数据以实时变化曲线的形式显示出来，便于观察系统某时间段内整体的检测状况。

（17）显示历史数据曲线：可显示出温室内各测量参数的日、月、年参数变化曲线，根据该曲线可合理设置参数，可分析环境变化对植物生长的影响。

10.6.4 主要系统设备选择

1．设备选型原则

本项目的系统识别设备选用所遵守的依据如下：

北京华育迪赛信息系统有限公司对该项目的招标书为主要依据，嵌入式网关、ZigBee核心板、ZigBee主板、传感器节点的功能与性能要求应满足标书要求；传感器安装简单、方便；有较高的产品性价比和完善的产品技术支持；充分考虑系统扩展需要，为系统扩容和功能丰富奠定可靠的物质基础；遵循先进的设计理念，提供合理详尽的智慧农业解决方案。

2．系统主要设备选型

（1）ZigBee核心板。采用CC2530主芯片，CC2530采用该性能和低功耗的8051微控制器内核。

（2）嵌入式网关。CPU：ARM Cortex-A8，1 GHz；支持2D VG/3D加速引擎；支持1080p@30fps MFC；H.263/H.264/MPEG4 Codec；MPEG2/VC-1/Divx Decoder；JPEG Codec；DDR RAM 1GB；Flash：1GB。

（3）温湿度传感器：采用SHT10温湿度传感器芯片；2.4～5.5 V超宽电源供电；超低功耗，自动休眠功能；相对湿度和温度的测量兼有露点输出；全部校准，数字输出。

（4）热释红外传感器节点：用于探测红外特征辐射，可感知人体、小动物的热源；适合进行热释红外物体运动检测。

（5）光照传感器节点：采用高灵敏度光感应传感器。

（6）GPRS通信模块：支持EGSM900M，DCS1800M，PCS1900M 3种频段；集成TCP/IP协议，支持包交换广播控制通道（PBCCH），无限制的辅助服务数据支持（USSD）；上行数据速率：85.6 kbit/s，下行数据速率：42.8 kbit/s。

10.6.5 系统测试

（1）传感设备装调。安装调试传感设备，进行智慧农业项目无线自组网的安装、调试与故障排除。以若干传感节点（温度传感器、湿度传感器、光照度传感器、人体红外感应传感器等）与协调器构成无线自主网，传感节点可以高精度测量温室大棚环境中的参数，智能控制温室内温度、湿度通风状况等。

（2）嵌入式网关设备配置与装调。安装调试嵌入式网关设备，进行智慧农业项目嵌入式网关的安装、调试与故障排除。包含Linux操作系统定制，包括屏幕、USB接口、网口、串口、Wi-Fi等配置，并制作成为内核文件；用QT编译调试温湿度、红外、光照等环境信息，并进行显示和控制应用程序编制。

（3）传输控制设备装调。安装喷淋、通风、加热、增氧等设备，进行综合布线，电源设备连接等工作。

（4）应用软件编制与调测。安装调试应用软件，进行智慧农业项目应用软件的安装、调试与故障排除，并编写部分程序代码。实现计算机和协调器串行通信环境调测；实时显示 ZigBee 网络信息，监测 ZigBee 网络故障；编制并调试传感信息监测程序，显示传感器数据信息，监测节点和传感器故障；编制并调试控制程序，显示执行设备状态，监测节点和受控设备故障；自动实现保温、保湿和历史数据的记录，视频监测温室内部环境，该系统还具有远程访问与控制功能。

（资料来源：http://wenku.baidu.com/view/b3c01a1ac281e53a5802ff9c.html）

小结

本章介绍了物联网系统分析的方法、原则和步骤。重点讲述了物联网设计过程中所涉及的有关需求分析、系统功能设计、设备的选择等细节问题。最后给出了物联网的一个典型应用。

习题

1. 概述物联网系统分析的原则、内容及步骤。
2. 物联网系统测试的方法和步骤是什么？
3. 根据本章的内容，试设计一个简单的物联网系统。

参考文献

[1] 李联宁. 物联网技术基础教程[M]. 北京：清华大学出版社，2012.

[2] 伍新华 陆丽萍. 物联网工程技术[M]. 北京：清华大学出版社，2011.

[3] 吴功宜，吴英. 物联网工程导论[M]. 北京：机械工业出版社，2012.

[4] 黄玉兰. 物联网射频识别核心技术详解[M]. 北京：人民邮电出版社，2010.

[5] 国脉物联网技术研究中心. 物联网 100 问[M]. 北京：北京邮电大学出版社，2010.

[6] 宁焕生. RFID 重大工程与国家物联网[M]. 北京：机械工业出版社，2010.

[7] 周园. 基于物联网管理系统的 EPC 规范研究[D]. 成都：西南交通大学，2007.

[8] 程曼，王让会. 物联网技术的研究与应用[J]. 物联网与地理信息系统，2010（5）：22-28.

[9] 沈苏彬，等. 物联网的体系结构与相关技术研究[J]. 南京邮电大学学报：自然科学版，2009,29（6）：1-11.

[10] 魏长宽. 物联网后互联网时代的信息革命[M]. 北京：中国经济出版社，2011.

[11] 李晓维. 无线传感器网络技术[M]. 北京：北京理工大学出版社，2007.

[12] 温涛. 物联网工程设计与实施[M]. 大连：东软电子出版社，2012.

[13] 张新程，付航. 物联网关键技术[M]. 北京：人民邮电出版社，2011.

[14] 朱晓荣，等. 物联网泛在通信技术[M]. 北京：人民邮电出版社，2010.

[15] 张春红，等. 物联网技术与应用[M]. 北京：人民邮电出版社，2010.

[16] 詹青龙，刘建卿. 物联网工程导论[M]. 北京：北京交通大学出版社，2012.

[17] 刘海涛，等. 物联网技术应用[M]. 北京：机械工业出版社，2011.

[18] 王汝传，等. 物联网技术导论[M]. 北京：清华大学出版社，2011.

[19] 杨刚，等. 物联网理论与技术[M]. 北京：科学出版社，2010.

[20] 吴功宜. 智慧物联网：感知中国与世界的技术[M]. 北京：机械工业出版社，2010.